Python 建筑钢结构计算

马瑞强　巩艳国
赵东黎　孔启明　著

中国建筑工业出版社

图书在版编目（CIP）数据

Python 建筑钢结构计算 / 马瑞强等著. -- 北京：
中国建筑工业出版社, 2025.6. -- ISBN 978-7-112
-31341-9

Ⅰ. TU391.04

中国国家版本馆 CIP 数据核字第 2025DR6677 号

　　本书介绍如何使用 Python 开发钢结构应用程序，解决钢结构各种需迭代计算、不适合手算或重复计算的内容，将 Python 建筑钢结构计算的理论知识与工程实践结合起来，通过工程实例引导读者快速入门。

　　本书的每个项目均采用三段式结构：项目描述、项目代码和输出结果。项目描述简略给出本项目所涉及的基本公式和规范要求的内容；项目代码为解决本项目的完整代码；输出结果为运行项目代码后得到的结果（数据或图示）。

　　本书的主要内容包括：轴心受拉钢构件和拉弯钢构件；轴心受压钢构件；受弯钢构件；压弯钢构件；钢与混凝土组合梁；钢管混凝土结构构件；型钢混凝土结构构件；钢结构节点；钢管结构节点。

　　本书内容丰富、通俗易懂，可供钢结构人员使用，也可供各层次院校师生使用和参考。

责任编辑：郭　　栋
责任校对：张惠雯

Python 建筑钢结构计算

马瑞强　巩艳国　赵东黎　孔启明　著

*

中国建筑工业出版社出版、发行（北京海淀三里河路 9 号）

各地新华书店、建筑书店经销

国排高科（北京）人工智能科技有限公司制版

建工社（河北）印刷有限公司印刷

*

开本：787 毫米×1092 毫米　1/16　印张：16¼　字数：399 千字
2025 年 9 月第一版　　2025 年 9 月第一次印刷
定价：**68.00** 元

ISBN 978-7-112-31341-9
（45334）

前　言

土木工程结构设计，存在大量的试算问题，比如确定轴心受压钢柱的合理尺寸、根据合理长细比来拟定各类型钢横截面尺寸等。试算问题的初始数据取值是否得当，会影响试算结果是否合理有效，这就与工程师的个人实践经验密切相关。

土木工程结构设计，存在另外一个实际问题是设计内容的重复性，常规结构构件的设计过程，本质是按照土木工程设计标准、规范与规程等走流程、验算各个构件的各个要素是否满足建设工程设计标准、规范与规程的要求。比如，各类钢构件是否满足构造要求、螺栓数量等构造要求，是土木工程结构一般需满足的基本要求。这些工作均耗费工程师大量的工作时间，减少了创造性的工作时间。是否能用计算机编程来改变重复的窘境，将对工程师的实际工作效率有重大影响。

鉴于此，作者编写了 Python 与土木工程的系列图书，本书即为系列图书的一本。本书介绍如何用 Python 开发建筑钢结构的应用程序，将 Python 建筑钢结构计算的理论知识与工程实际结合起来，通过大量的典型工程实例引导读者快速入门。

本书的每个项目均采用三段式结构：项目描述、项目代码和输出结果。项目描述简略给出本项目所涉及的基本公式和规范要求的内容，为减少版面起见，未给出各个符号的含义，具体可以参见相关标准、规范的相关内容；项目代码为解决本项目的完整代码；输出结果为运行项目代码后得到的结果（数据或图示）。

本书的程序代码，为简明计，项目描述中仅给出程序中涉及的相关标准、规范的公式，未对公式各个参数符号做解释，具体参数定义见相应标准、规范。未给出异常处理的代码，读者可以根据情况自行添加。程序代码的输入参数，也是在程序提示栏提供或直接在程序本身中给出，读者可以根据情况写出读取文件的模式代入程序所需参数。

本书的程序代码，多数采用定义函数的方式来解决土木工程问题，是基于大多数读者是土木工程专业出身，对于类等面向对象的程序编写方法较为陌生，在每个具体工程问题的代码实现中均给出了完整的各个参数，没有采用模块、库等 Python 模式的外部引用模式，是基于纸质图书呈现特点考虑的，按照本书的模式编写，便于读者学习使用。

本书内容丰富、通俗易懂，可作为利用 Python 从事钢结构的工程技术人员的参考书，也适合高等院校相关专业的本科生和研究生阅读，作为高等院校相关专业的参考书。

本系列图书给出的完整计算机代码均属原创代码，这些代码可用于学术研究工作，不得用于商业用途。本系列图书的代码受知识产权保护。

本书主要编写人员有马瑞强、巩艳国、赵东黎、孔启明，参编人员有庞建军、岳永兵、王优芬、张忠才、张雨、王艳艳、丁彩霞。郭宇豪参与了本书部分 Python 程序的编写和调试工作。

读者可以加入 QQ 群：105193002，参加 Python 技术交流。群内有书中部分程序的源代码。

图 书 体 例

下面代码段是书中程序中多次出现的内容，在此做统一说明。

❶为能正确显示中文设定的编码方式；

❷为导入库及其简称；

❸为导入库的部分函数，且在代码中采用的函数名称为 tan，而不是 math.tan，以达到精简代码的目的；

❹为主函数，此处一般会输入本代码中出现的各个参数的赋值；

❺为赋值，一般采用多重赋值方式，减少代码行数；

❻为执行整个程序。

```
# -*- coding: utf-8 -*-                              ❶
import sympy as sp                                   ❷
import numpy as np
from math import tan,radians··· ···                  ❸

def main():                                          ❹
    "              b,l,Mk,number "
    b,l,Mk,number = 2,2,866,0.1                      ❺

if __name__ == "__main__":                           ❻
    main()
```

本书采用 Python 3.12.3 编写，书中代码所需安装的库见下表。

库名	版本号
matplotlib	3.8.4
numpy	1.26.4
openpyxl	3.1.2
pandas	2.2.3
scipy	1.13.1
sympy	1.13.3

目 录

1 轴心受拉钢构件和拉弯钢构件

1.1 轴心受拉构件截面积计算

1.1.1 项目描述

根据《钢结构设计标准》GB 50017—2017，毛截面屈服：

$$\sigma = \frac{N}{A} \leqslant f \tag{1-1}$$

根据《钢结构设计标准》GB 50017—2017，净截面断裂：

$$\sigma = \frac{N}{A_{\mathrm{n}}} \leqslant 0.7 f_{\mathrm{u}} \tag{1-2}$$

根据《钢结构设计标准》GB 50017—2017，高强度螺栓摩擦型连接处的净截面断裂：

$$\sigma = \left(1 - 0.5 \frac{n_1}{n}\right) \frac{N}{A_{\mathrm{n}}} \leqslant 0.7 f_{\mathrm{u}} \tag{1-3}$$

1.1.2 项目代码

本计算程序可以计算轴心受拉钢构件的截面积，代码清单 1-1 中：

❶为导入 tkinter 库，并简写为 tk；

❷为定义确定轴心受拉钢构件截面积的函数，见式(1-1)~(1-3)；

❸为定义结果界面类具体见代码清单 1-1。

本代码展示了如何编写带有界面的简单程序，后续对于带有界面的程序代码不再赘述，读者可以根据需要自行编写。

代 码 清 单   1-1

```
import tkinter as tk                                    ❶
from tkinter import ttk, messagebox

def tension(N, f, fu):                                  ❷
    N = N*1e3
    A = N/f
    Ae = N/(0.7*fu)
    return A, Ae


class App(tk.Tk):                                       ❸
    def __init__(self):
        super().__init__()
```

```python
        self.title('轴心受拉钢构件计算')
        self.geometry("400x400")
        self._setup_style()
        self._create_widgets()

    def _setup_style(self):
        self.style = ttk.Style()
        self.style.theme_use('vista')
        self.style.configure('Result.TLabel', foreground='blue',
                                    font=('微软雅黑', 11, 'bold'))

    def _create_widgets(self):
        main_frame = ttk.Frame(self, padding=15)
        main_frame.pack(fill='both', expand=True)

        input_frame = ttk.LabelFrame(main_frame,
                                text="输入参数", padding=(10, 5))
        input_frame.pack(fill='x', pady=5)

        self.entries = {}
        fields = [
            ('构件轴力设计值 N (kN)', 'N'),
            ('钢材强度设计值 f (N/mm²)', 'f'),
            ('钢材强度极限值 fu (N/mm²)', 'fu')
        ]

        for text, key in fields:
            row = ttk.Frame(input_frame)
            row.pack(fill='x', pady=5)
            ttk.Label(row, text=text, width=22).pack(side='left')
            self.entries[key] = ttk.Entry(row, width=15)
            self.entries[key].pack(side='left', padx=5)

        ttk.Button(main_frame, text="开始计算",
                    command=self._calculate, width=15).pack(pady=15)

        self.result_frame = ttk.LabelFrame(main_frame,
                    text="计算结果", padding=(15, 10))
        self.result_frame.pack(fill='both', expand=True, pady=5)

        self.result_labels = {'A': ttk.Label(self.result_frame,
                    text="毛截面积 A = 0.0 mm²", style='Result.TLabel'),
            'Ae': ttk.Label(self.result_frame,
                    text="净截面积 Ae = 0.0 mm²", style='Result.TLabel')
        }
        for label in self.result_labels.values():
            label.pack(anchor='w', pady=3)

    def _calculate(self):
```

```
        try:
            values = {k: float(self.entries[k].get())
                                for k in self.entries}
        except ValueError:
            messagebox.showerror("输入错误",
                        "请输入有效的数字", parent=self)
            return

        A, Ae = tension(values['N'], values['f'], values['fu'])
        self._update_results(A, Ae)

    def _update_results(self, A, Ae):
        self.result_labels['A'].config(text=f"毛截面积 A = {A:.1f} mm²")
        self.result_labels['Ae'].config(text=f"净截面积 Ae = {Ae:.1f} mm²")
        self.result_frame.pack()

if __name__ == '__main__':
    app = App()
    app.mainloop()
```

1.1.3 输出结果

运行代码清单 1-1，根据弹窗提示，输入构件轴力设计值、钢材强度设计值及钢材强度极限值等信息。点击"开始计算"按钮，可得计算结果。详见输出结果 1-1。

输 出 结 果　　　　　　　　　　　　　　　　　1-1

1.2 单角钢轴心受拉构件计算

1.2.1 项目描述

轴心受拉构件和轴心受压构件，当其组成板件在节点或拼接处并非直接传力时，应将危险截面的面积乘以有效截面系数η，不同构件截面形式和连接方式的η值应符合表 1-1 的规定（《钢结构设计标准》GB 50017—2017 表 7.1.3）。

轴心受力构件节点或拼接处危险截面有效截面系数　　　　　　表 1-1

构件截面形式	连接形式	η	图例
角钢	单边连接	0.85	
工字形、H 形	翼缘连接	0.90	
	腹板连接	0.70	

根据《钢结构设计标准》GB 50017—2017 第 7.6.1 条，轴心受力构件的截面强度应按式(1-1)和式(1-2)计算，但强度设计值应乘以折减系数 0.85。

受拉构件的长细比不宜超过表 1-2 规定的容许值（《钢结构设计标准》GB 50017—2017 表 7.4.7）。

受拉构件的容许长细比　　　　　　表 1-2

构件名称	承受静力荷载或间接承受动力荷载的结构			直接承受动力荷载的结构
	一般建筑结构	对腹杆提供平面外支点的弦杆	有重级工作制起重机的厂房	
桁架的构件	350	250	250	250
吊车梁或吊车桁架以下柱间支撑	300	—	200	
除张紧的圆钢外的其他拉杆、支撑、系杆等	400	—	350	

项目的其他描述与 1.1.1 节相同，不再赘述。

1.2.2 项目代码

本计算程序可以计算单角钢轴心受拉构件，代码清单 1-2 中：

❶为定义单角钢轴心受拉构件函数，考虑了项目描述中提到的两个调整系数；

❷为根据表 1-2 来定义根据长细比限值确定指定计算长度构件的单角钢最小回转半径函数；

❸为给出所需计算参数的初始值，应力单位采用 N、mm 制，内力单位采用 kN、m 制，几何尺寸单位采用 mm 制；

❹为读取不等肢角钢表格文件；

❺为筛选满足容许长细比要求的最小角钢型号；

❻为筛选满足横截面要求的最小角钢型号；

❼为筛选满足净截面断裂要求的最小角钢型号；

❽为合并选择的矩形钢管截面到同一个表格文件；

❾为输出选择的角钢表格文件，文件保存在 Python 代码文件的同一目录下。

具体见代码清单 1-2。

代 码 清 单   1-2

```python
# -*- coding: utf-8 -*-
import pandas as pd

def tension(N,f,fu,ηR,ηA,ηnet):                                          ❶
    N = N*1000
    A1 = N//(ηR*ηA*f)
    Ae = N//(ηR*ηA*(0.7*fu))
    A = max(A1,Ae/ηnet)
    return A, Ae

def iz(l0,λ):                                                            ❷
    return l0/λ

def main():
    N,f,fu,ηR,ηA,ηnet,l0,λ = 31.7,215,370,0.85,0.85,0.85,2078,350        ❸
    A,Ae = tension(N,f,fu,ηR,ηA,ηnet)
    i = iz(l0,λ)

    df = pd.read_excel('GB-UnEqual Angles.xlsx', header=1)               ❹
    df1 = df[df['A'].ge(A/100)].nsmallest(1,'A')                         ❺
    df2 = df[df['A'].ge(Ae/100)].nsmallest(1,'A')                        ❻
    df3 = df[df['iu1'].ge(i/10)].nsmallest(1,'iu1')                      ❼
    df4 = pd.concat([df1,df2,df3])                                       ❽

    print('计算结果：')
    print(f'轴心受拉所需要的毛截面积      A = {A:.1f} mm^2')
    print(f'轴心受拉所需要的净截面积      Ae = {Ae:.1f} mm^2')
    print(f'轴心受拉所需要的回转半径      i = {i:.1f} mm')
    print(df1)
    df1.to_excel('select_A.xlsx', sheet_name="select_A")                ❾
    print(df2)
```

```
df2.to_excel('select_Ae.xlsx', sheet_name="select_Ae")
print(df3)
df3.to_excel('select_i.xlsx', sheet_name="select_i")
print(df4)
df4.to_excel('select_merge.xlsx',sheet_name = "select_merge")

if __name__ == "__main__":
    main()
```

1.2.3 输出结果

运行代码清单 1-2，可得输出结果 1-2。

输 出 结 果   1-2

```
计算结果:
轴心受拉所需要的毛截面积     A = 204.0 mm^2
轴心受拉所需要的净截面积     Ae = 169.4 mm^2
轴心受拉所需要的回转半径     i = 5.9 mm
RecNo   Name   D   B   T    AX  ...   Wx   Wy   Wu   TanAlpha   X0    Y0
6    7  L45X28X3  45  28  3  2.149  ...1.47  0.62  0.51      0.383  0.64  1.47
[1 rows x 29 columns]
RecNo   Name   D   B   T    AX  ...   Wx   Wy   Wu   TanAlpha   X0    Y0
4    5  L40X25X3  40  25  3  1.89  ... 1.15  0.49  0.4      0.385  0.59  1.32
[1 rows x 29 columns]
RecNo   Name   D   B   T    AX  ...   Wx   Wy   Wu   TanAlpha   X0    Y0
7    8  L45X28X4  45  28  4  2.806 ... 1.91  0.8  0.66      0.38  0.68  1.51
[1 rows x 29 columns]
RecNo  Name   D   B   T    AX  ...   Wx   Wy   Wu   TanAlpha   X0    Y0
6    7  L45X28X3  45  28  3  2.149 ... 1.47  0.62  0.51      0.383  0.64  1.47
4    5  L40X25X3  40  25  3  1.890 ... 1.15  0.49  0.40      0.385  0.59  1.32
7    8  L45X28X4  45  28  4  2.806 ... 1.91  0.80  0.66      0.380  0.68  1.51
[3 rows x 29 columns]
```

1.3 矩形钢管轴心受拉构件计算

1.3.1 项目描述

项目描述与 1.2.1 节相同，不再赘述。

1.3.2 项目代码

本计算程序可以计算矩形钢管轴心受拉构件，代码清单 1-3 中：
❶为定义型钢轴心受拉构件函数；

❷为定义根据长细比限值确定指定计算长度构件的最小回转半径函数；

❸为给出所需计算参数的初始值，应力单位采用 N、mm 制，内力单位采用 kN、m 制，几何尺寸单位采用 mm 制；

❹为读取矩形钢管型钢表格文件；

❺为筛选满足横截面要求的最小矩形钢管；

❻为筛选满足净截面断裂要求的最小矩形钢管；

❼为筛选满足容许长细比要求的最小矩形钢管，此处选择的矩形钢管截面同时满足了绕矩形钢管 x、y 轴两个方向回转半径要求；

❽为合并选择的矩形钢管截面到同一个表格文件。

具体见代码清单 1-3。

代 码 清 单　　　　　　　　　　　　1-3

```
# -*- coding: utf-8 -*-
import pandas as pd

def tension(N,f,fu):                                             ❶
    N = N*1000
    A = N/f
    Ae = N/(0.7*fu)
    return A, Ae

def i(l0x,l0y,λ):                                               ❷
    ix = l0x/λ
    iy = l0y/λ
    return ix, iy

def main():
    N,f,fu,l0x,l0y,λ = 975,215,370,6000,15000,350               ❸
    A,Ae = tension(N,f,fu)
    ix,iy = i(l0x,l0y,λ)

    df = pd.read_excel('GB-Tube.xlsx',header=1)                 ❹

    df1 = df[df['A'].ge(A/100)].nsmallest(1,'A')               ❺
    df2 = df[df['A'].ge(Ae/100)].nsmallest(1,'A')              ❻
    df3 = df[(df['Rz'].ge(ix/10))&(df['Ry'].ge(iy/10))]\
                              .nsmallest(1,['Rz','Ry'])         ❼
    df = pd.concat([df1,df2,df3])                               ❽

    print('计算结果：')
    print(f'轴心受拉所需要的毛截面积      A = {A:.1f} mm^2')
    print(f'轴心受拉所需要的净截面积      Ae = {Ae:.1f} mm^2')
    print(f'轴心受拉所需要的绕 x 轴回转半径 ix = {ix:.1f} mm')
```

```
    print(f'轴心受拉所需要的绕 y 轴回转半径 iy = {iy:.1f} mm')

    print(df1)
    df1.to_excel('select_A.xlsx',sheet_name = "select_1")
    print(df2)
    df2.to_excel('select_Ae.xlsx',sheet_name = "select_2")
    print(df3)
    df3.to_excel('select_ixiy.xlsx',sheet_name = "select_3")
    print(df)
    df.to_excel('select_merge.xlsx',sheet_name = "select_merge")

if __name__ == "__main__":
    main()
```

1.3.3 输出结果

运行代码清单 1-3，可得输出结果 1-3。

输 出 结 果   1-3

```
计算结果:
轴心受拉所需要的毛截面积        A = 4534.9 mm^2
轴心受拉所需要的净截面积        Ae = 3764.5 mm^2
轴心受拉所需要的绕 x 轴回转半径 ix = 17.1 mm
轴心受拉所需要的绕 y 轴回转半径 iy = 42.9 mm
RecNo       Name        D    B    T  ...   r    Wz     Wy     Rz    Ry
219   220  TUB2501506.0  250  150  6.0 ... 12.0  311.0  236.0  9.23  6.23
[1 rows x 17 columns]
RecNo       Name        D    B    T  ...   r    Wz     Wy     Rz    Ry
204   205  TUB2002005.0  200  200  5.0 ... 10.0  241.0  241.0  7.93  7.93
[1 rows x 17 columns]
RecNo       Name        D    B    T  ...   r    Wz      Wy     Rz    Ry
127   128  TUB1101104.0  110  110  4.0 ...  8.0  55.625  55.625  4.3   4.3
[1 rows x 17 columns]
RecNo  Name        D    B    T  ...   r     Wz       Wy      Rz    Ry
219  220 TUB2501506.0  250  150  6.0 ... 12.0  311.000  236.000  9.23  6.23
204  205 TUB2002005.0  200  200  5.0 ... 10.0  241.000  241.000  7.93  7.93
127  28  TUB1101104.0  110  110  4.0 ...  8.0  55.625   55.625   4.30  4.30
[3 rows x 17 columns]
```

1.4 螺栓削弱不等边双角钢轴心受拉构件计算

1.4.1 项目描述

项目描述与 1.2.1 节相同，不再赘述，连接形式见图 1-1。

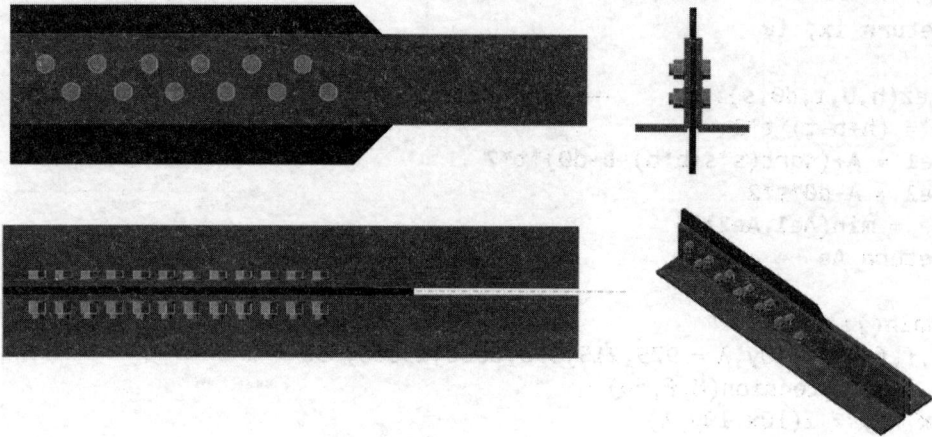

图 1-1　连接形式示意图

1.4.2　项目代码

本计算程序可以计算螺栓削弱不等边双角钢轴心受拉构件，代码清单 1-4 中：

❶为定义不等边角钢轴心受拉构件函数，考虑了项目描述里面提到的调整系数；

❷为定义根据长细比限值确定指定计算长度构件的最小回转半径函数；

❸为定义不同折线最不利位置的有效横截面面积函数；

❹为给出所需计算参数的初始值，应力单位采用 N、mm 制，内力单位采用 kN、m 制，几何尺寸单位采用 mm 制；

❺为计算满足横截面要求的最小角钢；

❻为计算满足容许长细比要求的最小角钢；

❼为计算满足折线最不利位置的有效横截面面积；

❽为输出选择较大角钢。

具体见代码清单 1-4。

代 码 清 单　　　　　　　　1-4

```
# -*- coding: utf-8 -*-
from math import sqrt

def tension(N,f,fu):                           ❶
    N = N*1000
    A = N/f
    Ae = N/(0.7*fu)
    return A, Ae

def i(l0x,l0y,λ):                              ❷
    ix = l0x/λ
    iy = l0y/λ
```

9

```
    return ix, iy

def Aez(h,b,t,d0,s):                                                    ❸
    A = (h+b-t)*t*2
    Ae1 = A+(sqrt(s*s+b*b)-b-d0)*t*2
    Ae2 = A-d0*t*2
    Ae = min(Ae1,Ae2)
    return Ae

def main():
    N,f,fu,l0x,l0y,λ = 975,215,370,6000,15000,350                       ❹
    A, Ae1 = tension(N,f,fu)                                            ❺
    ix, iy = i(l0x,l0y,λ)                                               ❻
    h,b,t,d0,s = 140,90,10,21.5,100
    Ae2 = Aez(h,b,t,d0,s)                                               ❼
    Ae = max(Ae1,Ae2)                                                  ❽

    print('计算结果: ')
    print(f'轴心受拉所需要的毛截面积       A = {A:.1f} mm^2')
    print(f'轴心受拉所需要的净截面积      Ae = {Ae:.1f} mm^2')
    print(f'轴心受拉所需要的绕 x 轴回转半径 ix = {ix:.1f} mm')
    print(f'轴心受拉所需要的绕 y 轴回转半径 iy = {iy:.1f} mm')

if __name__ == "__main__":
    main()
```

1.4.3 输出结果

运行代码清单 1-4，可得输出结果 1-4。

输出 结果   1-4

```
计算结果:
轴心受拉所需要的毛截面积       A = 4534.9 mm^2
轴心受拉所需要的净截面积      Ae = 3970.0 mm^2
轴心受拉所需要的绕 x 轴回转半径 ix = 17.1 mm
轴心受拉所需要的绕 y 轴回转半径 iy = 42.9 mm
```

1.5 采用高强度螺栓摩擦型连接的轴心受拉构件节点计算

1.5.1 项目描述

高强度螺栓的预拉力设计值见表 1-3（《钢结构设计标准》GB 50017—2017 表 11.4.2-2）。项目描述其他与 1.2.1 节相同，不再赘述。

一个高强度螺栓的预拉力设计值P（kN）　　表 1-3

螺栓的承载性能等级	螺栓公称直径（mm）					
	M16	M20	M22	M24	M27	M30
8.8 级	80	125	150	175	230	280
10.9 级	100	155	190	225	290	355

1.5.2 项目代码

本计算程序可以计算节点采用高强度螺栓摩擦型连接的轴心受拉构件，代码清单 1-5中：

❶为定义一个高强度螺栓的预拉力设计值函数；

❷为定义单颗高强度螺栓的受剪承载力函数；

❸为定义节点采用高强度螺栓摩擦型连接的轴心受拉构件函数；

❹为确定一个高强度螺栓的预拉力设计值；

❺为给出所需计算参数的初始值，应力单位采用 N、mm 制，内力单位采用 kN、m 制，几何尺寸单位采用 mm 制；

❻为确定单颗高强度螺栓的受剪承载力；

❼为确定高强度螺栓颗数及构件应力值。

具体见代码清单 1-5。

代 码 清 单　　　　　　　　　1-5

```
# -*- coding: utf-8 -*-
from math import ceil

def Pretension_force(grade,diameter):                    ❶
    match grade:
        case '8.8级':
            grade = {'M16':80,'M20':125,'M22':150,\
                     'M24':175,'M27':230,'M30':280}
            P = grade.get(diameter)
        case '10.9级':
            grade = {'M16':100,'M20':155,'M22':190,\
                     'M24':225,'M27':290,'M30':355}
            P = grade.get(diameter)
    return P

def bolt_shear_strength(k,nf,μ,P):                       ❷
    Nvb = 0.9*k*nf*μ*P
    return Nvb

def tension(Nvb,N,A,d0,tw,n1):                           ❸
    N = N*1000
```

```
    σ1 = N/A
    An = A-d0*tw*n1
    n = ceil(N/(Nvb*1000))
    σ2 = (1-0.5*n1/n)*N/An
    σ = max(σ1,σ2)
    return n,σ

def main():
    grade,diameter = '10.9级','M20'
    P = Pretension_force(grade,diameter)
    k,nf,μ = 1.0,1.0,0.45
    N,A,d0,tw,n1 = 1080,4851,21.5,8,2
    Nvb = bolt_shear_strength(k,nf,μ,P)
    n,σ = tension(Nvb,N,A,d0,tw,n1)

    print('计算结果: ')
    print(f'一个高强度螺栓的预拉力设计值    P = {P:.0f} kN')
    print(f'单剪螺栓的受剪承载力设计值    Nvb = {Nvb:.1f} kN')
    print(f'所需高强度螺栓数量          n = {n:.0f}颗')
    print(f'轴心受拉构件应力设计值        σ = {σ:.1f} MPa')

if __name__ == "__main__":
    main()
```

❹ ❺ ❻ ❼

1.5.3 输出结果

运行代码清单 1-5，可得输出结果 1-5。

输 出 结 果　　　　　　　　　　1-5

```
计算结果：
一个高强度螺栓的预拉力设计值    P = 155 kN
单剪螺栓的受剪承载力设计值    Nvb = 62.8 kN
所需高强度螺栓数量          n = 18 颗
轴心受拉构件应力设计值        σ = 226.3 MPa
```

1.6 双角钢拉弯构件计算

1.6.1 项目描述

除圆管截面外，弯矩作用在两个主平面内的拉弯构件，其截面强度应按《钢结构设计标准》GB 50017—2017 计算：

$$\frac{N}{A_n} + \frac{M_x}{\gamma_x W_{nx}} + \frac{M_y}{\gamma_x W_{ny}} \leqslant f \tag{1-4}$$

1.6.2 项目代码

本计算程序可以计算双角钢拉弯构件，代码清单 1-6 中：

❶为定义计算双角钢构件弯矩和轴力最大设计值函数；

❷为定义验算给定双角钢构件的最大应力值和最大利用率函数［式(1-4)］；

❸为定义验算双角钢长细比的函数；

❹及以下两行代码为给出所需计算参数的初始值，应力单位采用 N、mm 制，内力单位采用 kN、m 制，几何尺寸单位采用 mm 制；

❺及以下两行代码为使用前面定义的函数计算给定双角钢构件的最大应力值和最大利用率。

具体见代码清单 1-6。

代 码 清 单   1-6

```python
# -*- coding: utf-8 -*-

def Design_value_of_internal_force(γG,NGk,γQ,NQk,l,TQk):          ❶
    l = l/1000
    N = γG*NGk+γQ*NQk
    M = γQ*TQk*l/4
    return N, M

def strength_check(N,M,A,γ1x,W1x,γ2x,W2x,f):                     ❷
    N,M = N*1000,M*10**6
    σ1 = N/A-M/(γ1x*W1x)
    η1 = (N/A-M/(γ1x*W1x))/f
    σ2 = N/A+M/(γ2x*W2x)
    η2 = (N/A+M/(γ2x*W2x))/f
    σ = max(σ1,σ2)
    η = max(η1,η2)
    return σ,η

def Slendernes_ratio_verification(l,ix,iy):                     ❸
    λx = l/ix
    λy = l/iy
    λmax = max(λx,λy)
    return λmax

def main():
    A,W1x,W2x,l,ix,iy = 4452.2,194540,94620,6000,44.7,37.4      ❹
    γG,NGk,γQ,NQk,TQk = 1.3,30,1.5,50,9
    γ1x,f,γ2x,λlim = 1.0,215,1.2,350

    N,M = Design_value_of_internal_force(γG,NGk,γQ,NQk,l,TQk)   ❺
    σ,η = strength_check(N,M,A,γ1x,W1x,γ2x,W2x,f)
```

```
λmax = Slendernes_ratio_verification(l,ix,iy)

print('计算结果: ')
print(f'构件承受的拉力设计值      N = {N:.1f} kN')
print(f'构件承受的弯矩设计值      M = {M:.1f} kN·m')
print(f'构件最大应力值           σ = {σ:.1f} MPa')
print(f'构件最大应力比           η = {η:.3f}')
print(f'构件长细比最大值        λmax = {λmax:.1f}')

if λmax < λlim:
    print(f'构件长细比最大值小于长细比限值 [λ]={λlim:.0f}')
else:
    print(f'构件长细比最大值大于长细比限值 [λ]={λlim:.0f}')

if __name__ == "__main__":
    main()
```

1.6.3 输出结果

运行代码清单 1-6，可得输出结果 1-6。

输 出 结 果　　　　　　　1-6

```
计算结果:
构件承受的拉力设计值      N = 114.0 kN
构件承受的弯矩设计值      M = 20.2 kN·m
构件最大应力值           σ = 204.0 MPa
构件最大应力比           η = 0.949
构件长细比最大值        λmax = 160.4
构件长细比最大值小于长细比限值 [λ]=350
```

2 轴心受压钢构件

2.1 实腹式轴心受压构件计算

2.1.1 项目描述

步骤 1：根据《钢结构设计标准》GB 50017—2017 表 3.5.1 注 1，得钢号修正系数为

$$\varepsilon_{\mathrm{k}} = \sqrt{\frac{235}{f_{\mathrm{y}}}} \tag{2-1}$$

步骤 2：根据《钢结构设计标准》GB 50017—2017 表 7.2.1-1，确定截面绕 x 轴的截面类型，平面内长细比为

$$\lambda_{\mathrm{x}} = \frac{l_{0\mathrm{x}}}{i_{\mathrm{x}}} \tag{2-2}$$

步骤 3：根据《钢结构设计标准》GB 50017—2017 表 D，确定稳定系数为 φ_{x}。

步骤 4：根据《钢结构设计标准》GB 50017—2017 表 7.2.1-1，截面绕 y 轴的截面类型，平面外长细比为

$$\lambda_{\mathrm{y}} = \frac{l_{0\mathrm{y}}}{i_{\mathrm{y}}} \tag{2-3}$$

步骤 5：根据《钢结构设计标准》GB 50017—2017 表 D，确定稳定系数为 φ_{y}。

步骤 6：根据《钢结构设计标准》GB 50017—2017，对该钢柱进行稳定性验算，由 N 产生的最大应力设计值为

$$\sigma = \frac{N}{\varphi_{\mathrm{y}}A} \tag{2-4}$$

步骤 7：根据《钢结构设计标准》GB 50017—2017 第 6.3.2 条第 6 款，腹板计算高度为 h_0，腹板计算高度 h_0 与其厚度 t_{w} 之比值为 $\frac{h_0}{t_{\mathrm{w}}} > 42\varepsilon_{\mathrm{k}}$。

步骤 8：根据《钢结构设计标准》GB 50017—2017，参数

$$\lambda_{\mathrm{n,p}} = \frac{b/t}{56.2\varepsilon_{\mathrm{k}}} \tag{2-5}$$

步骤 9：根据《钢结构设计标准》GB 50017—2017，参数

$$\rho = \frac{1}{\lambda_{\mathrm{n,p}}}\left(1 - \frac{0.19}{\lambda_{\mathrm{n,p}}}\right) \tag{2-6}$$

步骤 10：翼缘的宽厚比 $\frac{b}{t_{\mathrm{f}}}$ 与 $42\varepsilon_{\mathrm{k}}$ 比较。

步骤 11：根据《钢结构设计标准》GB 50017—2017 式（7.3.4-1），确定 ρ。

步骤 12：根据《钢结构设计标准》GB 50017—2017 式（7.3.3-3），有效净截面积为

$$A_{\mathrm{ne}} = \sum \rho_i A_{ni} \tag{2-7}$$

步骤 13：钢柱的焊接工字形截面的翼板板件宽厚比 $\frac{b}{t}$ 与 $13\varepsilon_k$ 的关系。

步骤 14：根据《钢结构设计标准》GB 50017—2017 表 3.5.1，确定构件的翼板板件宽厚比等级，根据《钢结构设计标准》GB 50017—2017 第 8.4.2 条，确定是否可采用翼板的全面积。

步骤 15：根据《钢结构设计标准》GB 50017—2017 第 8.4.2 条，腹板的高厚比为

$$\frac{h_w}{t_w} > (45 + 25\alpha_0^{1.66})\varepsilon_k \tag{2-8}$$

步骤 16：根据《钢结构设计标准》GB 50017—2017 表 3.5.1，确定构件的截面板件宽厚比等级。

步骤 17：根据《钢结构设计标准》GB 50017—2017 第 8.4.2 条，是否应以有效截面计算截面几何特性。

步骤 18：根据《钢结构设计标准》GB 50017—2017，参数

$$k_\sigma = \frac{16}{2 - \alpha_0 + \sqrt{(2 - \alpha_0)^2 + 0.112\alpha_0^2}} \tag{2-9}$$

步骤 19：根据《钢结构设计标准》GB 50017—2017，参数

$$\lambda_{n,p} = \frac{h_w/t_w}{28.1\sqrt{k_\sigma}} \cdot \frac{1}{\alpha_0} \tag{2-10}$$

步骤 20：根据《钢结构设计标准》GB 50017—2017，参数

$$\rho = \frac{1}{\lambda_{n,p}}\left(1 - \frac{0.19}{\lambda_{n,p}}\right) \tag{2-11}$$

腹板受压区的有效宽度为 $h_e = \rho h_c$。

步骤 21：根据《钢结构设计标准》GB 50017—2017 第 5.4.1 条，应进行钢柱翼缘板的局部稳定计算。计算该钢柱的强度和稳定性时，其截面面积为

$$A_n = 2h_f t_f + h_e t_w \tag{2-12}$$

2.1.2　项目代码

本计算程序为实腹式轴心受压构件计算，代码清单 2-1 中：
❶为定义计算构件横截面几何特性函数；
❷为定义计算轴向受压构件长细比函数；
❸为定义计算轴心受压构件的稳定系数函数；
❹为定义计算轴心受压构件截面类型相关系数函数；
❺为定义计算轴心受压构件截面强度应力值函数；
❻为定义计算轴心受压构件整体稳定性函数；
❼为定义计算钢号修正系数函数；
❽为定义计算轴心受压构件局部稳定性检验函数；
❾为定义计算轴心受压构件考虑腹板屈曲后强度验算函数；
❿为给出所需计算参数的初始值，应力单位采用 N、mm 制，内力单位采用 kN、m 制，几何尺寸单位采用 mm 制；
⓫为本行及以下几行代码为利用前面定义的函数计算实腹式轴心受压构件。

具体见代码清单 2-1。程序中《钢结构设计标准》GB 50017—2017 简称为《钢标》，后同。

代 码 清 单   2-1

```python
# -*- coding: utf-8 -*-
from math import pi,sqrt

def section_geometric(l0x,l0y,b,h,tw,tf):
    Ix = b*h**3/12-(b-tw)*(h-2*tf)**3/12
    Iy = h*b**3/12-2*(h-2*tf)*((b/2)**3-(tw/2)**3)/3
    A = b*h-(b-tw)*(h-2*tf)
    ix = sqrt(Ix/A)
    iy = sqrt(Iy/A)
    λx = l0x/ix
    λy = l0y/iy
    return Ix,Iy,ix,iy,λx,λy,A

def λ(λx,λy,fy,E):
    λmax = max(λx, λy)
    λn = λmax/pi*sqrt(fy/E)
    return λmax, λn

def φ1(fy,E,λn,α1,α2,α3):
    if λn <= 0.215:
        φ = 1-α1*λn**2
    else:
        φ = ((α2+α3*λn+(λn)**2)-
            sqrt((α2+α3*λn+(λn)**2)**2-4*(λn)**2))/(2*(λn)**2)
    return φ

def α(Class,λn):
    match Class:
        case 'a':
            α1,α2,α3 = 0.41,0.986,0.152
        case 'b':
            α1,α2,α3 = 0.65,0.965,0.300
        case 'c':
            if λn <= 1.05:
                α1,α2,α3 = 0.73,0.906,0.595
            else:
                α1,α2,α3 = 0.73,1.216,0.302
        case 'd':
            if λn <= 1.05:
                α1,α2,α3 = 1.35,0.868,0.915
            else:
                α1,α2,α3 = 1.35,1.375,0.432
    return α1,α2,α3

def strength_stress(A,N):
```

❶

❷

❸

❹

❺

```
    σ = N*1000/A
    return σ

def overall_stability_check(f,A,N,φ):                              ❻
    N_φAf = N*1000/(φ*A*f)
    return N_φAf

def steel_grade_correction_factor(fy):                            ❼
    εk = sqrt(235/fy)
    return εk

def local_stability_check(f,εk,A,N,φ,λmax,h,b,tw,tf):             ❽
    α = sqrt(φ*A*f/(N*1000))
    λ = min(max(λmax,30),100)
    b1 = (b-tw)/2
    width_thickness_ratio = b1/tf
    if width_thickness_ratio <= (10+0.1*λ)*εk:
        print("翼缘宽厚比满足局部稳定性要求。")
    else:
        print("翼缘宽厚比不满足局部稳定性要求，需做局部稳定构造验算！")

    h0 = h-2*tf
    height_thickness_ratio = h0/tw
    if height_thickness_ratio <= (25+0.5*λ)*εk and h0/tw <= 40*α:
        print("腹板高厚比满足局部稳定性要求。")
    else:
        print("腹板高厚比不满足局部稳定性要求，需做局部稳定构造验算！")
    return α

def post_buckling_strength_of_web(f,εk,A,N,φ,λmax,h,b,tw,tf,n,d0):   ❾
    h0 = h-2*tf
    height_thickness_ratio = h0/tw
    λnp = height_thickness_ratio/(56.2*εk)

    if h0/tw > 42*εk and λmax < 52*εk:
        ρ = (1-0.19/λnp)/λnp
        Ae = 2*b*tf+h0*tw*ρ
        Ane = Ae-n*d0*tf

    σne = N*1000/Ane
    N_φAef = N*1000/(φ*Ae*f)
    return λnp,Ae,Ane,σne,N_φAef

def main():
    paras = 355,305,206000,5000,6600,3300,550,450,10,22            ❿
    fy,f,E,N,l0x,l0y,h,b,tw,tf = paras
    n,d0,class_y = 4,24,'b'

    Ix,Iy,ix,iy,λx,λy,A = section_geometric(l0x,l0y,b,h,tw,tf)     ⓫
```

```
    λmax,λn = λ(λx, λy,fy,E)
    α1,α2,α3 = α(class_y,λn)
    φy = φ1(fy,E,λn,α1,α2,α3)
    σ = strength_stress(A,N)
    N_φAf = overall_stability_check(f,A,N,φy)
    εk = steel_grade_correction_factor(fy)
    α11 = local_stability_check(f,εk,A,N,φy,λmax,h,b,tw,tf)
    results = post_buckling_strength_of_web(f,εk,A,N,φy,λmax,h,b,tw,tf,n,d0)
    λnp,Ae,Ane,σne,N_φAef = results

    print('计算结果：')
    print(f'轴心受压构件截面积             A = {A :.1f} mm^2')
    print(f'轴心受压构件绕 x 轴惯性矩       Ix = {Ix :.3e} mm^4 ')
    print(f'轴心受压构件绕 x 轴回转半径     ix = {ix :.1f} mm ')
    print(f'轴心受压构件绕 y 轴惯性矩       Iy = {Iy :.1e} mm^4')
    print(f'轴心受压构件绕 y 轴回转半径     iy = {iy :.1f} mm')
    print(f'轴心受压构件绕 x 轴长细比       λx = {λx :.2f}')
    print(f'轴心受压构件绕 y 轴长细比       λy = {λy :.2f}')
    print(f'轴心受压构件正则长细比         λn = {λn :.3f}')

    print(f'轴心受压构件稳定系数           φy = {φy :.3f}')
    print(f'轴心受压构件强度应力值         σ = {σ :.1f} N/mm^2')
    print(f'轴心受压稳定比值            N/(φAf) = {N_φAf:.3f}')
    print(f'钢号修正系数              εk = {εk :.3f}')
    print(f'放大系数                α11 = {α11 :.3f}')
    print(f'腹板的正则化高厚比           λnp = {λnp :.1f}')
    print(f'轴心受压构件有效毛截面积        Ae = {Ae :.1f} mm^2')
    print(f'轴心受压构件有效净截面积        Ane = {Ane :.1f} mm^2')
    print(f'考虑屈曲后的强度应力          σne = {σne :.1f} mm^4')
    print(f'考虑屈曲后的整体稳定性验算      N/φAef = {N_φAef:.3f}')

    if σ <= f and N_φAf <=1.0:
        print("轴心受压构件截面符合《钢标》要求。")
    else:
        print("轴心受压构件截面不符合《钢标》要求，需调整截面尺寸！")

if __name__ == "__main__":
    main()
```

2.1.3 输出结果

运行代码清单 2-1，可得输出结果 2-1。

输 出 结 果   2-1

翼缘宽厚比满足局部稳定性要求。
腹板高厚比不满足局部稳定性要求，需做局部稳定构造验算！

计算结果：

```
轴心受压构件截面积                    A = 24860.0 mm^2
轴心受压构件绕 x 轴惯性矩             Ix = 1.489e+09 mm^4
轴心受压构件绕 x 轴回转半径            ix = 244.7 mm
轴心受压构件绕 y 轴惯性矩             Iy = 3.3e+08 mm^4
轴心受压构件绕 y 轴回转半径            iy = 115.9 mm
轴心受压构件绕 x 轴长细比             λ x = 26.97
轴心受压构件绕 y 轴长细比             λ y = 28.46
轴心受压构件正则长细比                λ n = 0.376
轴心受压构件稳定系数                  φy = 0.918
轴心受压构件强度应力值                σ = 201.1 N/mm^2
轴心受压稳定比值            N/(φAf) = 0.718
钢号修正系数                         ε k = 0.814
放大系数                            α 11 = 1.180
腹板的正则化高厚比                    λ np = 1.1
轴心受压构件有效毛截面积               Ae = 23587.4 mm^2
轴心受压构件有效净截面积               Ane = 21475.4 mm^2
考虑屈曲后的强度应力                  σ ne = 232.8 mm^4
考虑屈曲后的整体稳定性验算       N/φAef = 0.757
轴心受压构件截面符合《钢标》要求。
```

2.2 实腹式轴心受压构件曲线

2.2.1 项目描述

项目描述与 2.1.1 节相同，不再赘述。

2.2.2 项目代码

本计算程序可以绘制实腹式轴心受压构件曲线，代码清单 2-2 中：

❶为定义计算轴心受压构件横截面参数函数；

❷为定义计算截面类型相关系数函数；

❸为定义计算轴心受压构件长细比函数；

❹为定义计算轴心受压构件稳定系数函数；

❺为定义绘制实腹式轴心受压构件曲线函数；

❻为给出所需计算参数的初始值，应力单位采用 N、mm 制，内力单位采用 kN、m 制，几何尺寸单位采用 mm 制；

❼本行及以下几行代码为利用前面定义的函数绘制实腹式轴心受压构件曲线。

具体见代码清单 2-2。

代 码 清 单　　　　　　2-2

```
# -*- coding: utf-8 -*-
import numpy as np
```

```
from math import pi, sqrt
import matplotlib.pyplot as plt

def AI(l0x,l0y,b,h,tw,tf):                                              ❶
    Ix = b*h**3/12-(b-tw)*(h-2*tf)**3/12
    Iy = h*b**3/12-2*(h-2*tf)*((b/2)**3-(tw/2)**3)/3
    A = b*h-(b-tw)*(h-2*tf)
    ix = sqrt(Ix/A )
    iy = sqrt(Iy/A )
    λx = l0x/ix
    λy = l0y/iy
    return Ix,Iy,ix,iy,λx,λy,A

def α(Class,λn):                                                       ❷
    match Class:
        case 'a':
            α1, α2, α3 = 0.41, 0.986, 0.152
        case 'b':
            α1, α2, α3 = 0.65, 0.965, 0.300
        case 'c':
            if λn <= 1.05:
                α1, α2, α3 = 0.73, 0.906, 0.595
            else:
                α1, α2, α3 = 0.73, 1.216, 0.302
        case 'd':
            if λn <= 1.05:
                α1, α2, α3 = 1.35, 0.868, 0.915
            else:
                α1, α2, α3 = 1.35, 1.375, 0.432
    return  α1,α2,α3

def λ(l0x,ix,l0y,iy,fy,E):                                             ❸
    λx = l0x/ix
    λy = l0y/iy
    λmax = max(λx, λy)
    λn = λx/pi*sqrt(fy/E)
    return λx,λy,λmax,λn

def φ11(fy,E,λn,α1,α2,α3):                                             ❹
    if λn <= 0.215:
        φ = 1-α1*λn**2
    else:
        φ = ((α2+α3*λn+(λn)**2)-
            sqrt((α2+α3*λn+(λn)**2)**2-4*(λn)**2))/(2*(λn)**2)
    return φ

def l_φ1(fy,E,λn,ix,l0y,iy):                                           ❺
    fig = plt.figure(figsize=(5.7,4.6), facecolor="#f1f1f1")
```

```python
    left, bottom, width, height = 0.12, 0.1, 0.85, 0.8
    fig.add_axes((left, bottom, width, height), facecolor="#f1f1f1")
    plt.rcParams['font.sans-serif'] = ['SimHei']

    MAX = 66000
    step = 500
    section_types = ['a','b','c','d']
    colors = ['r','g','b','r']
    linestyles = ['-','--','-','-.']

    for section,colors,linestyles in zip(section_types,colors,linestyles):
        L1 = [L for L in range(0, MAX, step)]
        φ1,λx1 = [], []
        Class = section
        for l0x in L1:
            λx, λy, λmax, λn = λ(l0x,ix,l0y,iy,fy,E)
            α1, α2, α3 = α(Class,λn)
            λx1.append(λ(l0x,ix,l0y,iy,fy,E)[0])
            φ1.append(φ11(fy,E,λn,α1,α2,α3))
        plt.plot(λx1, φ1, color=colors, linewidth=1, linestyle=linestyles)

    plt.xticks(np.arange(0, 282, 20))
    plt.yticks(np.arange(0.0, 1.05, 0.05))

    plt.xlabel('长细比 $λ$')
    plt.ylabel('稳定系数值 $φ$')
    title = '$λ-φ$ 曲线'
    plt.title(title)
    plt.grid()
    plt.show()
    fig.savefig(title,dpi=600,facecolor="#f1f1f1")
    return 0

def main():
    paras = 335,295,206000,7000,3500,500,500,10,20            ❻
    fy,f,E,l0x,l0y,h,b,tw,tf = paras

    Ix,Iy,ix,iy,λx,λy,A = AI(l0x,l0y,b,h,tw,tf)               ❼
    λx,λy,λmax,λn = λ(l0x,ix,l0y,iy,fy,E)
    l_φ1(fy,E,λn,ix,l0y,iy)

if __name__ == "__main__":
    main()
```

2.2.3 输出结果

运行代码清单 2-2，可得输出结果 2-2。

输 出 结 果　　　　　　　　　　2-2

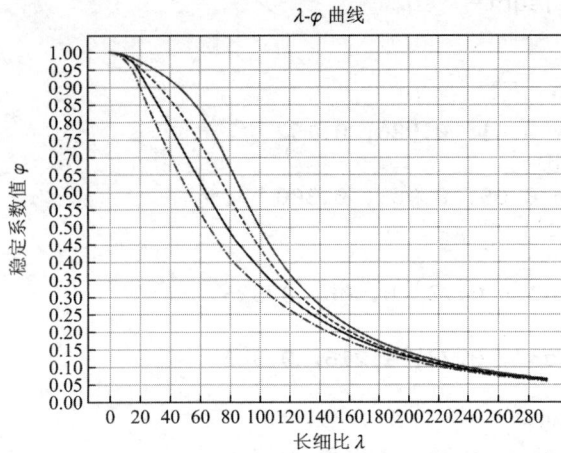

λ-φ 曲线

2.3　实腹式轴心受压构件的经济长细比

2.3.1　项目描述

项目描述与 2.1.1 节相同，不再赘述。

2.3.2　项目代码

本计算程序可以计算钢梁挠度计算，代码清单 2-3 中：

❶为定义计算截面类型相关系数函数；

❷为定义计算目标长细比计算函数；

❸为定义计算目标稳定系数计算函数；

❹为定义计算截面几何特性函数；

❺为给出所需计算参数的初始值，应力单位采用 N、mm 制，内力单位采用 kN、m 制，几何尺寸单位采用 mm 制；

❻为本行及以下几行代码为利用前面定义的函数计算实腹式轴心受压构件的经济长细比；

❼为根据 H 型钢截面库，找出最经济的型钢截面。

具体见代码清单 2-3。

代 码 清 单　　　　　　　　　　2-3

```
# -*- coding: utf-8 -*-
import numpy as np
```

```python
import pandas as pd
import sympy as sp
from math import pi,sqrt

def α(Class,λn):                                                              ❶
    if Class == 'a':
        α1, α2, α3 = 0.41, 0.986, 0.152
    elif Class == 'b':
        α1, α2, α3 = 0.65, 0.965, 0.300
    elif Class == 'c':
        if λn <= 1.05:
            α1, α2, α3 = 0.73, 0.906, 0.595
        else:
            α1, α2, α3 = 0.73, 1.216, 0.302
    else:
        if λn <= 1.05:
            α1, α2, α3 = 1.35, 0.868, 0.915
        else:
            α1, α2, α3 = 1.35, 1.375, 0.432
    return  α1, α2, α3

def target_slenderness_ratio(αy,l0,fy,f,E,N,α1,α2,α3,φ1):                      ❷
    λ = sp.symbols('λ', real=True, positive=True)
    Eq = λ**2/φ1-αy*l0**2*f/N
    λ = min(sp.solve(Eq, λ))
    λn = λ*sqrt(fy/E)/pi
    if λn <= 0.215:
        φ = 1-α1*λn**2
    else:
        φ = ((α2+α3*λn+(λn)**2)-
            sqrt((α2+α3*λn+(λn)**2)**2-4*(λn)**2))/(2*(λn)**2)
    return φ, λ, λn

def φ11(αy,l0,fy,f,E,N,α1,α2,α3,φ1,Class):                                    ❸
    φ, λ, λn = target_slenderness_ratio(αy,l0,fy,f,E,N,α1,α2,α3,φ1)
    α1, α2, α3 = α(Class,λn)
    count = 1
    while abs(φ1-φ) >= 0.001:
        φ1 = φ
        φ, λ, λn = target_slenderness_ratio(αy,l0,fy,f,E,N,α1,α2,α3,φ1)
        α1, α2, α3 = α(Class,λn)
        count += 1
    return φ, λ, λn, count

def AI(l0x,l0y,b,h,tw,tf):                                                    ❹
    Ix = b*h**3/12-(b-tw)*(h-2*tf)**3/12
    Iy = h*b**3/12-2*(h-2*tf)*((b/2)**3-(tw/2)**3)/3
    A = b*h-(b-tw)*(h-2*tf)
    ix = sqrt(Ix/A )
```

```
    iy = sqrt(Iy/A )
    λx = l0x/ix
    λy = l0y/iy
    return Ix, Iy, ix, iy, λx, λy, A

def l_φ1(αy,fy,f,E,N,α1,α2,α3,φ1,Class,λn,ix,l0y,iy):
    fig = plt.figure(figsize=(5.7,4.6), facecolor="#f1f1f1")
    left, bottom, width, height = 0.12, 0.1, 0.85, 0.8
    fig.add_axes((left, bottom, width, height), facecolor="#f1f1f1")
    plt.rcParams['font.sans-serif'] = ['SimHei']

    MAX = 10000
    step = 500

    L1 = [L for L in range(10, MAX+1, step)]
    Class = 'b'

    φ1 = [φ11(αy,l0x,fy,f,E,N,α1,α2,α3,φ1,Class)[0] for l0x in L1]
    # λ1 = [φ11(αy,l0x,fy,f,E,N,α1,α2,α3,φ1,Class)[1] for l0x in L1]
    plt.plot(L1, φ1, color='r', linewidth=1, linestyle='-')

    plt.xticks(np.arange(0, MAX+1, step*2))
    plt.yticks(np.arange(0.0, 1.05, 0.05))

    plt.xlabel('长细比 $λ$')
    plt.ylabel('稳定系数值 $φ$')
    title = '$λ-φ$ 曲线'
    plt.title(title)
    plt.grid()
    plt.show()
    fig.savefig(title, dpi=600, facecolor="#f1f1f1")
    return 0

def main():
    paras = 235,215,206000,4500000,0.45,1.85,7000,3500
    fy,f,E,N,αx,αy,l0x,l0y = paras

    Class = 'b'
    λn = 1.5
    α1, α2, α3 = α(Class,λn)

    φ1 = 0.599
    φx, λx, λn, count = φ11(αy,l0y,fy,f,E,N,α1,α2,α3,φ1,Class)
    ix = l0x/λx
    b = ix/0.43

    φy, λy, λn, count = φ11(αx,l0x,fy,f,E,N,α1,α2,α3,φ1,Class)
    iy = l0y/λy
    h = iy/0.24
```

❺

❻

```
A = N/(φy*f)
l_φ1(αy,fy,f,E,N,α1,α2,α3,φ1,Class,λn,ix,l0y,iy)

A = A/100
ix = ix/10

path = 'China (GB 2023)-H.xlsx'
df = pd.read_excel(path, header=1)
Great_A = df['A'] >= A
Great_ix = df['ix4'] >= ix
df = df[Great_A & Great_ix].nsmallest(1,'ix4')
df.to_excel('Hnew2.xlsx',sheet_name = "Hnew")

print('计算结果：')
print(f'循环计算次数                count = {count:.0f} ')
print(f'轴心受压构件目标长细比       λy = {λy:.1f} ')
print(f'轴心受压构件正则长细比       λn = {λn:.3f} ')
print(f'轴心受压构件合理稳定系数      φy = {φy:.3f} ')
print(f'轴心受压构件目标长细比       λx = {λx:.1f} ')
print(f'轴心受压构件正则长细比       λn = {λn:.3f} ')
print(f'轴心受压构件合理稳定系数      φx = {φx:.3f} ')
print(f'H 型钢截面积              A = {A:.0f} mm^2')
print(f'回转半径                 iy = {iy:.0f} mm')
print(f'H 型钢截面高度            h = {h:.0f} mm')
print(f'回转半径                 ix = {ix:.0f} mm')
print(f'H 型钢截面宽度            b = {b:.0f} mm')
print(df)

if __name__ == "__main__":
    main()
```

2.3.3 输出结果

运行代码清单 2-3，可得输出结果 2-3。

输 出 结 果   2-3

```
计算结果：
循环计算次数            count = 4
轴心受压构件目标长细比     λy = 31.3
轴心受压构件正则长细比     λn = 0.337
轴心受压构件合理稳定系数    φy = 0.931
轴心受压构件目标长细比     λx = 31.7
轴心受压构件正则长细比     λn = 0.337
轴心受压构件合理稳定系数    φx = 0.930
```

```
H 型钢截面积                    A = 225 mm^2
回转半径                       iy = 112 mm
H 型钢截面高度                  h = 466 mm
回转半径                       ix = 22  mm
H 型钢截面宽度                  b = 513 mm
RecNo  Name        D    BF    TF  ...    Iy3    ix4   iy5    Wx      Wy
21 22  HW400x408  400  408.0  21.0 ... 23800.0 168.0 97.4 3540.0 1170.0

[1 rows x 29 columns]
```

2.4 缀条式双肢格构式轴心受压构件计算

2.4.1 项目描述

项目描述与 2.1.1 节相同，不再赘述。

2.4.2 项目代码

本计算程序可以计算缀条式双肢格构式轴心受压构件，代码清单 2-4 中：
❶为定义计算钢号修正系数函数；
❷为定义计算截面类型相关系数函数；
❸为定义计算目标长细比函数；
❹为定义计算目标稳定系数函数；
❺为定义计算截面几何特性函数；
❻为定义计算按虚轴与实轴的等稳定条件确定分肢间距函数；
❼为定义计算刚度和整体稳定性函数；
❽为定义计算分肢稳定性函数；
❾为定义计算计算缀条内力函数；
❿为定义计算缀条稳定性函数；
⓫为定义计算缀条与分肢连接函数；
⓬为给出所需计算参数的初始值，应力单位采用 N、mm 制，内力单位采用 kN、m 制，几何尺寸单位采用 mm 制；
⓭本行及以下几行代码为利用前面定义的函数计算缀条式双肢格构式轴心受压构件。
具体见代码清单 2-4。

代 码 清 单   2-4

```
# -*- coding: utf-8 -*-
import sympy as sp
from math import pi,sin,sqrt,ceil,radians,tan
```

```
def steel_grade_correction_factor(fy):                                        ❶
    εk = sqrt(235/fy)
    return εk

def α(Class,λn):                                                              ❷
    match Class:
        case 'a':
            α1, α2, α3 = 0.41, 0.986, 0.152
        case 'b':
            α1, α2, α3 = 0.65, 0.965, 0.300
        case 'c':
            if λn <= 1.05:
                α1, α2, α3 = 0.73, 0.906, 0.595
            else:
                α1, α2, α3 = 0.73, 1.216, 0.302
        case 'd':
            if λn <= 1.05:
                α1, α2, α3 = 1.35, 0.868, 0.915
            else:
                α1, α2, α3 = 1.35, 1.375, 0.432
    return  α1, α2, α3

def target_slenderness_ratio(αy,l0,fy,f,E,N,α1,α2,α3,φ1):                     ❸
    λ = sp.symbols('λ', real=True, positive=True)
    Eq = λ**2/φ1-αy*l0**2*f/N
    λ = min(sp.solve(Eq, λ))
    λn = λ*sqrt(fy/E)/pi
    if λn <= 0.215:
        φ = 1-α1*λn**2
    else:
        φ = ((α2+α3*λn+(λn)**2)-
            sqrt((α2+α3*λn+(λn)**2)**2-4*(λn)**2))/(2*(λn)**2)
    return φ, λ, λn

def φ11(αy,l0,fy,f,E,N,α1,α2,α3,φ1,Class):                                    ❹
    φ, λ, λn = target_slenderness_ratio(αy,l0,fy,f,E,N,α1,α2,α3,φ1)
    α1, α2, α3 = α(Class,λn)
    count = 1
    while abs(φ1-φ) >= 0.001:
        φ1 = φ
        φ, λ, λn = target_slenderness_ratio(αy,l0,fy,f,E,N,α1,α2,α3,φ1)
        α1, α2, α3 = α(Class,λn)
        count += 1
    return φ, λ, λn, count

def AI(l0x,l0y,b,h,tw,tf):                                                    ❺
    Ix = b*h**3/12-(b-tw)*(h-2*tf)**3/12
    Iy = h*b**3/12-2*(h-2*tf)*((b/2)**3-(tw/2)**3)/3
    A = b*h-(b-tw)*(h-2*tf)
```

```python
    ix = sqrt(Ix/A )
    iy = sqrt(Iy/A )
    λx = l0x/ix
    λy = l0y/iy
    return Ix, Iy, ix, iy, λx, λy, A

def determine_separation_distance(A,A1x,l0x,λy,i1,y0,I1):    ❻
    λx = sqrt(λy**2-27*A/A1x)
    ix = l0x/λx
    b0 = 2*sqrt(ix**2-i1**2)
    b = b0+2*y0
    Ix = 2*(I1+A/2*(b0/2)**2)
    ix = sqrt(Ix/A)
    return b, b0, ix, Ix

def stiffness_and_overall_stability(l0x,ix,A,A1x,λy):         ❼
    λx = l0x/ix
    λ0x = sqrt(λx**2+27*A/A1x)
    λmax = max(λ0x,λy)
    return λmax

def limb_stability(b0,i1,θ):                                  ❽
    α = radians(θ)
    l01 = 2*b0/tan(α)
    λ1 = l01/i1
    return l01, λ1

def batten_calculation(A,f,εk,b0,iv,θ):                       ❾
    V = A*f/(85*εk)
    V1 = V/2
    α = radians(θ)
    Nt = V1/sin(α)

    lt = b0/sin(α)
    λt = lt/iv
    η = 0.6+0.0015*λt
    return V, V1, Nt, lt, λt, η

def lacing_stability(Nt,At,λt,η,φt,f):                        ❿
    N_ηφAf = Nt/(η*φt*At*f)
    return  N_ηφAf

def batten_connection_calculation(Nt,hf,ffw):                 ⓫
    τf = 0.85*ffw
    lw = Nt/(0.7*hf*τf)
    return lw

def main():
    paras = 235,215,206000,800000,0.8,1.85,10000,10000        ⓬
```

```
fy,f,E,N,αx,αy,l0x,l0y  = paras
Class, λn, φ1 = 'b',1.5,0.6
εk = steel_grade_correction_factor(fy)
α1, α2, α3 = α(Class,λn)
φx, λx, λn, count = φ11(αx,l0x,fy,f,E,N,α1,α2,α3,φ1,Class)
ix = l0x/λx
b = ix/0.43
φy, λy, λn, count = φ11(αy,l0y,fy,f,E,N,α1,α2,α3,φ1,Class)
iy = l0y/λy
h = iy/0.24
A = N/(φy*f)
A,A1x,l0x,λy,i1,y0,I1 = 6983,349,10000,101.8,22.4,20.7,1760000

b1,b0,ix1, Ix1 = determine_separation_distance(A,A1x,l0x,λy,i1,y0,I1)
b1 = ceil(b1/10)*10
θ, iv, At, hf, ffw = 45, 8.9, 349, 4,  160
λmax = stiffness_and_overall_stability(l0x,ix,A,A1x,λy)
l01, λ1 = limb_stability(b0,i1,θ)
V, V1, Nt, lt, λt, η = batten_calculation(A,f,εk,b0,iv,θ)
φt = φ11(αy,lt,fy,f,E,N,α1,α2,α3,φ1,Class)[0]
N_ηφAf = lacing_stability(Nt,At,λt,η,φt,f)
lw = batten_connection_calculation(Nt,hf,ffw)


print('计算结果：')
print(f'循环计算次数              count = {count:.0f} ')
print(f'H 型钢截面积               A = {A:.0f} mm^2')
print(f'轴心受压构件目标长细比      λy = { λy:.1f} ')
print(f'轴心受压构件正则长细比      λn = { λn:.3f} ')
print(f'轴心受压构件合理稳定系数     φy = {φy:.3f} ')
print(f'轴心受压构件目标长细比      λx = { λx:.1f} ')
print(f'轴心受压构件正则长细比      λn = { λn:.3f} ')
print(f'轴心受压构件合理稳定系数     φx = {φx:.3f} ')
if max(λx,λy) <= 150:
    print('轴心受压构件长细比符合《钢标》表 7.4.6 对受压构件的要求。')

print(f'绕 y 轴回转半径            iy = {iy:.1f}mm')
print(f'H 型钢截面高度            h = {h:.0f}mm')
print(f'绕 x 轴回转半径            ix = {ix:.1f}mm')
print(f'H 型钢截面高度             b = {b:.0f}mm')
print(f'绕 1 轴回转半径           ix1 = {ix1:.0f}mm')
print(f'绕 1 轴惯性矩             Ix1 = {Ix1:.0e}mm^4')
print(f'分肢间距                  b1 = {b1:.0f}mm')

print(f'轴心受压构件截面上的剪力      V = {V/1000:.1f} kN')
print(f'每个缀条截面承担的剪力       V1 = {V1/1000:.1f} kN')
print(f'缀条内力设计值             Nt = {Nt/1000:.1f} kN')
print(f'缀条的计算长度             lt = {lt:.1f} mm')
print(f'缀条的长细比              λt = { λt:.1f} ')
if λt <= 150:
```

```
        print('缀条长细比符合《钢标》表 7.4.6 对受压构件的要求。')

    print(f'缀条的长细比                    λ1 = {λ1:.1f} ')
    if λ1 <= 0.7*λmax:
        print("分肢稳定性满足要求")

    print(f'角钢强度设计值折减系数      η = {η:.3f} ')
    print(f'缀条的稳定系数              φt = {φt:.3f} ')
    print(f'缀条的稳定性验算            N_ηφAf = {N_ηφAf:.3f} ')
    print(f'缀条焊缝的计算长度          lw = {lw:.1f} mm')

if __name__ == "__main__":
    main()
```

2.4.3　输出结果

运行代码清单 2-4，可得输出结果 2-4。

输 出 结 果　　　　　　　　　　　　　　　　　　2-4

```
计算结果:
循环计算次数              count = 26
H 型钢截面积              A = 6983 mm^2
轴心受压构件目标长细比      λy = 101.8
轴心受压构件正则长细比      λn = 1.449
轴心受压构件合理稳定系数    φy = 0.366
轴心受压构件目标长细比      λx = 105.6
轴心受压构件正则长细比      λn = 1.449
轴心受压构件合理稳定系数    φx = 0.519
轴心受压构件长细比符合《钢标》表 7.4.6 对受压构件的要求。
绕 y 轴回转半径           iy = 74.2mm
H 型钢截面高度            h = 309mm
绕 x 轴回转半径           ix = 94.7mm
H 型钢截面高度            b = 220mm
绕 1 轴回转半径           ix1 = 101mm
绕 1 轴惯性矩             Ix1 = 7e+07mm^4
分肢间距                 b1 = 240mm
轴心受压构件截面上的剪力    V = 17.7 kN
每个缀条截面承担的剪力      V1 = 8.8 kN
缀条内力设计值            Nt = 12.5 kN
缀条的计算长度            lt = 278.3 mm
缀条的长细比              λt = 31.3
缀条长细比符合《钢标》表 7.4.6 对受压构件的要求。
缀条的长细比              λ1 = 17.6
分肢稳定性满足要求
角钢强度设计值折减系数      η = 0.647
```

缀条的稳定系数	φt = 0.997
缀条的稳定性验算	N_ηφAf = 0.258
缀条焊缝的计算长度	lw = 32.8 mm

2.5 缀条式双肢格构式轴心受压构件验算

2.5.1 项目描述

项目描述与 2.1.1 节相同，不再赘述。

2.5.2 项目代码

本计算程序为缀条式双肢格构式轴心受压构件验算，代码清单 2-4 中：

❶为定义计算钢号修正系数函数；

❷为定义计算截面类型相关系数函数；

❸为定义按虚轴与实轴的等稳定条件确定分肢间距函数；

❹为定义计算刚度和整体稳定性函数；

❺为定义计算分肢稳定性函数；

❻为定义计算计算缀条内力函数；

❼为定义计算计算缀条稳定性函数；

❽为定义计算计算缀条与分肢连接函数；

❾为定义计算计算实际长细比函数；

❿为定义计算计算格构柱绕实轴的整体稳定性函数；

⓫为定义计算目标长细比函数；

⓬为定义计算目标稳定系数函数；

⓭为给出所需计算参数的初始值，应力单位采用 N、mm 制，内力单位采用 kN、m 制，几何尺寸单位采用 mm 制；

⓮本行及以下几行代码为利用前面定义的函数计算缀条式双肢格构式轴心受压构件。具体见代码清单 2-5。

代 码 清 单   2-5

```
# -*- coding: utf-8 -*-
import sympy as sp
from math import pi,sin,sqrt,ceil,radians,tan

def steel_grade_correction_factor(fy):          ❶
    εk = sqrt(235/fy)
    return εk
```

```
def α(Class,λn):                                              ❷
    match Class:
        case 'a':
            α1,α2,α3 = 0.41,0.986,0.152
        case 'b':
            α1,α2,α3 = 0.65,0.965,0.300
        case 'c':
            if λn <= 1.05:
                α1,α2,α3 = 0.73,0.906,0.595
            else:
                α1,α2,α3 = 0.73,1.216,0.302
        case 'd':
            if λn <= 1.05:
                α1,α2,α3 = 1.35,0.868,0.915
            else:
                α1,α2,α3 = 1.35,1.375,0.432
    return  α1,α2,α3
def determine_separation_distance(A,A1x,l0x,λy,i1,y0,I1):     ❸
    λx = sqrt(λy**2-27*A/A1x)
    ix = l0x/λx
    b0 = 2*sqrt(ix**2-i1**2)
    b = b0+2*y0
    Ix = 2*(I1+A/2*(b0/2)**2)
    ix = sqrt(Ix/A)
    return b,b0,ix,Ix
def stiffness_and_overall_stability(l0x,ix,A,A1x,λy):         ❹
    λ0x = λy
    λx = sqrt(λ0x**2-27*A/A1x)
    λmax = max(λ0x,λy)
    return λmax,λ0x,λx

def limb_stability(b0,i1,θ):                                  ❺
    α = radians(θ)
    l01 = 2*b0/tan(α)
    λ1 = l01/i1
    return l01,λ1

def batten_calculation(A,f,εk,b0,iv,θ):                       ❻
    V = A*f/(85*εk)
    V1 = V/2
    α = radians(θ)
    Nt = V1/sin(α)

    lt = b0/sin(α)
    λt = lt/iv
    η = 0.6+0.0015*λt
    return V,V1,Nt,lt,λt,η

def lacing_stability(Nt,At,λt,η,φt,f):                        ❼
```

```
    N_ηφAf = Nt/(η*φt*At*f)
    return  N_ηφAf

def batten_connection_calculation(Nt,hf,ffw):           ❽
    τf = 0.85*ffw
    lw = Nt/(0.7*hf*τf)
    return lw

def slenderness_ratio(fy,E,λ,α1,α2,α3):                 ❾
    λn = λ*sqrt(fy/E)/pi
    if λn <= 0.215:
        φ = 1-α1*λn**2
    else:
        φ = ((α2+α3*λn+(λn)**2)-
            sqrt((α2+α3*λn+(λn)**2)**2-4*(λn)**2))/(2*(λn)**2)
    return φ,λn

def overall_stability(N,A,φy,f):                        ❿
    N_φAf = N/(φy*A*f)
    return  N_φAf

def target_slenderness_ratio(αy,l0,fy,f,E,N,α1,α2,α3,φ1):  ⓫
    λ = sp.symbols('λ', real=True, positive=True)
    Eq = λ**2/φ1-αy*l0**2*f/N
    λ = min(sp.solve(Eq, λ))
    λn = λ*sqrt(fy/E)/pi
    if λn <= 0.215:
        φ = 1-α1*λn**2
    else:
        φ = ((α2+α3*λn+(λn)**2)-
            sqrt((α2+α3*λn+(λn)**2)**2-4*(λn)**2))/(2*(λn)**2)
    return φ,λ,λn

def φ11(αy,l0,fy,f,E,N,α1,α2,α3,φ1,Class):              ⓬
    φ, λ, λn = target_slenderness_ratio(αy,l0,fy,f,E,N,α1,α2,α3,φ1)
    α1, α2, α3 = α(Class,λn)
    count = 1
    while abs(φ1-φ) >= 0.001:
        φ1 = φ
        φ, λ, λn = target_slenderness_ratio(αy,l0,fy,f,E,N,α1,α2,α3,φ1)
        α1, α2, α3 = α(Class,λn)
        count += 1
    return φ,λ,λn,count

def main():
    paras = 235,215,206000,800000,0.8,0.8               ⓭
    fy, f, E, N, αx, αy  = paras
    A,iy, l0x, l0y = 6983,98.2,10000,10000
    Class, λn, φ1 = 'b',   1.5, 0.5
```

```
εk = steel_grade_correction_factor(fy)
α1, α2, α3 = α(Class,λn)
A1x,i1,y0,I1 =  349,22.4,20.7,1760000

λy = l0y/iy                                                                    ⓮
φy, λn = slenderness_ratio(fy,E,λy,α1,α2,α3)
N_φAf = overall_stability(N,A,φy,f)
b1,b0,ix1,Ix1 = determine_separation_distance(A,A1x,l0x,λy,i1,y0,I1)
b1 = ceil(b1/10)*10
θ, iv, At, hf, ffw = 45,8.9,349,4, 160

φx, λx, λn, count = φ11(αx,l0x,fy,f,E,N,α1,α2,α3,φ1,Class)
ix = l0x/λx
λmax, λ0x, λx = stiffness_and_overall_stability(l0x,ix,A,A1x,λy)
ix = l0x/λx
l01, λ1 = limb_stability(b0,i1,θ)
V, V1, Nt, lt, λt, η = batten_calculation(A,f,εk,b0,iv,θ)

φt, λn = slenderness_ratio(fy,E,λt,α1,α2,α3)
N_ηφAf = lacing_stability(Nt,At,λt,η,φt,f)
lw = batten_connection_calculation(Nt,hf,ffw)

print('绕实轴的计算结果：')
print(f'双肢格构柱截面积              A = {A:.0f} mm^2')
print(f'轴心受压构件正则长细比        λn = {λn:.3f} ')
print(f'绕 y 轴回转半径              iy = {iy:.1f}mm')
print(f'轴心受压构件实际长细比        λy = {λy:.1f} ')
print(f'轴心受压构件实际稳定系数      φy = {φy:.3f} ')
print(f'轴心受压构件绕实轴稳定性      N_φAf = {N_φAf:.3f} ')

print('绕虚轴的计算结果：')
print(f'轴心受压构件正则长细比        λn = {λn:.3f} ')
print(f'绕 x 轴回转半径              ix = {ix:.1f}mm')
print(f'轴心受压构件目标长细比        λx = {λx:.1f} ')

print('分肢计算结果：')
print(f'绕 1 轴回转半径              ix1 = {ix1:.0f}mm')
print(f'绕 1 轴惯性矩                Ix1 = {Ix1:.0e}mm^4')
print(f'分肢间距                     b1 = {b1:.0f}mm')

print(f'缀条的长细比                 λ1 = {λ1:.1f} ')
if λ1 <= 0.7*λmax:
    print("分肢稳定性满足要求。")

print(f'轴心受压构件截面上的剪力      V = {V/1000:.2f} kN')
print(f'每个缀条截面承担的剪力        V1 = {V1/1000:.2f} kN')
print(f'缀条内力设计值               Nt = {Nt/1000:.2f} kN')
print(f'缀条的计算长度               lt = {lt:.1f} mm')
```

```
    print(f'缀条的长细比              λt = {λt:.1f} ')
    if λt <= 150:
        print('缀条长细比符合《钢标》表7.4.6对受压构件的要求。')

    print(f'角钢强度设计值折减系数      η = {η:.3f} ')
    print(f'缀条的稳定系数             φt = {φt:.3f} ')
    print(f'缀条的稳定性验算           N_ηφAf = {N_ηφAf:.3f} ')
    print(f'缀条焊缝的计算长度          lw = {lw:.1f} mm')

if __name__ == "__main__":
    main()
```

2.5.3 输出结果

运行代码清单 2-5，可得输出结果 2-5。

输 出 结 果   2-5

```
绕实轴的计算结果：
双肢格构柱截面积            A = 6983 mm^2
轴心受压构件正则长细比        λn = 0.336
绕y轴回转半径              iy = 98.2mm
轴心受压构件实际长细比        λy = 101.8
轴心受压构件实际稳定系数       φy = 0.543
轴心受压构件绕实轴稳定性       N_φAf = 0.981
绕虚轴的计算结果：
轴心受压构件正则长细比        λn = 0.336
绕x轴回转半径              ix = 100.9mm
轴心受压构件目标长细比        λx = 99.1
分肢计算结果：
绕1轴回转半径              ix1 = 101mm
绕1轴惯性矩               Ix1 = 7e+07mm^4
分肢间距                 b1 = 240mm
缀条的长细比               λ1 = 17.6
分肢稳定性满足要求。
轴心受压构件截面上的剪力       V = 17.66 kN
每个缀条截面承担的剪力        V1 = 8.83 kN
缀条内力设计值             Nt = 12.49 kN
缀条的计算长度             lt = 278.2 mm
缀条的长细比               λt = 31.3
缀条长细比符合《钢标》表7.4.6对受压构件的要求。
角钢强度设计值折减系数        η = 0.647
缀条的稳定系数             φt = 0.932
缀条的稳定性验算           N_ηφAf = 0.276
缀条焊缝的计算长度          lw = 32.8 mm
```

2.6 缀板式双肢格构式轴心受压构件计算

2.6.1 项目描述

项目描述与 2.1.1 节相同，不再赘述。

2.6.2 项目代码

本计算程序可以计算缀板式双肢格构式轴心受压构件，代码清单 2-6 中：
❶为定义计算钢号修正系数函数；
❷为定义计算截面类型相关系数函数；
❸为定义计算目标长细比函数；
❹为定义计算目标稳定系数函数；
❺为定义计算按虚轴与实轴的等稳定条件确定分肢间距函数；
❻为定义计算分肢稳定性函数；
❼为定义计算刚度和整体稳定性函数；
❽为定义计算缀板截面尺寸函数；
❾为定义计算缀板刚度验算函数；
❿为定义计算缀板内力函数；
⓫为定义计算焊缝长度函数；
⓬为给出所需计算参数的初始值，应力单位采用 N、mm 制，内力单位采用 kN、m 制，几何尺寸单位采用 mm 制；
⓭本行及以下几行代码为利用前面定义的函数计算缀板式双肢格构式轴心受压构件。具体见代码清单 2-6。

代 码 清 单   2-6

```python
# -*- coding: utf-8 -*-
import sympy as sp
from math import pi,sqrt,ceil

def steel_grade_correction_factor(fy):              ❶
    εk = sqrt(235/fy)
    return εk

def α(Class,λn):                                    ❷
    match Class:
        case 'a':
            α1,α2,α3 = 0.41,0.986,0.152
        case 'b':
            α1,α2,α3 = 0.65,0.965,0.300
```

```
        case 'c':
            if λn <= 1.05:
                α1,α2,α3 = 0.73,0.906,0.595
            else:
                α1,α2,α3 = 0.73,1.216,0.302
        case 'd':
            if λn <= 1.05:
                α1,α2,α3 = 1.35,0.868,0.915
            else:
                α1,α2,α3 = 1.35,1.375,0.432
    return α1,α2,α3

def target_slenderness_ratio(αy,l0,fy,f,E,N,α1,α2,α3,φ1):                    ❸
    λ = sp.symbols('λ', real=True, positive=True)
    Eq = λ**2/φ1-αy*l0**2*f/N
    λ = min(sp.solve(Eq, λ))
    λn = λ*sqrt(fy/E)/pi
    if λn <= 0.215:
        φ = 1-α1*λn**2
    else:
        φ = ((α2+α3*λn+(λn)**2)-
            sqrt((α2+α3*λn+(λn)**2)**2-4*(λn)**2))/(2*(λn)**2)
    return φ,λ,λn

def φ11(αy,l0,fy,f,E,N,α1,α2,α3,φ1,Class):                                   ❹
    φ, λ, λn = target_slenderness_ratio(αy,l0,fy,f,E,N,α1,α2,α3,φ1)
    α1, α2, α3 = α(Class,λn)
    count = 1
    while abs(φ1-φ) >= 0.001:
        φ1 = φ
        φ,λ,λn = target_slenderness_ratio(αy,l0,fy,f,E,N,α1,α2,α3,φ1)
        α1,α2,α3 = α(Class,λn)
        count += 1
    return φ,λ,λn,count

def determine_separation_distance(A,A1x,l0x,λ1,λy,i1,y0,I1):                 ❺
    λx = sqrt(λy**2-λ1**2)
    ix = l0x/λx
    b0 = 2*sqrt(ix**2-i1**2)
    b = b0+2*y0
    Ix = 2*(I1+A/2*(b0/2)**2)
    ix = sqrt(Ix/A)
    return b, b0, ix, Ix

def limb_stability(l01,i1):                                                 ❻
    λ1 = l01/i1
    return λ1

def stiffness_and_overall_stability(l0x,ix,λ1,λy):                          ❼
    λx = l0x/ix
```

```
    λ0x = sqrt(λx**2+λ1**2)
    λmax = max(λ0x,λy,50)
    return λmax

def batten_section_size(b0):                                                ❽
    hb = (2*b0/3)%10*10
    tb = (b0/40)%10*10
    return hb, tb

def check_of_batten_rigidity(tb,hb,b0,l01,I1):                             ❾
    l1 = l01+hb
    Eq = 2*(tb*hb**3/12)*(1/b0)-6*I1/l1
    return Eq, l1

def batten_calculation(A,f,εk,l1,b0):                                      ❿
    V = A*f/(85*εk)
    V1 = V/2
    T1 = V1*l1/b0
    M1 = V1*l1/2
    return V, V1, T1, M1

def batten_connection_calculation(T1,M1,hf,lw,ffw,βf):                     ⓫
    hf = ceil(sqrt((6*M1/(lw*βf))**2+T1**2)/(0.7*lw*ffw))
    return hf

def main():
    '''     fy,   f,    E,     N,        αx,   αy,   l0x,    l0y   '''
    paras = 235, 215, 206000, 2800000, 0.8,  0.8, 72000, 72000     ⓬
    fy, f, E, N, αx, αy, l0x, l0y = paras
    '''             Class, λn, φ1 '''
    Class, λn, φ1 = 'b', 1.05, 0.86

    εk = steel_grade_correction_factor(fy)
    α1, α2, α3 = α(Class,λn)
    φx, λx, λn, count = φ11(αx,l0x,fy,f,E,N,α1,α2,α3,φ1,Class)
    ix = l0x/λx
    b = ix/0.44

    φy,λy,λn,count = φ11(αy,l0y,fy,f,E,N,α1,α2,α3,φ1,Class)
    iy = l0y/λy
    h = iy/0.38

    A = N/(φy*f)
    '''             A1x,  i1,   y0,   I1 '''
    A1x,i1,y0,I1 = 349,  27.8, 24.4, 640000
    '''             hf, ffw, lw, βf '''
    hf,ffw,lw,βf = 4,160,240,1.22
    l01 = 680

    λ1 = limb_stability(l01,i1)                                            ⓭
```

```
b1,b0,ix1,Ix1 = determine_separation_distance(A,A1x,l0x,λ1,λy,i1,y0,I1)
b1 = ceil(b1/10)*10
hb, tb = batten_section_size(b0)
Eq,l1 = check_of_batten_rigidity(tb,hb,b0,l01,I1)

λmax = stiffness_and_overall_stability(l0x,ix,λ1,λy)
V, V1, T1, M1 = batten_calculation(A,f,εk,l1,b0)
hf = batten_connection_calculation(T1,M1,hf,lw,ffw,βf)

print(f'缀板焊缝的计算长度          lw = {lw:.1f} mm')
print(f'缀板焊缝的剪力设计值        T1 = {T1:.1f} kN')
print(f'缀板焊缝的弯矩设计值        M1 = {M1:.1f} kN·m')
print(f'缀板焊缝的焊脚尺寸          hf = {hf:.1f} mm')

print('计算结果：')
print(f'循环计算次数              count = {count:.0f} ')
print(f'H 型钢截面积              A = {A:.0f} mm^2')
print(f'轴心受压构件目标长细比      λy = {λy:.1f} ')
print(f'轴心受压构件正则长细比      λn = {λn:.3f} ')
print(f'轴心受压构件合理稳定系数     φy = {φy:.3f} ')
print(f'轴心受压构件目标长细比      λx = {λx:.1f} ')
print(f'轴心受压构件正则长细比      λn = {λn:.3f} ')
print(f'轴心受压构件合理稳定系数     φx = {φx:.3f} ')
if max(λx,λy) <= 150:
    print('轴心受压构件长细比符合《钢标》表 7.4.6 对受压构件的要求。')

print(f'绕 y 轴回转半径           iy = {iy:.1f}mm')
print(f'H 型钢截面高度           h = {h:.0f}mm')
print(f'绕 x 轴回转半径           ix = {ix:.1f}mm')
print(f'H 型钢截面高度           b = {b:.0f}mm')

print(f'绕 1 轴回转半径          ix1 = {ix1:.0f}mm')
print(f'绕 1 轴惯性矩            Ix1 = {Ix1:.0e}mm^4')
print(f'分肢间距               b1 = {b1:.0f}mm')

print(f'轴心受压构件截面上的剪力      V = {V/1000:.1f} kN')
print(f'每个缀板截面承担的剪力       V1 = {V1/1000:.1f} kN')

print(f'缀板的长细比              λ 1 = {λ1:.1f} ')
if λ1 <= 0.7*λmax:
    print("分肢稳定性满足要求")
print(f'缀板焊缝的计算长度          lw = {lw:.1f} mm')

if __name__ == "__main__":
    main()
```

2.6.3 输出结果

运行代码清单 2-6，可得输出结果 2-6。

输 出 结 果　　　　　　　　　　　　　　2-6

缀板焊缝的计算长度	lw = 240.0 mm
缀板焊缝的剪力设计值	T1 = 118969.1 kN
缀板焊缝的弯矩设计值	M1 = 38804928.5 kN·m
缀板焊缝的计算长度	hf = 30.0 mm

计算结果：

循环计算次数	count = 74
H 型钢截面积	A = 84176 mm^2
轴心受压构件目标长细比	λy = 221.3
轴心受压构件正则长细比	λn = 2.379
轴心受压构件合理稳定系数	φy = 0.155
轴心受压构件目标长细比	λx = 221.3
轴心受压构件正则长细比	λn = 2.379
轴心受压构件合理稳定系数	φx = 0.155
绕 y 轴回转半径	iy = 325.4mm
H 型钢截面高度	h = 856mm
绕 x 轴回转半径	ix = 325.4mm
H 型钢截面高度	b = 739mm
绕 1 轴回转半径	ix1 = 326mm
绕 1 轴惯性矩	Ix1 = 9e+9mm^4
分肢间距	b1 = 710mm
轴心受压构件截面上的剪力	V = 212.9 kN
每个缀板截面承担的剪力	V1 = 106.5 kN
缀板的长细比	λ1 = 24.5
分肢稳定性满足要求	
缀板焊缝的计算长度	lw = 240.0 mm

3 受弯钢构件

3.1 单向受弯构件计算

3.1.1 项目描述

根据《钢结构设计标准》GB 50017—2017 表 3.5.1 注 1，得钢号修正系数为

$$\varepsilon_k = \sqrt{\frac{235}{f_y}} \tag{3-1}$$

根据《钢结构设计标准》GB 50017—2017 第 6.1.2 条第 1 款，确定截面塑性发展系数 γ_x、γ_y。根据《钢结构设计标准》GB 50017—2017 式（6.1.1），进行强度计算时，最大弯曲应力设计值为

$$\frac{M_x}{\gamma_x W_{nx}} + \frac{M_y}{\gamma_y W_{ny}} \leqslant f \tag{3-2}$$

根据《钢结构设计标准》GB 50017—2017 式（6.1.3），主梁腹板边缘处剪应力值为

$$\tau = \frac{VS}{It_w} \tag{3-3}$$

根据《钢结构设计标准》GB 50017—2017 式（6.1.5-1），主梁腹板上边缘的最大折算应力设计值为

$$\sqrt{\sigma_2^2 + \sigma_c^2 - \sigma\sigma_c + 3\tau_2^2} \leqslant f \tag{3-4}$$

钢梁是否为双轴对称截面，根据《钢结构设计标准》GB 50017—2017 第 C.0.1 条，确定参数 η_b。根据《钢结构设计标准》GB 50017—2017 式（C.0.1-1），得整体稳定性系数为

$$\varphi_b = \beta_b \frac{4320}{\lambda_y^2} \cdot \frac{Ah}{W_x} \left[\sqrt{1 + \left(\frac{\lambda_y t_1}{4.4h}\right)^2} + \eta_b \right] \varepsilon_k \tag{3-5}$$

根据《钢结构设计标准》GB 50017—2017 式（C.0.1-7），得整体稳定性系数为

$$\varphi_b' = 1.07 - \frac{0.282}{\varphi_b} \leqslant 1.0 \tag{3-6}$$

根据《钢结构设计标准》GB 50017—2017 式（6.2.2），在计算钢梁整体稳定时，其允许的最大弯矩设计值为

$$M_x = \varphi_b' W_x f \tag{3-7}$$

根据《钢结构设计标准》GB 50017—2017 式（6.2.3），可得钢梁进行整体稳定性计算时，最大弯曲应力设计值为

$$\frac{M_x}{\varphi_b' W_x} + \frac{M_y}{\gamma_y W_y} \leqslant f \tag{3-8}$$

简支钢梁最大挠度为

$$v = \frac{5q_{ky}l^4}{384EI_x} \tag{3-9}$$

3.1.2 项目代码

本计算程序为计算单向受弯钢构件，代码清单 3-1 中：

❶为定义钢号修正系数函数；

❷为定义截面几何特性函数；

❸为定义截面板件宽厚比等级函数；

❹为定义截面有效截面高度函数；

❺为定义截面有效截面模量函数；

❻为定义验算截面强度函数；

❼为定义钢梁挠度计算函数；

❽为定义钢梁稳定系数函数；

❾为给出所需计算参数的初始值，应力单位采用 N、mm 制，内力单位采用 kN、m 制，几何尺寸单位采用 mm 制；

❿本行及以下几行代码为利用前面定义的函数计算。

具体见代码清单 3-1。

代 码 清 单   3-1

```
# -*- coding: utf-8 -*-
from math import sqrt
import pandas as pd

def steel_grade_correction_factor(fy):          ❶
    εk = sqrt(235/fy)
    return εk

def AWI(b1,b2,h,tw,tf1,tf2):                     ❷
    A = b1*tf1+(h-tf1-tf2)*tw+b2*tf2
    y1 = ((h-tf1-tf2)*tw*((h-tf1-tf2)+tf1)/2+ \
        b2*tf2*((h-tf1-tf2)+(tf1+tf2)/2))/A +tf1/2
    y2 = h-y1
    Ix = b1*y1**3/3-(b1-tw)*(y1-tf1)**3/3 +\
        b2*y2**3/3-(b2-tw)*(y2-tf2)**3/3
    W1x = Ix/y1
    W2x = Ix/y2
    S1x = b1*tf1*(y1-tf1/2)
```

```
    S2x = b2*tf2*(y2-tf2/2)
    Sx = S1x+(y1-tf1)**2*tw/2
    return A, y1, y2, Ix, W1x, W2x, S1x, S2x, Sx

def width_thickness_ratio_grade(εk,b1,tf1,tf2,h,tw):
    flange = (b1-tw)/(2*tf1)
    if  flange <= 13*εk:
        grade_flange = 'S1~S3'
    elif 13*εk < flange <= 15*εk:
        grade_flange = 'S4'
    else:
        grade_flange = 'S5'

    web = (h-tf1-tf2)/tw
    if  web <= 93*εk:
        grade_web = 'S1~S3'
    elif 93*εk < web <= 124*εk:
        grade_web = 'S4'
    else:
        grade_web = 'S5'

    if grade_flange == 'S1~S3' and grade_web == 'S1~S3':
        grade = 'S1~S3'
    elif grade_flange == 'S4' and grade_web == 'S4':
        grade = 'S4'
    else:
        grade = 'S5'
    return grade

def effective_section_height(Mx,Ix,h,y1,tf1,y2,tf2,tw,εk):
    σmax = Mx/Ix*(y1-tf1)
    σmin = -Mx/Ix*(y2-tf2)

    α0 = (σmax-σmin)/σmax
    kα = 16/(2-α0+sqrt((2-α0)**2+0.112*α0**2))
    λnp = ((h-tf1-tf2)/tw)/(28.1*sqrt(kα))*(1/εk)
    ρ = 1/λnp*(1-0.19/λnp)

    hc = y1-tf1
    he = ρ*hc
    he1 = 0.4*he
    he2 = 0.6*he
    return σmax, σmin, α0, kα, λnp, ρ, he1, he2

def effective_section_modulus(Mx,A,Ix,h,b1,b2,y1,tf1,y2,tf2,tw,εk):
    σmax = Mx/Ix*(y1-tf1)
    σmin = -Mx/Ix*(y2-tf2)

    α0 = (σmax-σmin)/σmax
```

❸

❹

❺

```
    kα = 16/(2-α0+sqrt((2-α0)**2+0.112*α0**2))
    λnp = ((h-tf1-tf2)/tw)/(28.1*sqrt(kα))*(1/εk)
    ρ = 1/λnp*(1-0.19/λnp)

    hc = y1-tf1
    he = ρ*hc
    he1 = 0.4*he
    he2 = 0.6*he
    h_invalid = hc-he
    Ae = A-h_invalid*tw

    y1e = (he1*tw)*(he1+tf1)/(2*Ae)+\
        ((he2+y2-tf2)*tw*((he2+y2-tf2)/2+h_invalid+he1+tf1/2))/Ae+\
            (b2*tf2)*(h-(tf1+tf2)/2)/Ae+tf1/2
    y2e = h-y1e

    Ixe = b1*y1e**3/3-(b1-tw)*(y1e-tf1)**3/3 +\
        b2*y2e**3/3-(b2-tw)*(y2e-tf2)**3/3-\
            (tw*(he2+h_invalid)**3/3-tw*he2**3/3)
    W1xe = Ixe/y1e
    W2xe = Ixe/y2e
    return  Ae, y1e, y2e, Ixe, W1xe, W2xe

def check_section_strength(Mx,γx,W1xe,W2xe,
                           Vmax,Sx,Ix,tw,Ixe,y2e,tf2,S2x):          ❻
    σ = Mx/(γx*min(W1xe,W2xe))
    τmax = Vmax*Sx/(Ix*tw)

    σ1 = Mx/Ixe*(y2e-tf2)
    τ1 = Vmax*S2x/(Ix*tw)
    σc = 0
    σ_reduced = sqrt(σ1**2+σc**2-σ1*σc+τ1**2)
    return σ, τmax, σ_reduced

def checking_deflection(Pk,gk,E,l,Ix):                             ❼
    v = Pk*l**3/(48*E*Ix)+5*gk*l**4/(384*E*Ix)
    return v

def check_overall_stability(t1,b1,t2,b2,A,l1,Wx,h,εk):            ❽
    βb = 1.75

    I1 = t1*b1**3/12
    I2 = t2*b2**3/12
    Iy = I1+I2
    iy = sqrt(Iy/A)
    λy = l1/iy
    αb = I1/(I1+I2)
    ηb = 0.8*(2*αb-1)
    φb = βb*(4320/λy**2)*(A*h/Wx)*(sqrt(1+(λy*t1/(4.4*h))**2)+ηb)*εk**2
```

```
    if φb > 0.6:
        φb = min(φb, 1.07-0.282/φb)
    return iy, φb

def main():
    '''                  b1,   b2,   h,   tw,tf1,tf2   '''
    b1,b2,h,tw,tf1,tf2 = 300, 200, 1026, 8, 14, 12                    ❾
    A,y1,y2,Ix,W1x,W2x,S1x,S2x,Sx = AWI(b1,b2,h,tw,tf1,tf2)           ❿

    '''          fy,    f,    E,      '''
    fy, f, E = 345, 305, 206000
    εk = steel_grade_correction_factor(fy)
    grade = width_thickness_ratio_grade(εk,b1,tf1,tf2,h,tw)

    if grade == ('S4' or 'S5'):
        γx,γy = 1.0, 1.0
    else:
        γx,γy = 1.05, 1.2
    Mx, Vmax = 1276.6*10**6, 217.6*1000

    results = effective_section_modulus(Mx,A,Ix,
                        h,b1,b2,y1,tf1,y2,tf2,tw,εk)
    Ae, y1e, y2e, Ixe, W1xe, W2xe = results

    results = check_section_strength(Mx,γx,W1xe,W2xe,
                        Vmax,Sx,Ix,tw,Ixe,y2e,tf2,S2x)
    σ, τmax, σ_reduced  = results

    Pk,gk,l = 315*1000, 1.35, 12000
    v = checking_deflection(Pk,gk,E,l,Ix)

    l1 = l/2
    Wx = W1xe
    iy, φb = check_overall_stability(tf1,b1,tf2,b2,A,l1,Wx,h,εk)
    η = Mx/(φb*Wx*f)

    df = pd.read_excel(r'China (GB 2023)-H.xlsx', header=1)
    Ix = Ix*0.0001
    df = df[df['Ix2'].ge(Ix)].nsmallest(1,'Ix2')
    print('计算结果: ')
    print(f'钢号修正系数              εk = {εk:.3f}')
    print(f'受弯构件截面板件宽厚比等级 grade = {grade}')
    print(f'受弯构件的截面积          A = {A:.1f} mm^2')
    print(f'受弯构件中和轴的位置       y1 = {y1:.1f} mm')
    print(f'受弯构件中和轴的位置       y2 = {y2:.1f} mm')
    print(f'受弯构件对强轴 x 轴的惯性矩  Ix = {Ix:.1f} mm^4')
    print(f'对受压纤维的截面模量       W1x = {W1x:.1f} mm^3')
    print(f'对受拉纤维的截面模量       W2x = {W2x:.1f} mm^3')
    print(f'受压翼缘板对 x 轴的面积矩    S1x = {S1x:.1f} mm^3')
```

```
    print(f'受拉翼缘板对 x 轴的面积矩      S2x = {S2x:.1f} mm^3')
    print(f'面积矩                      Sx = {Sx:.1f} mm^3')
    print(f'受弯构件对 y 轴的回转半径       iy = {iy:.1f}')
    print(f'受弯构件的稳定系数            φb = {φb:.3f}')
    print(f'受弯构件材料利用率            η = { η:.3f}')
    print(f'受弯构件有效截面积            Ae = {Ae:.1f} mm^2')
    print(f'受弯构件对 1 点有效距离        y1e = {y1e:.1f} mm')
    print(f'受弯构件对 2 点有效距离        y2e = {y2e:.1f} mm')
    print(f'受弯构件有效惯性矩            Ixe = {Ixe:.1f} mm^4')
    print(f'受弯构件有效截面模量          W1xe = {W1xe:.1f} mm^3')
    print(f'受弯构件有效截面模量          W2xe = {W2xe:.1f} mm^3')
    print(f'受弯构件正应力计算值           σ = {σ:.1f} N/mm^2')
    print(f'受弯构件剪应力计算值          τmax = { τmax:.1f} N/mm^2')
    print(f'受弯构件折减应力值     σ_reduced = { σ_reduced:.1f} N/mm^2')
    print(f'受弯构件挠度计算值             v = {v:.2f} mm')

    print(df)

if __name__ == "__main__":
    main()
```

3.1.3　输出结果

运行代码清单 3-1，可得输出结果 3-1。

输　出　结　果　　　　　　　　　　　　3-1

```
计算结果:
钢号修正系数              εk = 0.825
受弯构件截面板件宽厚比等级 grade = S5
受弯构件的截面积           A = 14600.0 mm^2
受弯构件中和轴的位置        y1 = 451.3 mm
受弯构件中和轴的位置        y2 = 574.7 mm
受弯构件对强轴 x 轴的惯性矩   Ix = 230351.2 mm^4
对受压纤维的截面模量       W1x = 5103845.0 mm^3
对受拉纤维的截面模量       W2x = 4008399.9 mm^3
受压翼缘板对 x 轴的面积矩   S1x = 1866180.8 mm^3
受拉翼缘板对 x 轴的面积矩   S2x = 1364811.0 mm^3
面积矩                   Sx = 2631206.6 mm^3
受弯构件对 y 轴的回转半径    iy = 52.0
受弯构件的稳定系数          φb = 0.915
受弯构件材料利用率           η = 0.934
受弯构件有效截面积          Ae = 13976.0 mm^2
受弯构件对 1 点有效距离     y1e = 462.7 mm
受弯构件对 2 点有效距离     y2e = 563.3 mm
受弯构件有效惯性矩         Ixe = 2264632084.4 mm^4
```

受弯构件有效截面模量		W1xe = 4894418.3 mm^3						
受弯构件有效截面模量		W2xe = 4020272.6 mm^3						
受弯构件正应力计算值		σ = 317.5 N/mm^2						
受弯构件剪应力计算值		τ max = 31.1 N/mm^2						
受弯构件折减应力值		σ_reduced = 311.2 N/mm^2						
受弯构件挠度计算值		v = 24.67 mm						
RecNo	Name	H	B	t1 ...	Iy3	ix4	iy5	Wx Wy
87 88	HN750x300	750	300.0	13.0 ..10800.0	311.0	67.4	6150.0	721.0

[1 rows x 16 columns]

3.2 钢梁挠度限值选型钢截面

3.2.1 项目描述

项目描述与 3.1.1 节相同，不再赘述。

3.2.2 项目代码

本计算程序为钢梁挠度限值选型钢截面，代码清单 3-2 中：

❶为引入程序所需各个库，并指定简写名称以减少代码量；

❷为定义以挠度限值反推型钢梁横截面惯性矩函数；

❸为定义由弯矩设计值反推型钢梁横截面的抵抗矩函数；

❹为定义计算 H 型钢梁横截面高度、宽度及截面抵抗矩函数；

❺为定义计算 H 型钢梁横截面高度、宽度及截面惯性矩函数；

❻为定义绘制跨度与型钢梁横截面抵抗矩关系曲线函数；

❼为定义绘制挠度与横截面惯性矩关系曲线函数；

❽为给出所需计算参数的初始值，应力单位采用 N、mm 制，内力单位采用 kN、m 制，几何尺寸单位采用 mm 制。

具体见代码清单 3-2。

代　码　清　单　　　　　　　　　　　　3-2

```
# -*- coding: utf-8 -*-                                        ❶
import numpy as np
import sympy as sp
import matplotlib.pyplot as plt

def deflection(L,w,E,Δmax):                                   ❷
    Ireq = 5*w*L**4/(384*E*Δmax)
    return Ireq

def strength(L,w,f):                                          ❸
    Mx = w*L**2/8
```

```
        W = Mx/f
        return W

def W_height(sharp,W,tw,tf):
    h = sp.symbols('h', real=True)
    H = {'HW':1,'HM':2/3,'HN':1/2}
    b = H.get(sharp)*h
    WW = b*h**2/6-(b-tw)*(h-2*tf)**2/6
    Eq = W-WW
    h = max(sp.solve(Eq, h))
    b = H.get(sharp)*h
    WW = b*h**2/6+-(b-tw)*(h-2*tf)**2/6
    return h, b, WW

def I_height(sharp,I,tw,tf):
    h = sp.symbols('h', real=True)
    H = {'HW':1,'HM':2/3,'HN':1/2}
    b = H.get(sharp)*h
    II = b*h**3/12-(b-tw)*(h-2*tf)**3/12
    Eq = I-II
    h = max(sp.solve(Eq, h))
    b = H.get(sharp)*h
    II = b*h**3/12-(b-tw)*(h-2*tf)**3/12
    return h, b, II

def L_W(L1,L,w,f,MIN,MAX,STEP):
    fig = plt.figure(figsize=(5.7,4.6), facecolor="#f1f1f1")
    left, bottom, width, height = 0.12, 0.1, 0.85, 0.8
    fig.add_axes((left, bottom, width, height), facecolor="#f1f1f1")
    plt.rcParams['font.sans-serif'] = ['SimHei']

    W = [strength(L,w,f)/10**3 for L in L1]
    plt.plot(L1, W, color='r', linewidth=2, linestyle='-')

    plt.xticks(np.arange(MIN,MAX,2*STEP))
    plt.yticks(np.arange(0,3005,250))
    plt.xlabel('计算跨度 $L$ ($m$)')
    plt.ylabel('截面模量 $W$ ($cm^3$)')

    title = '$L-W$ 曲线'
    plt.title(title)
    plt.grid()
    plt.show()
    fig.savefig(title, dpi=600, facecolor="#f1f1f1")
    return 0

def Δmax_I(Δmax1,L,w,E):
    fig = plt.figure(figsize=(5.7,4.6), facecolor="#f1f1f1")
    left, bottom, width, height = 0.15, 0.1, 0.85, 0.8
    fig.add_axes((left, bottom, width, height), facecolor="#f1f1f1")
```

```
        plt.rcParams['font.sans-serif'] = ['SimHei']

        I = [deflection(L,w,E,Δmax)/10000 for Δmax in Δmax1]
        Δmax1 = [1/100, 1/150, 1/200, 1/250, 1/300, 1/400]
        plt.plot(Δmax1, I, color='r', linewidth=2, linestyle='-')

        plt.xticks(Δmax1)
        plt.yticks(np.arange(0,1005*100,100*100))
        plt.xlabel('挠度限值 $Δmax$ ($mm$)')
        plt.ylabel('截面惯性矩 $I$ ($cm^4$)')

        title = '$Δmax-I$ 曲线'
        plt.title(title)
        plt.grid()
        plt.show()
        fig.savefig(title, dpi=1200, facecolor="#f1f1f1")
        return 0

def main():
    L,E,f = 10000, 206000, 305
    spacing = 3.5
    gk,qk = 0.25*25*spacing, 3.5*spacing
    w = gk+qk
    wd = 1.3*gk+1.5*qk

    Δmax = L/200
    Ireq = deflection(L,w,E,Δmax)
    W = strength(L,wd,f)

    MIN, MAX, STEP = 0, 15001, 1000
    L1 = [L for L in range(MIN,MAX,STEP)]
    L_W(L1,L,w,f,MIN,MAX,STEP)

    Δmax1 = [L/100, L/150, L/200, L/250, L/300, L/400]
    Δmax_I(Δmax1,L,w,E)

    tw, tf = 10, 16
    sharp = 'HM'

    h1, b1, WW = W_height(sharp,W,tw,tf)
    h2, b2, II = I_height(sharp,Ireq,tw,tf)

    print('计算结果: ')
    print(f'受弯构件所需截面挠度限值    Δmax = {Δmax:.1f} mm')
    print(f'受弯构件所需截面惯性矩     Ireq = {Ireq/10000:.1f} cm^4')
    print(f'受弯构件所需截面模量      W = {W/1000:.1f} cm^3')

    print(f'挠度所需截面 H×B×tw×tf \
        {h1:.0f}×{b1:.0f}×{tw:<1.0f}×{tf:<2.0f}')
    print(f'强度所需截面 H×B×tw×tf \
```

❽

```
        {h2:.0f}×{b2:.0f}×{tw:<1.0f}×{tf:<2.0f}')

if __name__ == "__main__":
    main()
```

3.2.3 输出结果

运行代码清单 3-2，可得输出结果 3-2。

输 出 结 果   3-2

计算结果:
受弯构件所需截面挠度限值   △max = 50.0 mm
受弯构件所需截面惯性矩   Ireq = 43139.4 cm^4
受弯构件所需截面模量   W = 1918.5 cm^3
挠度所需截面 H×B×tw×tf   480×320×10×16
强度所需截面 H×B×tw×tf   425×284×10×16

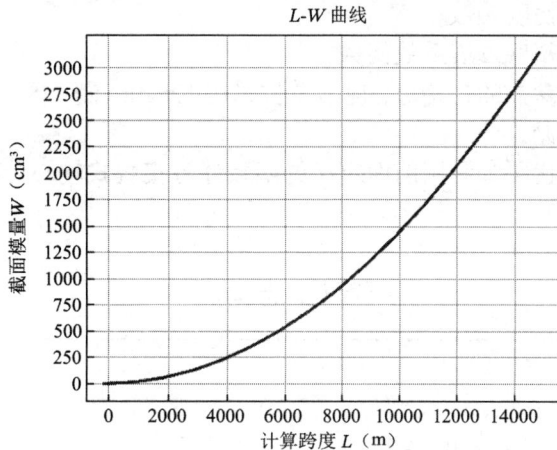

L-W 曲线

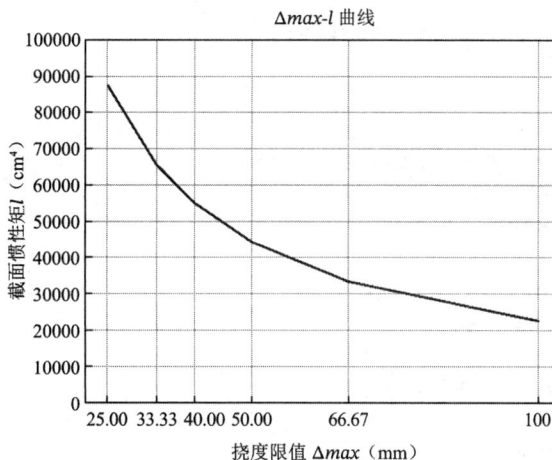

Δmax-l 曲线

3.3 双向受弯构件计算

3.3.1 项目描述

项目描述与 3.1.1 节相同，不再赘述。

3.3.2 项目代码

本计算程序为双向受弯构件计算，代码清单 3-3 中：

❶为定义钢号修正系数函数；
❷为定义截面板件宽厚比等级函数；
❸为定义有效截面高度函数；
❹为定义有效截面模量函数；
❺为定义钢梁稳定系数函数；
❻为定义计算双向受弯构件的内力函数；
❼为定义计算双向抗弯强度应力值函数；
❽为定义计算钢梁挠度函数；
❾为定义确定截面塑性发展系数函数；

❿为给出所需计算参数的初始值，应力单位采用 N、mm 制，内力单位采用 kN、m 制，几何尺寸单位采用 mm 制；

⓫本行及以下几行代码为利用前面定义的函数计算实腹式轴心受压构件。

具体见代码清单 3-3。

代 码 清 单　　　　　　　　　　　　3-3

```
# -*- coding: utf-8 -*-
from numpy import  arctan
from math import sqrt, sin, cos

def steel_grade_correction_factor(fy):              ❶
    εk = sqrt(235/fy)
    return εk

def width_thickness_ratio_grade(εk,b,tf,h,tw):      ❷
    flange = (b-tw)/(2*tf)
    if  flange <= 13*εk:
        grade_flange = 'S1~S3'
    elif 13*εk < flange <= 15*εk:
        grade_flange = 'S4'
    else:
        grade_flange = 'S5'

    web = (h-tf-tf)/tw
```

```
        if  web <= 93*εk:
            grade_web = 'S1~S3'
        elif 93*εk < web <= 124*εk:
            grade_web = 'S4'
        else:
            grade_web = 'S5'

        if grade_flange == 'S1~S3' and grade_web == 'S1~S3':
            grade = 'S1~S3'
        elif grade_flange == 'S4' and grade_web == 'S4':
            grade = 'S4'
        else:
            grade = 'S5'
        return grade

def effective_section_height(Mx,Ix,h,y1,tf1,y2,tf2,tw,εk):      ❸
        σmax = Mx/Ix*(y1-tf1)
        σmin = -Mx/Ix*(y2-tf2)

        α0 = (σmax-σmin)/σmax
        kα = 16/(2-α0+sqrt((2-α0)**2+0.112*α0**2))
        λnp = ((h-tf1-tf2)/tw)/(28.1*sqrt(kα))*(1/εk)
        ρ = 1/λnp*(1-0.19/λnp)

        hc = y1-tf1
        he = ρ*hc
        he1 = 0.4*he
        he2 = 0.6*he
        return σmax, σmin, α0, kα, λnp, ρ, he1, he2

def effective_section_modulus(Mx,A,Ix,h,b1,b2,y1,tf1,y2,tf2,tw,εk):  ❹
        σmax = Mx/Ix*(y1-tf1)
        σmin = -Mx/Ix*(y2-tf2)

        α0 = (σmax-σmin)/σmax
        kα = 16/(2-α0+sqrt((2-α0)**2+0.112*α0**2))
        λnp = ((h-tf1-tf2)/tw)/(28.1*sqrt(kα))*(1/εk)
        ρ = 1/λnp*(1-0.19/λnp)

        hc = y1-tf1
        he = ρ*hc
        he1 = 0.4*he
        he2 = 0.6*he
        h_invalid = hc-he
        Ae = A-h_invalid*tw

        y1e = (he1*tw)*(he1+tf1)/(2*Ae)+\
            ((he2+y2-tf2)*tw*((he2+y2-tf2)/2+h_invalid+he1+tf1/2))/Ae+\
                (b2*tf2)*(h-(tf1+tf2)/2)/Ae+tf1/2
```

```
    y2e = h-y1e

    Ixe = b1*y1e**3/3-(b1-tw)*(y1e-tf1)**3/3 +\
        b2*y2e**3/3-(b2-tw)*(y2e-tf2)**3/3-\
            (tw*(he2+h_invalid)**3/3-tw*he2**3/3)
    W1xe = Ixe/y1e
    W2xe = Ixe/y2e
    return  Ae, y1e, y2e, Ixe, W1xe, W2xe

def check_overall_stability(t1,b1,t2,b2,A,l1,Wx,h,εk):        ❺
    βb = 1.75
    I1 = t1*b1**3/12
    I2 = t2*b2**3/12
    Iy = I1+I2
    iy = sqrt(Iy/A)
    λy = l1/iy
    αb = I1/(I1+I2)
    ηb = 0.8*(2*αb-1)
    φb = βb*(4320/λy**2)*(A*h/Wx)*(sqrt(1+(λy*t1/(4.4*h))**2)+ηb)*εk**2
    if φb > 0.6:
        φb = min(φb, 1.07-0.282/φb)
    return iy, φb

def bending_moment(Gk,Qk,gk,lp,l,α):                         ❻
    qGk = Gk*lp*cos(α)
    qQk = Qk*lp*sin(α)
    q = 1.2*(qGk+gk)+1.4*qQk
    qx = q*sin(α)
    qy = q*cos(α)
    Mx = qy*l**2/8
    My = qx*l**2/32
    return Mx, My

def biaxial_bending_strength(Mx,My,γx,γy,Wx,Wy):             ❼
    Mx,My = Mx*10**6, My*10**6
    σ = Mx/(γx*Wx)+My/(γy*Wy)
    return σ

def checking_deflection(Gk,Qk,lp,gk,E,l,Ix,α):               ❽
    qGk = Gk*lp*cos(α)
    qQk = Qk*lp*sin(α)
    qk = qGk+gk+qQk
    l  = l*1000
    v = 5*qk*cos(α)*l**4/(384*E*Ix)
    return v

def γ(grade):                                                ❾
    if grade == 'S4' or grade == 'S5':
        γx,γy = 1.0, 1.0
```

```
    else:
        γx,γy = 1.05, 1.2
    return γx,γy

def main():
    b, h, tw, tf = 48,  100,   53, 53                              ❿
    fy, f, E = 355, 305, 206*1000
    Gk, gk, Qk, lp, l = 0.5, 0.098, 0.5, 0.798, 6
    Wx, Ix, Wy =  39.7*1000, 198*10**4, 7.8*1000
    i = 2.5
    α = arctan(1/i)

    εk = steel_grade_correction_factor(fy)                         ⓫
    grade = width_thickness_ratio_grade(εk,b,tf,h,tw)
    γx,γy = γ(grade)
    Mx, My = bending_moment(Gk,Qk,gk,lp,l,α)
    σ = biaxial_bending_strength(Mx,My,γx,γy,Wx,Wy)
    η = σ/f
    v = checking_deflection(Gk,Qk,lp,gk,E,l,Ix,α)

    print('计算结果: ')
    print(f'钢号修正系数                     εk = {εk:.3f}')
    print(f'受弯构件截面板件宽厚比等级    grade = {grade}')
    print(f'受弯构件绕 x 轴的弯矩设计值      Mx = {Mx:.3f} kN·m')
    print(f'受弯构件绕 y 轴的弯矩设计值      My = {My:.3f} kN·m')
    print(f'受弯构件强度应力值               σ = {σ:.1f} N/mm^2')
    print(f'受弯构件强度应力利用率           η = {η:.3f}')
    print(f'受弯构件挠度计算值               v = {v:.1f} mm')

if __name__ == "__main__":
    main()
```

3.3.3 输出结果

运行代码清单 3-3，可得输出结果 3-3。

输 出 结 果 3-3

```
计算结果:
钢号修正系数                     εk = 0.814
受弯构件截面板件宽厚比等级    grade = S1~S3
受弯构件绕 x 轴的弯矩设计值      Mx = 3.216 kN·m
受弯构件绕 y 轴的弯矩设计值      My = 0.322 kN·m
受弯构件强度应力值               σ = 111.5 N/mm^2
受弯构件强度应力利用率           η = 0.366
受弯构件挠度计算值               v = 23.7 mm
```

3.4 选择简支梁 H 型钢最优截面

3.4.1 项目描述

项目描述与 3.1.1 节相同，不再赘述。

3.4.2 项目代码

本计算程序为选择简支梁 H 型钢最优截面，代码清单 3-4 中：

❶为导入 pandas 库；

❷为定义永久荷载和可变荷载作用下最大挠度容许值函数；

❸为定义可变荷载作用下最大挠度容许值函数；

❹为给出所需计算参数的初始值，应力单位采用 N、mm 制，内力单位采用 kN、m 制，几何尺寸单位采用 mm 制；

❺为导入型钢库；

❻本行及以下几行代码为利用前面定义的函数计算缀板式双肢格构式轴心受压构件。具体见代码清单 3-4。

代 码 清 单　　　　　　　　　　　　　3-4

```python
# -*- coding: utf-8 -*-
import pandas as pd                                                    ❶

def total_maximum_allowable_deflection_value(w,l,E,Δmax_ALL):          ❷
    Ixreqd_ALL = (5*w*l**4)/(384*E*Δmax_ALL)
    Ixreqd_ALL = Ixreqd_ALL/10**4
    return Ixreqd_ALL

def maximum_allowable_deflection_value_of_variable_load(wL,l,E,Δmax_L): ❸
    Ixreqd_L = (5*wL*l**4)/(384*E*Δmax_L)
    Ixreqd_L = Ixreqd_L/10**4
    return Ixreqd_L

def main():
    wD,wL,l,E = 16,9,9000,2.06*10**5                                   ❹
    w = wD+wL
    Δmax_ALL,Δmax_L = l/400,l/500
    df = pd.read_excel('China (GB 2023)-H.xlsx',header=1)              ❺

    Ixreqd_ALL = total_maximum_allowable_deflection_value(w,l,E,Δmax_ALL) ❻
    Ixreqd_L=\
        maximum_allowable_deflection_value_of_variable_load(wL,l,E,Δmax_L)
    df1 = df[df['Ix2'].ge(Ixreqd_ALL)].nsmallest(1,'Ix2')
```

```
df2 = df[df.Ix2.ge(Ixreqd_L)].nsmallest(1,'Ix2')

print('计算结果：')
print(df1)
df1.to_excel('H型钢_select_by_Ixreqd_ALL.xlsx',sheet_name="Ixreqd_ALL")
print(f'永久荷载和可变荷载作用下最大挠度容许值    {△max_ALL = :.1f} mm')
print(f'永久荷载和可变荷载所需截面惯性矩最小值{Ixreqd_ALL=:.1f}mm^4')
print(df2)
df2.to_excel('H型钢_select_by_Ixreqd_L.xlsx',sheet_name = "Ixreqd_L")
print(f'可变荷载作用下最大挠度容许值              {△max_L = :.1f} mm')
print(f'可变荷载作用下所需截面惯性矩最小值        {Ixreqd_L = :.1f} mm^4')

if __name__ == "__main__":
    main()
```

3.4.3　输出结果

运行代码清单 3-4，可得输出结果 3-4。

输 出 结 果　　　　　　　　　　3-4

```
计算结果：
RecNo Name        H     B     t1  ...    Iy3    ix4    iy5    Wx     Wy
69 70 HN500x200   500   200.0 10.0 ...  2140.0 204.0  43.6  1870.0 214.0
[1 rows x 16 columns]
永久荷载和可变荷载作用下最大挠度容许值            △max_ALL = 22.5 mm
永久荷载和可变荷载作用下所需截面惯性矩最小值 Ixreqd_ALL = 46078.6 mm^4
RecNo  Name        H     B     t1  ...    Iy3    ix4    iy5    Wx     Wy
34 35  HM340x250   340   250.0 9.0  ...  3650.0 146.0  60.5  1250.0 292.0
[1 rows x 16 columns]
可变荷载作用下最大挠度容许值                  △max_L = 18.0 mm
可变荷载作用下所需截面惯性矩最小值          Ixreqd_L = 20735.4 mm^4
```

4 压弯钢构件

4.1 单向压弯 H 型钢构件计算

4.1.1 项目描述

根据《钢结构设计标准》GB 50017—2017 表 3.5.1 注 1，得钢号修正系数为

$$\varepsilon_k = \sqrt{\frac{235}{f_y}} \tag{4-1}$$

根据《钢结构设计标准》GB 50017—2017 表 3.5.1，确定构件的截面板件宽厚比等级。
根据《钢结构设计标准》GB 50017—2017 表 8.1.1，确定截面塑性发展系数 γ_x。
根据《钢结构设计标准》GB 50017—2017 表 D.0.2，得稳定系数为 φ_x，参数

$$N'_{Ex} = \frac{\pi^2 EA}{1.1\lambda_x^2} \tag{4-2}$$

根据《钢结构设计标准》GB 50017—2017 式（8.2.1-1），平面内的最大压应力设计值为

$$\sigma = \frac{N}{\varphi_x A} + \frac{\beta_{mx} M_x}{\gamma_x W_{1x}\left(1 - 0.8\dfrac{N}{N'_{Ex}}\right)} \tag{4-3}$$

根据《钢结构设计标准》GB 50017—2017 表 7.2.1-1，确定截面绕 x、y 轴类别，并计算平面内长细比为

$$\lambda_x = \frac{l_{0x}}{i_x} \tag{4-4}$$

根据《钢结构设计标准》GB 50017—2017 式（C.0.5-1），均匀弯曲的受弯构件整体稳定系数为

$$\varphi_b = 1.07 - \frac{\lambda_y^2}{44000\varepsilon_k^2} \leqslant 1 \tag{4-5}$$

根据《钢结构设计标准》GB 50017—2017 式（8.2.1-12），等效弯矩系数为

$$\beta_{tx} = 0.65 + 0.35\frac{M_2}{M_1} \tag{4-6}$$

根据《钢结构设计标准》GB 50017—2017 式（8.2.1-3），对于钢柱 X 向，以应力形式表达的弯矩作用平面外稳定性计算最大值为

$$\sigma = \frac{N}{\varphi_y A} + \eta\frac{\beta_{tx} M_x}{\varphi_b W_{1x}} \tag{4-7}$$

4.1.2 项目代码

本计算程序可以计算单向压弯 H 型钢构件，代码清单 4-1 中：

❶为定义钢号修正系数函数；
❷为定义截面几何特性函数；
❸为定义截面板件宽厚比等级函数；
❹为定义确定截面塑性发展系数函数；
❺为定义有效截面高度函数；
❻为定义有效截面模量函数；
❼为定义验算截面强度函数；
❽为定义弹性临界力函数；
❾为定义欧拉临界力函数；
❿为定义平面内稳定函数；
⓫为定义平面外稳定函数；
⓬为定义截面类型相关的系数函数；
⓭为定义计算稳定系数函数；
⓮为定义计算轴心受压构件的稳定系数函数；

⓯为给出所需计算参数的初始值，应力单位采用 N、mm 制，内力单位采用 kN、m 制，几何尺寸单位采用 mm 制；

⓰本行及以下几行代码为利用前面定义的函数计算单向压弯 H 型钢构件。

具体见代码清单 4-1。

代 码 清 单   4-1

```
# -*- coding: utf-8 -*-
from math import pi, sqrt

def steel_grade_correction_factor(fy):                        ❶
    εk = sqrt(235/fy)
    return εk

def AWI(b1,b2,h,tw,tf1,tf2,l0x,l0y):                          ❷
    A = b1*tf1+(h-tf1-tf2)*tw+b2*tf2
    y1 = ((h-tf1-tf2)*tw*((h-tf1-tf2)+tf1)/2+ \
        b2*tf2*((h-tf1-tf2)+(tf1+tf2)/2))/A +tf1/2
    y2 = h-y1
    Ix = b1*y1**3/3-(b1-tw)*(y1-tf1)**3/3 +\
        b2*y2**3/3-(b2-tw)*(y2-tf2)**3/3
    Iy = tf1*b1**3/12+tf2*b2**3/12+(h-tf1-tf2)*tw**3/12
    W1x = Ix/y1
    W2x = Ix/y2
    S1x = b1*tf1*(y1-tf1/2)
    S2x = b2*tf2*(y2-tf2/2)
    Sx = S1x+(y1-tf1)**2*tw/2
    ix = sqrt(Ix/A)
    iy = sqrt(Iy/A)
    λx = l0x/ix
    λy = l0y/iy
```

```
        return A,y1,y2,Ix,W1x,W2x,S1x,S2x,Sx,ix,iy,λx,λy

def width_thickness_ratio_grade(εk,b1,tf1,tf2,h,tw):                    ❸
    flange = (b1-tw)/(2*tf1)
    if  flange <= 13*εk:
        grade_flange = 'S1~S3'
    elif 13*εk < flange <= 15*εk:
        grade_flange = 'S4'
    else:
        grade_flange = 'S5'

    web = (h-tf1-tf2)/tw
    if  web <= 93*εk:
        grade_web = 'S1~S3'
    elif 93*εk < web <= 124*εk:
        grade_web = 'S4'
    else:
        grade_web = 'S5'

    if grade_flange == 'S1~S3' and grade_web == 'S1~S3':
        grade = 'S1~S3'
    elif grade_flange == 'S4' and grade_web == 'S4':
        grade = 'S4'
    else:
        grade = 'S5'
    return grade

def γ(grade):                                                          ❹
    if grade == 'S4' or grade == 'S5':
        γx,γy = 1.0, 1.0
    else:
        γx,γy = 1.05, 1.2
    return γx,γy

def effective_section_height(Mx,Ix,h,y1,tf1,y2,tf2,tw,εk):             ❺
    σmax = Mx/Ix*(y1-tf1)
    σmin = -Mx/Ix*(y2-tf2)

    α0 = (σmax-σmin)/σmax
    kα = 16/(2-α0+sqrt((2-α0)**2+0.112*α0**2))
    λnp = ((h-tf1-tf2)/tw)/(28.1*sqrt(kα))*(1/εk)
    ρ = 1/λnp*(1-0.19/λnp)

    hc = y1-tf1
    he = ρ*hc
    he1 = 0.4*he
    he2 = 0.6*he
    return σmax, σmin, α0, kα, λnp, ρ, he1, he2

def effective_section_modulus(Mx,A,Ix,h,b1,b2,y1,tf1,y2,tf2,tw,εk):    ❻
    σmax = Mx/Ix*(y1-tf1)
```

```python
    σmin = -Mx/Ix*(y2-tf2)

    α0 = (σmax-σmin)/σmax
    kα = 16/(2-α0+sqrt((2-α0)**2+0.112*α0**2))
    λnp = ((h-tf1-tf2)/tw)/(28.1*sqrt(kα))*(1/εk)
    ρ = 1/λnp*(1-0.19/λnp)

    hc = y1-tf1
    he = ρ*hc
    he1 = 0.4*he
    he2 = 0.6*he
    h_invalid = hc-he
    Ae = A-h_invalid*tw

    y1e = (he1*tw)*(he1+tf1)/(2*Ae)+\
        ((he2+y2-tf2)*tw*((he2+y2-tf2)/2+h_invalid+he1+tf1/2))/Ae+\
            (b2*tf2)*(h-(tf1+tf2)/2)/Ae+tf1/2
    y2e = h-y1e

    Ixe = b1*y1e**3/3-(b1-tw)*(y1e-tf1)**3/3 +\
        b2*y2e**3/3-(b2-tw)*(y2e-tf2)**3/3-\
            (tw*(he2+h_invalid)**3/3-tw*he2**3/3)
    W1xe = Ixe/y1e
    W2xe = Ixe/y2e
    return  Ae, y1e, y2e, Ixe, W1xe, W2xe

def check_section_strength(N,Mx,My,γx,γy,An,Wnx,Wny):           ❼
    σmax = N/An+Mx/(γx*Wnx)+My/(γy*Wny)
    σmin = N/An-Mx/(γx*Wnx)-My/(γy*Wny)
    return σmax, σmin

def Ncr1(E,I,μ,l):                                              ❽
    Ncr = pi**2*E*I/(μ*l)**2
    return Ncr

def NEx(E,I,μ,l):                                               ❾
    NEx1 = pi**2*E*I/(1.1*(μ*l)**2)
    return NEx1

def in_plane_stability(N,Ncr,NEx1,φx,A,f,Mx,γx,W1x):            ❿
    βmx = 1-0.36*N/Ncr
    ips = N/(φx*A*f)+βmx*Mx/(γx*W1x*(1-0.8*N/NEx1)*f)
    return ips

def out_of_plane_stability(N,Ncr,NEx1,η,φy,φb,A,f,Mx,W1x):      ⓫
    βtx = 0.65
    ops = N/(φy*A*f)+η*βtx*Mx/(φb*W1x*f)
    return ops

def α(Class,fy,E,λ):                                            ⓬
    λn = λ/pi*sqrt(fy/E)
```

```
    match Class:
        case 'a':
            α1, α2, α3 = 0.41, 0.986, 0.152
        case 'b':
            α1, α2, α3 = 0.65, 0.965, 0.300
        case 'c':
            if λn <= 1.05:
                α1, α2, α3 = 0.73, 0.906, 0.595
            else:
                α1, α2, α3 = 0.73, 1.216, 0.302
        case 'd':
            if λn <= 1.05:
                α1, α2, α3 = 1.35, 0.868, 0.915
            else:
                α1, α2, α3 = 1.35, 1.375, 0.432
    return α1, α2, α3

def φb1(λy,εk):                                                    ⑬
    φb = min(1.07-λy**2/(44000*εk**2),1.0)
    return φb

def φ1(fy,E,λ,α1,α2,α3):                                           ⑭
    λn = λ/pi*sqrt(fy/E)
    if λn <= 0.215:
        φ = 1-α1*λn**2
    else:
        φ = ((α2+α3*λn+(λn)**2)-
            sqrt((α2+α3*λn+(λn)**2)**2-4*(λn)**2))/(2*(λn)**2)
    return φ

def main():
    b1,b2,h,tw,tf1,tf2 = 400,400,528,8,14,14                      ⑮
    fy,f,E = 355,305,206000
    N,Mx,My = 880*1000, 450*10**6, 0
    An,Wnx,Wny = 152*100,13118*1000,3118*1000
    μx,μy,l = 1.0,0.5,10000
    η,φx,φy,φb = 1.0,0.877,0.772,1.0

    l0x,l0y = μx*l,μy*l
    results = AWI(b1,b2,h,tw,tf1,tf2,l0x,l0y)                     ⑯
    A,y1,y2,Ix,W1x,W2x,S1x,S2x,Sx,ix,iy,λx,λy = results

    εk = steel_grade_correction_factor(fy)
    grade = width_thickness_ratio_grade(εk,b1,tf1,tf2,h,tw)
    γx,γy = γ(grade)

    class_x,class_y ='b','c'
    α1, α2, α3 = α(class_x,fy,E,λx)
    φx = φ1(fy,E,λx,α1,α2,α3)
```

```
    α1, α2, α3 = α(class_y,fy,E,λy)
    φy = φ1(fy,E,λy,α1,α2,α3)
    φb = φb1(λy,εk)

    σmax, σmin = check_section_strength(N,Mx,My,γx,γy,An,Wnx,Wny)
    Ncr = Ncr1(E,Ix,μx,l)
    NEx1 = NEx(E,Ix,μx,l)
    ips = in_plane_stability(N,Ncr,NEx1,φx,A,f,Mx,γx,W1x)
    ops = out_of_plane_stability(N,Ncr,NEx1,η,φy,φb,A,f,Mx,W1x)

    print('计算结果: ')
    print(f'钢号修正系数              εk = {εk:.3f} ')
    print(f'压弯构件截面板件宽厚比等级 grade = {grade}')
    print(f'压弯构件截面塑性发展系数    γx = {γx}')
    print(f'压弯构件截面塑性发展系数    γy = {γy}')

    print(f'压弯构件的截面积           A = {A:.1f} mm^2')
    print(f'压弯构件的有效截面积        An = {An:.1f} mm^2')
    print(f'压弯构件中和轴的位置        y1 = {y1:.1f} mm')
    print(f'压弯构件中和轴的位置        y2 = {y2:.1f} mm')
    print(f'压弯构件对强轴 x 轴的惯性矩  Ix = {Ix:.1f} mm^4')
    print(f'对受压纤维的截面模量       W1x = {W1x:.1f} mm^3')
    print(f'对受拉纤维的截面模量       W2x = {W2x:.1f} mm^3')
    print(f'受压翼缘板对 x 轴的面积矩   S1x = {S1x:.1f} mm^3')
    print(f'受拉翼缘板对 x 轴的面积矩   S2x = {S2x:.1f} mm^3')
    print(f'面积矩                   Sx = {Sx:.1f} mm^3')

    print(f'压弯构件最大强度值        σmax = {σmax:.1f} N/mm^2')
    print(f'压弯构件最小强度值        σmin = {σmin:.1f} N/mm^2')
    print(f'压弯构件绕 x 轴稳定系数     φx = {φx:.3f}')
    print(f'压弯构件绕 y 轴稳定系数     φy = {φy:.3f}')
    print(f'压弯构件的稳定系数        φb = {φb:.3f}')
    print(f'压弯构件平面内稳定利用率    ips = {ips:.3f}')
    print(f'压弯构件平面外稳定利用率    ops = {ops:.3f}')

if __name__ == "__main__":
    main()
```

4.1.3 输出结果

运行代码清单 4-1,可得输出结果 4-1。

输 出 结 果   4-1

```
计算结果:
钢号修正系数              εk = 0.814
压弯构件截面板件宽厚比等级 grade = S5
```

压弯构件截面塑性发展系数	γx = 1.0
压弯构件截面塑性发展系数	γy = 1.0
压弯构件的截面积	A = 15200.0 mm^2
压弯构件的有效截面积	An = 15200.0 mm^2
压弯构件中和轴的位置	y1 = 264.0 mm
压弯构件中和轴的位置	y2 = 264.0 mm
压弯构件对强轴 x 轴的惯性矩	Ix = 823265066.7 mm^4
对受压纤维的截面模量	W1x = 3118428.3 mm^3
对受拉纤维的截面模量	W2x = 3118428.3 mm^3
受压翼缘板对 x 轴的面积矩	S1x = 1439200.0 mm^3
受拉翼缘板对 x 轴的面积矩	S2x = 1439200.0 mm^3
面积矩	Sx = 1689200.0 mm^3
压弯构件最大强度值	σmax = 92.2 N/mm^2
压弯构件最小强度值	σmin = 23.6 N/mm^2
压弯构件绕 x 轴稳定系数	φx = 0.843
压弯构件绕 y 轴稳定系数	φy = 0.695
压弯构件的稳定系数	φb = 0.983
压弯构件平面内稳定利用率	ips = 0.712
压弯构件平面外稳定利用率	ops = 0.586

4.2 单向压弯箱型构件计算

4.2.1 项目描述

根据《钢结构设计标准》GB 50017—2017 式（8.4.2-4），参数

$$k_\sigma = \frac{16}{2 - \alpha_0 + \sqrt{(2 - \alpha_0)^2 + 0.112\alpha_0^2}} \tag{4-8}$$

根据《钢结构设计标准》GB 50017—2017 式（8.4.2-3），参数

$$\lambda_{n,p} = \frac{h_w/t_w}{28.1\sqrt{k_\sigma}} \cdot \frac{1}{\alpha_0} \tag{4-9}$$

根据《钢结构设计标准》GB 50017—2017 式（8.4.2-3），参数

$$\rho = \frac{1}{\lambda_{n,p}}\left(1 - \frac{0.19}{\lambda_{n,p}}\right) \tag{4-10}$$

腹板受压区的有效宽度为 $h_e = \rho h_c$。

根据《钢结构设计标准》GB 50017—2017 第 5.4.1 条，应进行钢柱翼缘板的局部稳定。计算该钢柱的强度和稳定性时，其截面面积为 $A_n = 2h_f t_f + h_e t_w$。

根据《钢结构设计标准》GB 50017—2017 第 8.3.1 条第 1 款及附录表 E.0.2，相交于柱上端的横梁线刚度之和与柱线刚度之和的比值为

$$K_1 = \sum \frac{I_b}{l_b} / \sum \frac{I_c}{l_c} \tag{4-11}$$

柱脚铰接，故 $K_2 = 0$。

根据《钢结构设计标准》GB 50017—2017 式（8.3.1-1），钢柱平面内计算长度系数为

$$\mu = \sqrt{\frac{7.5K_1K_2 + 4(K_1 + K_2) + 1.52}{7.5K_1K_2 + K_1 + K_2}} \qquad (4\text{-}12)$$

根据《钢结构设计标准》GB 50017—2017 式（8.3.1-2），钢柱X向计算长度增大系数为

$$\eta = \sqrt{1 + \frac{\sum(N_1/h_1)}{\sum(N_f/h_f)}} \qquad (4\text{-}13)$$

式中，$h_1 = h_f$。

4.2.2 项目代码

本计算程序可以计算单向压弯箱形构件，代码清单 4-2 中：
❶为定义钢号修正系数函数；
❷为定义截面几何特性函数；
❸为定义计算稳定系数函数；
❹为定义计算弹性临界力函数；
❺为定义平面内稳定性函数；
❻为定义平面外稳定性函数；
❼为定义腹板局部稳定性函数；
❽为定义构件的最大长细比截面类型相关的系数函数；
❾为定义根据截面类型确定计算参数函数；
❿为定义轴心受压构件的稳定系数函数；
⓫为定义截面板件宽厚比等级函数；
⓬为定义有效截面高度函数；
⓭为定义有效截面模量函数；
⓮为给出所需计算参数的初始值，应力单位采用 N、mm 制，内力单位采用 kN、m 制，几何尺寸单位采用 mm 制；
⓯本行及以下几行代码为利用前面定义的函数计算单向压弯箱形构件。
具体见代码清单 4-2。

代 码 清 单　　　　　　　　　　　　　4-2

```
# -*- coding: utf-8 -*-
from math import pi, sqrt

def steel_grade_correction_factor(fy):                          ❶
    εk = sqrt(235/fy)
    return εk

def section_geometric(b,h,tw,tf1,tf2,l0x,l0y):                  ❷
```

```
    hw = h-tf1-tf2
    A = b*tf1+b*tf2+2*hw*tw
    Ix = (b*h**3-(b-2*tw)*(h-tf1-tf2)**3)/12
    Iy = (b**3*h-(b-2*tw)**3*(h-tf1-tf2))/12
    W1x = Wx = 2*Ix/h
    ix = sqrt(Ix/A)
    iy = sqrt(Iy/A)
    λx = l0x/ix
    λy = l0y/iy
    return A,W1x,Ix,Iy,ix,iy,λx,λy

def φb1(λy,εk):                                                          ❸
    φb = min(1.07-λy**2/(44000*εk**2),1.0)
    return φb

def Ncr1(E,Ix,A,λx):                                                    ❹
    Ncr = pi**2*E*A/(λx)**2
    NEx1 = Ncr /1.1
    return Ncr, NEx1

def in_plane_stability(N,Ncr,NEx1,φx,A,f,Mx,γx,W1x):                    ❺
    βmx = 1-0.36*N/Ncr
    ips = N/(φx*A*f)+βmx*Mx/(γx*W1x*(1-0.8*N/NEx1)*f)
    return ips

def out_of_plane_stability(N,Ncr,NEx1,η,φy,φb,A,f,Mx,W1x):              ❻
    βtx = 1.0
    ops = N/(φy*A*f)+η*βtx*Mx/(φb*W1x*f)
    return ops

def local_stability(h,tw,A,Mx,Ix,N,εk):                                ❼
    h0 = h-2*tw
    σmax = N/A+Mx/Ix*(h0/2)
    σmin = N/A-Mx/Ix*(h0/2)
    α0 = (σmax-σmin)/σmax
    para = (45+25*α0**1.66)*εk
    h0_tw = h0/tw
    return σmax, σmin, h0_tw, para

def λ(λx,λy):                                                          ❽
    λmax = max(λx, λy)
    return λmax

def α(Class,fy,E,λ):                                                   ❾
    λn = λ/pi*sqrt(fy/E)
    match Class:
        case 'a':
            α1, α2, α3 = 0.41, 0.986, 0.152
        case 'b':
```

```
                α1, α2, α3 = 0.65, 0.965, 0.300
        case 'c':
            if λn <= 1.05:
                α1, α2, α3 = 0.73, 0.906, 0.595
            else:
                α1, α2, α3 = 0.73, 1.216, 0.302
        case 'd':
            if λn <= 1.05:
                α1, α2, α3 = 1.35, 0.868, 0.915
            else:
                α1, α2, α3 = 1.35, 1.375, 0.432
    return α1, α2, α3

def φ1(fy,E,λ,α1,α2,α3):
    λn = λ/pi*sqrt(fy/E)
    if λn <= 0.215:
        φ = 1-α1*λn**2
    else:
        φ = ((α2+α3*λn+(λn)**2)-
            sqrt((α2+α3*λn+(λn)**2)**2-4*(λn)**2))/(2*(λn)**2)
    return φ

def width_thickness_ratio_grade(εk,b1,tf1,tf2,h,tw):
    flange = (b1-tw)/(2*tf1)
    if  flange <= 13*εk:
        grade_flange = 'S1~S3'
    elif 13*εk < flange <= 15*εk:
        grade_flange = 'S4'
    else:
        grade_flange = 'S5'

    web = (h-tf1-tf2)/tw
    if  web <= 93*εk:
        grade_web = 'S1~S3'
    elif 93*εk < web <= 124*εk:
        grade_web = 'S4'
    else:
        grade_web = 'S5'

    if grade_flange == 'S1~S3' and grade_web == 'S1~S3':
        grade = 'S1~S3'
    elif grade_flange == 'S4' or grade_web == 'S4':
        grade = 'S4'
    else:
        grade = 'S5'
    return grade

def γ(grade):
    if grade == 'S4' or grade == 'S5':
```

❿

⓫

```
        γx,γy = 1.0, 1.0
    else:
        γx,γy = 1.05, 1.2
    return γx,γy

def effective_section_height(Mx,Ix,h,y1,tf1,y2,tf2,tw,εk):          ⑫
    σmax = Mx/Ix*(y1-tf1)
    σmin = -Mx/Ix*(y2-tf2)

    α0 = (σmax-σmin)/σmax
    kα = 16/(2-α0+sqrt((2-α0)**2+0.112*α0**2))
    λnp = ((h-tf1-tf2)/tw)/(28.1*sqrt(kα))*(1/εk)
    ρ = 1/λnp*(1-0.19/λnp)

    hc = y1-tf1
    he = ρ*hc
    he1 = 0.4*he
    he2 = 0.6*he
    return σmax, σmin, α0, kα, λnp, ρ, he1, he2

def effective_section_modulus(Mx,A,Ix,h,b1,b2,y1,tf1,y2,tf2,tw,εk):     ⑬
    σmax = Mx/Ix*(y1-tf1)
    σmin = -Mx/Ix*(y2-tf2)

    α0 = (σmax-σmin)/σmax
    kα = 16/(2-α0+sqrt((2-α0)**2+0.112*α0**2))
    λnp = ((h-tf1-tf2)/tw)/(28.1*sqrt(kα))*(1/εk)
    ρ = 1/λnp*(1-0.19/λnp)

    hc = y1-tf1
    he = ρ*hc
    he1 = 0.4*he
    he2 = 0.6*he
    h_invalid = hc-he
    Ae = A-h_invalid*tw

    y1e = (he1*tw)*(he1+tf1)/(2*Ae)+\
        ((he2+y2-tf2)*tw*((he2+y2-tf2)/2+h_invalid+he1+tf1/2))/Ae+\
            (b2*tf2)*(h-(tf1+tf2)/2)/Ae+tf1/2
    y2e = h-y1e

    Ixe = b1*y1e**3/3-(b1-tw)*(y1e-tf1)**3/3 +\
        b2*y2e**3/3-(b2-tw)*(y2e-tf2)**3/3-\
            (tw*(he2+h_invalid)**3/3-tw*he2**3/3)
    W1xe = Ixe/y1e
    W2xe = Ixe/y2e
    return  Ae, y1e, y2e, Ixe, W1xe, W2xe

def main():
```

```
paras = 355,305,206000,10000, 10000,478,350,10,14,14              ⑭
fy,f,E,l0x,l0y,h,b,tw,tf1,tf2 = paras
 η,N,Mx = 0.7,880*1000,450*10**6

εk = steel_grade_correction_factor(fy)                            ⑮
results = section_geometric(b,h,tw,tf1,tf2,l0x,l0y)
A,W1x,Ix,Iy,ix,iy,λx,λy = results
class_x,class_y ='b','b'
grade = width_thickness_ratio_grade(εk,b,tf1,tf2,h,tw)
γx,γy = γ(grade)

α1, α2, α3 = α(class_x,fy,E,λx)
φx = φ1(fy,E,λx,α1,α2,α3)
α1, α2, α3 = α(class_y,fy,E,λy)
φy = φ1(fy,E,λy,α1,α2,α3)
φb = φb1(λy,εk)

Ncr, NEx1 = Ncr1(E,Ix,A,λx)
ips = in_plane_stability(N,Ncr,NEx1,φx,A,f,Mx,γx,W1x)
ops = out_of_plane_stability(N,Ncr,NEx1,η,φy,φb,A,f,Mx,W1x)
λmax = λ(λx,λy)
σmax, σmin, h0_tw, para = local_stability(h,tw,A,Mx,Ix,N,εk)

print('计算结果：')
print(f'钢号修正系数                    εk = {εk:.3f} ')
print(f'压弯构件截面板件宽厚比等级      grade = {grade}')
print(f'压弯构件截面塑性发展系数        γx = {γx}')
print(f'压弯构件截面塑性发展系数        γy = {γy}')

print(f'压弯构件的截面积                A = {A:.1f} mm^2')
print(f'压弯构件对 x 轴的惯性矩         Ix = {Ix:.1f} mm^4')
print(f'压弯构件对 y 轴的惯性矩         Iy = {Iy:.1f} mm^4')
print(f'压弯构件对 x 轴的回转半径       ix = {ix:.1f} mm')
print(f'压弯构件对 y 轴的回转半径       iy = {iy:.1f} mm')

print(f'压弯构件绕 x 轴稳定系数         φx = {φx:.3f}')
print(f'压弯构件绕 y 轴稳定系数         φy = {φy:.3f}')
print(f'压弯构件的稳定系数              φb = {φb:.3f}')
print(f'压弯构件平面内稳定比值          ips = {ips:.3f}')
print(f'压弯构件平面外稳定比值          ops = {ops:.3f}')
print(f'腹板计算高度边缘的最大压应力值  σmax = {σmax:.1f} N/mm^2')
print(f'腹板计算高度另一边缘相应应力值  σmin = {σmin:.1f} N/mm^2')

if h0_tw<= para:
    print('局部稳定 h0/tw     (45+25*α0**1.66)*εk')
    print(f'         {h0_tw:.1f}  <=  {para:.1f},      可行。')
else:
    print('h0/tw       (45+25*α0**1.66)*εk')
    print(f'{h0_tw:.1f}  >  {para:.1f},      不可行。')
```

```
    print(f'最大长细比              λmax = {λmax:.1f}')

if __name__ == "__main__":
    main()
```

4.2.3 输出结果

运行代码清单 4-2，可得输出结果 4-2。

输 出 结 果   4-2

```
计算结果：
钢号修正系数                 εk = 0.814
压弯构件截面板件宽厚比等级    grade = S5
压弯构件截面塑性发展系数       γx = 1.0
压弯构件截面塑性发展系数       γy = 1.0
压弯构件的截面积              A = 18800.0 mm^2
压弯构件对 x 轴的惯性矩        Ix = 679510266.7 mm^4
压弯构件对 y 轴的惯性矩        Iy = 360216666.7 mm^4
压弯构件对 x 轴的回转半径      ix = 190.1 mm
压弯构件对 y 轴的回转半径      iy = 138.4 mm
压弯构件绕 x 轴稳定系数        φx = 0.782
压弯构件绕 y 轴稳定系数        φy = 0.629
压弯构件的稳定系数            φb = 0.891
压弯构件平面内稳定比值        ips = 0.733
压弯构件平面外稳定比值        ops = 0.652
腹板计算高度边缘的最大压应力值  σmax = 198.5 N/mm^2
腹板计算高度另一边缘相应应力值  σmin = -104.8 N/mm^2
局部稳定 h0/tw      (45+25*α0**1.66)*εk
         45.8  <=    77.7,      可行。
最大长细比                 λmax = 72.2
```

4.3 双角钢压弯构件计算

4.3.1 项目描述

项目的描述同 4.1.1 节相同，不再赘述。

4.3.2 项目代码

本计算程序为双角钢压弯构件，代码清单 4-3 中：
❶为定义钢号修正系数函数；
❷为定义截面几何特性函数；

❸为定义截面类型相关的系数函数；

❹为定义轴心受压构件的稳定系数函数；

❺为定义受弯构件稳定系数函数；

❻为定义弹性临界力函数；

❼为定义欧拉临界力函数；

❽为定义平面内稳定验算函数；

❾为定义平面外稳定验算函数；

❿给出所需计算参数的初始值，应力单位采用 N、mm 制，内力单位采用 kN、m 制，几何尺寸单位采用 mm 制；

⓫本行及以下几行代码为利用前面定义的函数计算双角钢压弯构件。

具体见代码清单 4-3。

代 码 清 单　　　　　　　　　4-3

```python
# -*- coding: utf-8 -*-
from math import pi, sqrt

def steel_grade_correction_factor(fy):                              ❶
    εk = sqrt(235/fy)
    return εk

def section_geometric(Class,μx,μy,l,ix,iy,b1,b2,t):                 ❷
    l0x,l0y = μx*l,μy*l
    λx = l0x/ix
    λy = l0y/iy
    match Class:
        case 'ea':
            b = b1
            λz = 3.9*b/t
            if λy >= λz:
                λyz = λy*(1+0.16*(λz/λy)**2)
            else:
                λyz = λz*(1+0.16*(λz/λy)**2)
        case 'ula':
            λz = 5.1*b2/t
            if λy >= λz:
                λyz = λy*(1+0.25*(λz/λy)**2)
            else:
                λyz = λz*(1+0.25*(λz/λy)**2)
        case 'usa':
            λz = 3.7*b1/t
            if λy >= λz:
                λyz = λy*(1+0.06*(λz/λy)**2)
            else:
                λyz = λz*(1+0.06*(λz/λy)**2)
```

```
        return l0x,l0y,λx,λy,λyz

def α(Class,fy,E,λ):                                                    ❸
    λn = λ/pi*sqrt(fy/E)
    match Class:
        case 'a':
            α1, α2, α3 = 0.41, 0.986, 0.152
        case 'b':
            α1, α2, α3 = 0.65, 0.965, 0.300
        case 'c':
            if λn <= 1.05:
                α1, α2, α3 = 0.73, 0.906, 0.595
            else:
                α1, α2, α3 = 0.73, 1.216, 0.302
        case 'd':
            if λn <= 1.05:
                α1, α2, α3 = 1.35, 0.868, 0.915
            else:
                α1, α2, α3 = 1.35, 1.375, 0.432
    return α1, α2, α3

def φ1(fy,E,λ,α1,α2,α3):                                                ❹
    λn = λ/pi*sqrt(fy/E)
    if λn <= 0.215:
        φ = 1-α1*λn**2
    else:
        φ = ((α2+α3*λn+(λn)**2)-
            sqrt((α2+α3*λn+(λn)**2)**2-4*(λn)**2))/(2*(λn)**2)
    return φ

def φb1(λy,εk):                                                         ❺
    φb = min(1.0-0.0017*λy/εk,1.0)
    return φb

def Ncr1(E,A,μ,l,ix):                                                   ❻
    l0x = μ*l
    λx = l0x/ix
    Ncr = pi**2*E*A/λx**2
    return Ncr

def NEx(E,A,λ):                                                         ❼
    NEx1 = pi**2*E*A/(1.1*λ**2)
    return NEx1

def in_plane_stability(N,NEx1,φx,A,f,Mx,γx1,W1x,γx2,W2x,βmx):          ❽
    ips1 = N/(φx*A*f)+βmx*Mx/(γx1*W1x*(1-0.8*N/NEx1)*f)
    ips2 = abs(N/A-βmx*Mx/(γx2*W2x*(1-1.25*N/NEx1)))/f
    ips = max(ips1,ips2)
```

```
        return ips1,ips2,ips

def out_of_plane_stability(N,η,φy,φb,A,f,Mx,W1x,βtx):          ❾
    ops = N/(φy*A*f)+η*βtx*Mx/(φb*W1x*f)
    return ops

def main():
    paras = 355,305,206000,90,56,5,29,25.2,1442.4,41540,19840   ❿
    fy,f,E,b1,b2,t,ix,iy,A,W1x,W2x = paras
    N,Mx = 70*1000, 2.6*10**6
    μx,μy,l = 1.0,1.0,3000
    βtx,η = 1.0,1.0
    γx1,γx2 = 1.05,1.2

    εk = steel_grade_correction_factor(fy)                      ⓫
    class_angle ='ula'
    l0x,l0y,λx,λy,λyz = section_geometric(class_angle,μx,μy,l,ix,iy,b1,b2,t)

    class_x,class_y ='b','b'
    α1, α2, α3 = α(class_x,fy,E,λx)
    φx = φ1(fy,E,λx,α1,α2,α3)
    α1, α2, α3 = α(class_y,fy,E,λy)
    φy = φ1(fy,E,λyz,α1,α2,α3)
    φby = φb1(λy,εk)

    Ncrx = Ncr1(E,A,μx,l,ix)
    NEx1 = NEx(E,A,λx)
    βmx = 1.0-0.18*N/NEx1
    Ncry = Ncr1(E,A,μy,l,iy)
    NEy1 = NEx(E,A,λy)
    ips1,ips2,ips = in_plane_stability(N,NEx1,φx,A,f,Mx,γx1,W1x,γx2,W2x,βmx)
    ops =out_of_plane_stability(N,η,φy,φby,A,f,Mx,W1x,βtx)

    print('计算结果：')
    print(f'钢号修正系数            εk = {εk:.3f} ')
    print(f'压弯构件截面塑性发展系数   γx1 = {γx1}')
    print(f'压弯构件截面塑性发展系数   γx2 = {γx2}')
    print(f'受弯构件的截面积        A = {A:.1f} mm^2')
    print(f'绕 1 轴对受压纤维的截面模量 W1x = {W1x:.1f} mm^3')
    print(f'绕 y 轴的回转半径       ix = {ix:.3f} mm')
    print(f'绕 y 轴的回转半径       iy = {iy:.3f} mm')
    print(f'绕 2 轴对受压纤维的截面模量 W2x = {W2x:.3f} mm^3')
    print(f'绕 x 轴的回转半径        λx = {λx:.3f}')
    print(f'绕 y 轴的回转半径        λy = {λy:.3f}')
    print(f'绕 yz 轴的回转半径       λyz = {λyz:.3f} ')
    print(f'绕 x 轴的稳定系数        φx = {φx:.3f}')
    print(f'绕 y 轴的稳定系数        φy = {φy:.3f}')
```

```
    print(f'压弯构件的稳定系数          φby = {φby:.3f}')
    print(f'等效弯矩系数              β mx = { β mx:.3f} ')

    print(f'绕 x 轴的欧拉临界力         Ncrx = {Ncrx/1000:.3f} kN')
    print(f'--------------------      NEx1 = {NEx1/1000:.3f} kN')
    print(f'绕 y 轴的欧拉临界力         Ncry = {Ncry/1000:.3f} kN')
    print(f'--------------------      NEy1 = {NEy1/1000:.3f} kN')
    print(f'压弯构件平面内对 1 点稳定利用率 ips1 = {ips1:.3f} ')
    print(f'压弯构件平面内对 2 点稳定利用率 ips2 = {ips2:.3f} ')
    print(f'压弯构件平面内稳定利用率      ips = {ips:.3f}')
    print(f'压弯构件平面外稳定利用率      ops = {ops:.3f}')

if __name__ == "__main__":
    main()
```

4.3.3 输出结果

运行代码清单 4-3，可得输出结果 4-3。

输 出 结 果　　　　　　　　　　　　　4-3

```
计算结果：
钢号修正系数              ε k = 0.814
压弯构件截面塑性发展系数     γ x1 = 1.05
压弯构件截面塑性发展系数     γ x2 = 1.2
受弯构件的截面积           A = 1442.4 mm^2
绕 1 轴对受压纤维的截面模量   W1x = 41540.0 mm^3
绕 y 轴的回转半径          ix = 29.000 mm
绕 y 轴的回转半径          iy = 25.200 mm
绕 2 轴对受压纤维的截面模量   W2x = 19840.000 mm^3
绕 x 轴的回转半径          λ x = 103.448
绕 y 轴的回转半径          λ y = 119.048
绕 yz 轴的回转半径         λ yz = 125.899
绕 x 轴的稳定系数          φx = 0.401
绕 y 轴的稳定系数          φy = 0.292
压弯构件的稳定系数         φby = 0.751
等效弯矩系数              β mx = 0.949
绕 x 轴的欧拉临界力         Ncrx = 274.035 kN
--------------------      NEx1 = 249.123 kN
绕 y 轴的欧拉临界力         Ncry = 206.924 kN
--------------------      NEy1 = 188.113 kN
压弯构件平面内对 1 点稳定利用率 ips1 = 0.636
压弯构件平面内对 2 点稳定利用率 ips2 = 0.365
压弯构件平面内稳定利用率      ips = 0.636
压弯构件平面外稳定利用率      ops = 0.818
```

4.4　实腹式双向压弯构件计算

4.4.1　项目描述

项目的描述与 4.1.1 节相同，不再赘述。

4.4.2　项目代码

本计算程序可以计算实腹式双向压弯构件，代码清单 4-4 中：

❶为定义钢号修正系数函数；

❷为定义截面几何特性函数；

❸为定义腹板局部稳定性函数；

❹为定义构件的最大长细比函数；

❺为定义截面类型相关的系数函数；

❻为定义轴心受压构件的稳定系数函数；

❼为定义受弯构件稳定性系数函数；

❽为定义截面板件宽厚比等级函数；

❾为定义截面塑性发展系数函数；

❿为定义有效截面高度函数；

⓫为定义有效截面模量函数；

⓬为定义验算截面强度函数；

⓭为定义弹性临界力函数；

⓮为定义欧拉临界力函数；

⓯为定义平面内稳定函数；

⓰为定义平面外稳定函数；

⓱为给出所需计算参数的初始值，应力单位采用 N、mm 制，内力单位采用 kN、m 制，几何尺寸单位采用 mm 制；

⓲本行及以下几行代码为利用前面定义的函数计算实腹式双向压弯构件。

具体见代码清单 4-4。

代　码　清　单　　　　　　　　　　4-4

```
# -*- coding: utf-8 -*-
from math import pi, sqrt

def steel_grade_correction_factor(fy):          ❶
    εk = sqrt(235/fy)
    return εk
```

```
def section_geometric(b,b0,h,tw,tf1,tf2,l0x,l0y):                    ❷
    hw = h-tf1-tf2
    A = b*tf1+b*tf2+2*hw*tw
    Ix = (b*h**3-(b-2*tw)*(h-tf1-tf2)**3)/12
    # Iy = (b**3*h-(b-2*tw)**3*(h-tf1-tf2))/12
    Iy = tf1*b**3/12+tf2*b**3/12+\
        (h-tf1-tf2)*(b0+2*tw)**3/12-(h-tf1-tf2)*b0**3/12
    W1x = Wx = 2*Ix/h
    W1y = Wy = 2*Iy/b
    ix = sqrt(Ix/A)
    iy = sqrt(Iy/A)
    λx = l0x/ix
    λy = l0y/iy
    return A, Ix, Iy, ix, iy, λx, λy, W1x, W1y

def local_stability(h,tw,A,Mx,Ix,N,εk):                             ❸
    h0 = h-2*tw
    σmax = N/A+Mx/Ix*(h0/2)
    σmin = N/A-Mx/Ix*(h0/2)
    α0 = (σmax-σmin)/σmax
    para = (45+25*α0**1.66)*εk
    h0_tw = h0/tw
    return σmax, σmin, h0_tw, para

def λ(λx,λy):                                                       ❹
    λmax = max(λx, λy)
    return λmax

def α(Class,fy,E,λ):                                                ❺
    λn = λ/pi*sqrt(fy/E)
    match Class:
        case 'a':
            α1, α2, α3 = 0.41, 0.986, 0.152
        case 'b':
            α1, α2, α3 = 0.65, 0.965, 0.300
        case 'c':
            if λn <= 1.05:
                α1, α2, α3 = 0.73, 0.906, 0.595
            else:
                α1, α2, α3 = 0.73, 1.216, 0.302
        case 'd':
            if λn <= 1.05:
                α1, α2, α3 = 1.35, 0.868, 0.915
            else:
                α1, α2, α3 = 1.35, 1.375, 0.432
    return  α1, α2, α3

def φ1(fy,E,λ,α1,α2,α3):                                            ❻
```

```
        λn = λ/pi*sqrt(fy/E)
        if λn <= 0.215:
            φ = 1-α1*λn**2
        else:
            φ = ((α2+α3*λn+(λn)**2)-
                sqrt((α2+α3*λn+(λn)**2)**2-4*(λn)**2))/(2*(λn)**2)
        return φ

def φb1(λy,εk):                                                              ❼
    φb = min(1.07-λy**2/(44000*εk**2),1.0)
    return φb

def width_thickness_ratio_grade(εk,b0,tf1,tf2,h,tw):                         ❽
    flange = (b0+tw)/tf1
    if  flange <= 40*εk:
        grade_flange = 'S1~S3'
    elif 40*εk < flange <= 45*εk:
        grade_flange = 'S4'
    else:
        grade_flange = 'S5'

    web = (h-tf1)/tw
    if  web <= 40*εk:
        grade_web = 'S1~S3'
    elif 40*εk < web <= 45*εk:
        grade_web = 'S4'
    else:
        grade_web = 'S5'

    if grade_flange == 'S1~S3' and grade_web == 'S1~S3':
        grade = 'S1~S3'
    elif grade_flange == 'S4' or grade_web == 'S4':
        grade = 'S4'
    else:
        grade = 'S5'
    return grade

def γ(grade):                                                               ❾
    if grade == 'S4' or grade == 'S5':
        γx,γy = 1.0, 1.0
    else:
        γx,γy = 1.05, 1.05
    return γx,γy

def effective_section_height(Mx,Ix,h,y1,tf1,y2,tf2,tw,εk):                  ❿
    σmax = Mx/Ix*(y1-tf1)
    σmin = -Mx/Ix*(y2-tf2)

    α0 = (σmax-σmin)/σmax
```

```
    kα = 16/(2-α0+sqrt((2-α0)**2+0.112*α0**2))
    λnp = ((h-tf1-tf2)/tw)/(28.1*sqrt(kα))*(1/εk)
    ρ = 1/λnp*(1-0.19/λnp)

    hc = y1-tf1
    he = ρ*hc
    he1 = 0.4*he
    he2 = 0.6*he
    return σmax, σmin, α0, kα, λnp, ρ, he1, he2

def effective_section_modulus(Mx,A,Ix,h,b1,b2,y1,tf1,y2,tf2,tw,εk):    ⓫
    σmax = Mx/Ix*(y1-tf1)
    σmin = -Mx/Ix*(y2-tf2)

    α0 = (σmax-σmin)/σmax
    kα = 16/(2-α0+sqrt((2-α0)**2+0.112*α0**2))
    λnp = ((h-tf1-tf2)/tw)/(28.1*sqrt(kα))*(1/εk)
    ρ = 1/λnp*(1-0.19/λnp)

    hc = y1-tf1
    he = ρ*hc
    he1,he2 = 0.4*he,0.6*he
    h_invalid = hc-he
    Ae = A-h_invalid*tw

    y1e = (he1*tw)*(he1+tf1)/(2*Ae)+\
        ((he2+y2-tf2)*tw*((he2+y2-tf2)/2+h_invalid+he1+tf1/2))/Ae+\
            (b2*tf2)*(h-(tf1+tf2)/2)/Ae+tf1/2
    y2e = h-y1e

    Ixe = b1*y1e**3/3-(b1-tw)*(y1e-tf1)**3/3 +\
        b2*y2e**3/3-(b2-tw)*(y2e-tf2)**3/3-\
            (tw*(he2+h_invalid)**3/3-tw*he2**3/3)
    W1xe = Ixe/y1e
    W2xe = Ixe/y2e
    return  Ae, y1e, y2e, Ixe, W1xe, W2xe

def check_section_strength(N,Mx,My,γx,γy,An,Wnx,Wny):                  ⓬
    σmax = N/An+Mx/(γx*Wnx)+My/(γy*Wny)
    σmin = N/An-Mx/(γx*Wnx)-My/(γy*Wny)
    return σmax, σmin

def Ncr1(E,A,μ,l,ix):                                                  ⓭
    l0x = μ*l
    λx = l0x/ix
    Ncr = pi**2*E*A/λx**2
    return Ncr

def NEx(E,A,λ):                                                       ⓮
```

```
        NEx1 = pi**2*E*A/(1.1*λ**2)
        return NEx1

def in_plane_stability(N,NEx1,φx,φby,A,f,Mx,My,γx,W1x,Wy,η,βmx,βty):       ⑮
    ips = N/(φx*A*f)+\
        βmx*Mx/(γx*W1x*(1-0.8*N/NEx1)*f)+\
        η*βty*My/(φby*Wy*f)
    return ips

def out_of_plane_stability(N,NEx1,η,φy,φb,A,f,Mx,W1x,My,Wy,NEy1,βmx,βtx,γy):  ⑯
    ops = N/(φy*A*f)+η*βtx*Mx/(φb*W1x*f)+βmx*My/(γy*Wy*(1-0.8*N/NEy1)*f)
    return ops


def main():
    paras = 355,305,206000,550,450,12,16,16                               ⑰
    fy,f,E,h,b,tw,tf1,tf2 = paras
    b0 = b-tf1-tf2
    N,Mx,My = 3000*1000, 660*10**6, 180*10**6
    μx,μy,l = 1.0,0.5,12000
    βmx,βmy = 0.6,0.5
    βtx,βty = 0.825,0.65
    η = 0.7

    εk = steel_grade_correction_factor(fy)                                ⑱
    l0x,l0y = μx*l,μy*l
    results = section_geometric(b,b0,h,tw,tf1,tf2,l0x,l0y)
    A,Ix,Iy,ix,iy,λx,λy,W1x,W1y = results

    class_x,class_y ='b','b'
    α1, α2, α3 = α(class_x,fy,E,λx)
    φx = φ1(fy,E,λx,α1,α2,α3)
    α1, α2, α3 = α(class_y,fy,E,λy)
    φy = φ1(fy,E,λy,α1,α2,α3)
    φby = φb1(λy,εk)

    grade = width_thickness_ratio_grade(εk,b0,tf1,tf2,h,tw)
    γx,γy = γ(grade)

    λx = l0x/ix
    An,Wnx,Wny = A,W1x,W1y
    σmax, σmin = check_section_strength(N,Mx,My,γx,γy,An,Wnx,Wny)

    Ncrx = Ncr1(E,A,μx,l,ix)
    NEx1 = NEx(E,A,λx)
    Ncry = Ncr1(E,A,μy,l,iy)
    NEy1 = NEx(E,A,λy)

    ips = in_plane_stability(N,NEx1,φx,φby,A,f,Mx,My,γx,W1x,W1y,η,βmx,βty)
```

```
    ops = out_of_plane_stability(N,NEx1,η,φy,φby,A,f,Mx,W1x,My,W1y,NEy1,βmy,βtx,γy)

    print('计算结果：')
    print(f'钢号修正系数                    εk = {εk:.3f} ')
    print(f'受弯构件截面板件宽厚比等级 grade = {grade} ')
    print(f'压弯构件截面塑性发展系数        γx = {γx}')
    print(f'压弯构件截面塑性发展系数        γy = {γy}')

    print(f'受弯构件的截面积               A = {A:.1f} mm^2')
    print(f'受弯构件绕 x 轴的惯性矩        Ix = {Ix:.1f} mm^4')
    print(f'绕 x 轴对受压纤维的截面模量    W1x = {W1x:.1f} mm^3')
    print(f'受弯构件绕 y 轴的惯性矩        Iy = {Iy:.3f} mm^4')
    print(f'绕 x 轴的回转半径             ix = {ix:.3f} mm')
    print(f'绕 y 轴的回转半径             iy = {iy:.3f} mm')
    print(f'绕 y 轴对受压纤维的截面模量    W1y = {W1y:.3f} mm^3')
    print(f'绕 x 轴的回转半径             λx = {λx:.3f}')
    print(f'绕 y 轴的回转半径             λy = {λy:.3f}')
    print(f'绕 x 轴的稳定系数             φx = {φx:.3f}')
    print(f'绕 y 轴的稳定系数             φy = {φy:.3f}')
    print(f'压弯构件的稳定系数            φby = {φby:.3f}')

    print(f'绕 x 轴的欧拉临界力           Ncrx = {Ncrx/1000:.3f} kN')
    print(f'--------------------          NEx1 = {NEx1/1000:.3f} kN')
    print(f'绕 y 轴的欧拉临界力           Ncry = {Ncry/1000:.3f} kN')
    print(f'--------------------          NEy1 = {NEy1/1000:.3f} kN')
    print(f'压弯构件的最大强度值          σmax = {σmax:.1f} N/mm^2')
    print(f'压弯构件的最小强度值          σmin = {σmin:.1f} N/mm^2')
    print(f'压弯构件平面内稳定利用率      ips = {ips:.3f}')
    print(f'压弯构件平面外稳定利用率      ops = {ops:.3f}')

if __name__ == "__main__":
    main()
```

4.4.3 输出结果

运行代码清单 4-4，可得输出结果 4-4。

输 出 结 果   4-4

```
计算结果：
钢号修正系数                    εk = 0.814
受弯构件截面板件宽厚比等级 grade = S5
压弯构件截面塑性发展系数        γx = 1.0
压弯构件截面塑性发展系数        γy = 1.0
受弯构件的截面积               A = 26832.0 mm^2
受弯构件绕 x 轴的惯性矩        Ix = 1304852464.0 mm^4
```

绕 x 轴对受压纤维的截面模量	W1x = 4744918.1 mm^3
受弯构件绕 y 轴的惯性矩	Iy = 817818384.000 mm^4
绕 x 轴的回转半径	ix = 220.523 mm
绕 y 轴的回转半径	iy = 174.583 mm
绕 y 轴对受压纤维的截面模量	W1y = 3634748.373 mm^3
绕 x 轴的回转半径	λx = 54.416
绕 y 轴的回转半径	λy = 34.368
绕 x 轴的稳定系数	φx = 0.769
绕 y 轴的稳定系数	φy = 0.890
压弯构件的稳定系数	φby = 1.000
绕 x 轴的欧拉临界力	Ncrx = 18423.235 kN
- - - - - - - - - - - - - - - - - - - -	NEx1 = 16748.395 kN
绕 y 轴的欧拉临界力	Ncry = 46187.168 kN
- - - - - - - - - - - - - - - - - - - -	NEy1 = 41988.335 kN
压弯构件的最大强度值	σ max = 300.4 N/mm^2
压弯构件的最小强度值	σ min = -76.8 N/mm^2
压弯构件平面内稳定利用率	ips = 0.870
压弯构件平面外稳定利用率	ops = 0.762

4.5　格构式压弯构件计算

4.5.1　项目描述

项目的描述与 4.1.1 节相同，不再赘述，格构柱构件横截面示意见图 4-1。

4.5.2　项目代码

本计算程序计算格构式压弯构件，代码清单 4-5 中：

❶为定义钢号修正系数函数；

❷为定义截面几何特性函数；

❸为定义截面类型相关的系数函数；

❹为定义轴心受压构件的稳定系数函数；

❺为定义验算截面强度函数；

❻为定义受弯构件稳定系数函数；

❼为定义欧拉临界力函数；

❽为定义整体稳定性验算函数；

❾为定义弹性临界力函数；

❿为定义分肢平面内稳定函数；

⓫为定义分肢平面外稳定函数；

⓬为给出所需计算参数的初始值，应力单位采用 N、mm 制，内力单位采用 kN、m 制，几何尺寸单位采用 mm 制；

⓭本行及以下几行代码为利用前面定义的函数计算格构式压弯构件。

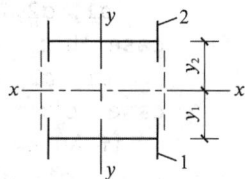

图 4-1　格构柱构件横截面

1—分肢 1；2—分肢 2

具体见代码清单 4-5。

代 码 清 单

```python
# -*- coding: utf-8 -*-
from math import pi, sqrt

def steel_grade_correction_factor(fy):                          ❶
    εk = sqrt(235/fy)
    return εk

def section_geometric(A1,A1x,A2,Wy1,b,b0,I1,I2,l0x,l0y):        ❷
    A = A1+A2
    Ix = I1+A1*(b0/2)**2+I2+A2*(b0/2)**2
    W1x = Wx = 2*Ix/b
    W1y = Wy = 2*Wy1
    ix = sqrt(Ix/A)
    λx = l0x/ix
    λ0x = sqrt(λx**2+27*A/A1x)
    return A,Ix,W1x,Wx,W1y,ix,λx,λ0x

def α(Class,fy,E,λ):                                             ❸
    λn = λ/pi*sqrt(fy/E)
    match Class:
        case 'a':
            α1, α2, α3 = 0.41, 0.986, 0.152
        case 'b':
            α1, α2, α3 = 0.65, 0.965, 0.300
        case 'c':
            if λn <= 1.05:
                α1, α2, α3 = 0.73, 0.906, 0.595
            else:
                α1, α2, α3 = 0.73, 1.216, 0.302
        case 'd':
            if λn <= 1.05:
                α1, α2, α3 = 1.35, 0.868, 0.915
            else:
                α1, α2, α3 = 1.35, 1.375, 0.432
    return  α1, α2, α3

def φ1(fy,E,λ,α1,α2,α3):                                        ❹
    λn = λ/pi*sqrt(fy/E)
    if λn <= 0.215:
        φ = 1-α1*λn**2
    else:
        φ = ((α2+α3*λn+(λn)**2)-
            sqrt((α2+α3*λn+(λn)**2)**2-4*(λn)**2))/(2*(λn)**2)
```

```
        return ϕ

def check_section_strength(N,Mx,My,γx,γy,An,Wnx,Wny):                    ❺
    σmax = N/An+Mx/(γx*Wnx)+My/(γy*Wny)
    σmin = N/An-Mx/(γx*Wnx)-My/(γy*Wny)
    return σmax, σmin

def ϕb1(λy,εk):                                                          ❻
    ϕb = min(1.07-λy**2/(44000*εk**2),1.0)
    return ϕb

def NEx(E,A,λ):                                                          ❼
    NEx1 = pi**2*E*A/(1.1*λ**2)
    return NEx1

def plane_stability(N,NEx1,ϕx,A,f,Mx,My,γx,W1x,Wy,βmx,βty):             ❽
    ips = N/(ϕx*A*f)+\
                    βmx*Mx/(γx*W1x*(1-0.8*N/NEx1)*f)+\
                            βty*My/(Wy*f)
    return ips

def Ncr1(E,A,μ,l,ix):                                                    ❾
    l0x = μ*l
    λx = l0x/ix
    Ncr = pi**2*E*A/λx**2
    return Ncr

def limb_in_plane_stability(N,Ncr,NEx1,ϕx,A,b0,f,Mx,γx,W1x):            ❿
    βmx = 0.5
    limb_ips = N/(ϕx*A*f)+βmx*Mx/(γx*W1x*(1-0.8*N/NEx1)*f)
    return limb_ips

def limb_out_plane_stability(N,Ncr,NEx1,η,ϕy,ϕb,A,f,Mx,W1x):            ⓫
    βtx = 0.962
    limb_ops = N/(ϕy*A*f)+βtx*Mx/(ϕb*W1x*f)
    return limb_ops

def main():
    fy,f,E = 355,295,206000                                              ⓬
    η,N,Mx,My = 0.7,3000*1000,660*10**6,180*10**6

    εk = steel_grade_correction_factor(fy)
    paras = 11930,11930,996,1860000,78,78,11200000,11200000
    A1,A2,A1x,Wy1,y1,y2,I1,I2 = paras
    μx,μy,l = 1.0,0.5,12000
    l0x,l0y = μx*l,μy*l
    b = ((l/16)//50)*50
    b0 = b-y1-y2

    results = section_geometric(A1,A1x,A2,Wy1,b,b0,I1,I2,l0x,l0y)        ⓭
```

```
A,Ix,W1x,Wx,W1y,ix,λx,λ0x = results
class_x,class_y ='a','b'

iy1 = 197
λy1 = l0y/iy1
α1, α2, α3 = α(class_x,fy,E,λy1)
φy1 = φ1(fy,E,λy1,α1,α2,α3)
α1, α2, α3 = α(class_y,fy,E,λ0x)
φx = φ1(fy,E,λ0x,α1,α2,α3)
φby = φb1(λ0x,εk)

βmx,βty = 0.6,0.65
γx,γy = 1.0,1.05
An,Wnx,Wny = A,W1x,W1y
σmax, σmin = check_section_strength(N,Mx,My,γx,γy,An,Wnx,Wny)

NEx1 = NEx(E,A,λ0x)
ips = plane_stability(N,NEx1,φx,A,f,Mx,My,γx,W1x,W1y,βmx,βty)

Ncr = Ncr1(E,A,μy,l,ix)
N1 = N/2+Mx/b0
My1 = (I1/y1)*My/(I1/y1+I2/y2)
My2 = (I2/y2)*My/(I1/y1+I2/y2)
α1, α2, α3 = α(class_y,fy,E,λ0x)

l01,i11 = 550,30.7
λ11 = l01/i11
φ11 = φ1(fy,E,λ11,α1,α2,α3)
limb_ips = limb_in_plane_stability(N1,Ncr,NEx1,φy1,A1,b0,f,My1,γx,Wy1)
limb_ops = limb_out_plane_stability(N1,Ncr,NEx1,η,φ11,φby,A1,f,My2,Wy1)

print('计算结果：')
print(f'钢号修正系数                          εk = {εk:.3f} ')
print(f'压弯构件的截面宽度                    b = {b:.0f} mm')
print(f'压弯构件的截面积                      A = {A:.1f} mm^2')
print(f'压弯构件对 x 轴的惯性矩              Ix = {Ix:.1f} mm^4')
print(f'压弯构件对 x 轴的回转半径            ix = {ix:.1f} mm')
print(f'对受压纤维的截面模量                W1x = {W1x:.1f} mm^3')
print(f'对受拉纤维的截面模量                W1y = {W1y:.1f} mm^3')

print(f'压弯构件的最大强度值                σmax = {σmax:.1f} N/mm^2')
print(f'压弯构件的最小强度值                σmin = {σmin:.1f} N/mm^2')

print(f'压弯构件绕 x 轴的稳定系数            φx = {φx:.3f}')
print(f'压弯构件的稳定系数                  φby = {φby:.3f}')
print(f'压弯构件绕 y1 轴的稳定系数          φy1 = {φy1:.3f}')
print(f'压弯构件整体稳定性利用率            ips = {ips:.3f}')
print(f'分肢构件平面内稳定性利用率     limb_ips = {limb_ips:.3f}')
```

```
    print(f'分肢构件平面外稳定性利用率    limb_ops = {limb_ops:.3f}')

if __name__ == "__main__":
    main()
```

4.5.3 输出结果

运行代码清单 4-5，可得输出结果 4-5。

输 出 结 果4-5

```
计算结果:
钢号修正系数                      εk = 0.814
压弯构件的截面宽度                 b = 750 mm
压弯构件的截面积                   A = 23860.0 mm^2
压弯构件对 x 轴的惯性矩            Ix = 2127066740.0 mm^4
压弯构件对 x 轴的回转半径          ix = 298.6 mm
对受压纤维的截面模量              W1x = 5672178.0 mm^3
对受拉纤维的截面模量              W1y = 3720000.0 mm^3
压弯构件的最大强度值              σmax = 288.2 N/mm^2
压弯构件的最小强度值              σmin = -36.7 N/mm^2
压弯构件绕 x 轴的稳定系数          φx = 0.815
压弯构件的稳定系数               φby = 0.992
压弯构件绕 y1 轴的稳定系数         φy1 = 0.947
压弯构件整体稳定性利用率          ips = 0.899
分肢构件平面内稳定性利用率    limb_ips = 0.875
分肢构件平面外稳定性利用率    limb_ops = 0.929
```

4.6 柱间支撑截面计算

4.6.1 项目描述

当支撑结构（支撑桁架、剪力墙等）满足式(4-14)要求时，为强支撑框架，框架柱的计算长度系数可按式(4-15)确定。

$$S_b \geqslant 4.4 \left[\left(1 + \frac{100}{f_y} \right) \sum N_{bi} - \sum N_{0i} \right] \tag{4-14}$$

$$\mu = \sqrt{\frac{(1 + 0.41 K_1)(1 + 0.41 K_2)}{(1 + 0.82 K_1)(1 + 0.82 K_2)}} \tag{4-15}$$

4.6.2 项目代码

本计算程序为计算柱间支撑截面，代码清单 4-6 中：

❶为定义钢号修正系数函数；

❷为定义截面类型相关的系数函数；

❸为定义轴心受压构件的稳定系数函数；

❹为定义计算长细比函数；

❺为定义层间所有框架柱用无侧移框架柱计算长度系数算得的轴压杆稳定承载力之和函数；

❻为定义支撑结构层侧移刚度函数；

❼为定义 sinα、cosα 函数；

❽为定义截面强度应力值函数；

❾为定义整体稳定性检验函数；

❿为定义选择角钢函数；

⓫为定义角钢横截面参数函数；

⓬为给出所需计算参数的初始值，应力单位采用 N、mm 制，内力单位采用 kN、m 制，几何尺寸单位采用 mm 制；

⓭本行及以下几行代码为利用前面定义的函数计算柱间支撑截面。

具体见代码清单 4-6。

代 码 清 单　　　　　　　　　　　4-6

```python
# -*- coding: utf-8 -*-
from math import pi, sqrt
import pandas as pd

def steel_grade_correction_factor(fy):                          ❶
    εk = sqrt(235/fy)
    return εk

def α(Class,fy,E,λ):                                            ❷
    λn = λ/pi*sqrt(fy/E)
    match Class:
        case 'a':
            α1, α2, α3 = 0.41, 0.986, 0.152
        case 'b':
            α1, α2, α3 = 0.65, 0.965, 0.300
        case 'c':
            if λn <= 1.05:
                α1, α2, α3 = 0.73, 0.906, 0.595
            else:
                α1, α2, α3 = 0.73, 1.216, 0.302
        case 'd':
            if λn <= 1.05:
                α1, α2, α3 = 1.35, 0.868, 0.915
            else:
```

```
            α1, α2, α3 = 1.35, 1.375, 0.432
        return α1, α2, α3

    def φ1(fy,E,λ,α1,α2,α3):                                              ❸
        λn = λ/pi*sqrt(fy/E)
        if λn <= 0.215:
            φ = 1-α1*λn**2
        else:
            φ = ((α2+α3*λn+(λn)**2)-
                sqrt((α2+α3*λn+(λn)**2)**2-4*(λn)**2))/(2*(λn)**2)
        return φ

    def λx_λy(l0x,l0y,ix,iy):                                            ❹
        λx = l0x/ix
        λy = l0y/iy
        return λx, λy

    def Nb(n,φ,A,f):                                                     ❺
        Nbi = n*φ*A*f
        return Nbi

    def Sb(fy,Nbi,N0i,Ab,E,sinαcosα):                                    ❻
        Sb_rq = 4.4*((1+100/fy)*Nbi-N0i)
        Sb_pr = Ab*E*sinαcosα
        return Sb_rq, Sb_pr

    def sinα_cosα(b,h):                                                  ❼
        sinα = h/(sqrt(b**2+h**2))
        cosα = b/(sqrt(b**2+h**2))
        return sinα, cosα

    def strength_stress(A,N):                                            ❽
        σ = N*1000/A
        return σ

    def overall_stability_check(f,A,N,φ):                                ❾
        N_φAf = N*1000/(φ*A*f)
        return N_φAf

    def select_Angle_steel(df,Angle_steel,l0x,l0y):                      ❿
        Ab = df.loc[Angle_steel, 'A']
        Ab = Ab *100
        Ix = df.loc[Angle_steel, 'Ix0']
        Iv = df.loc[Angle_steel, 'Iy0']
        ix = df.loc[Angle_steel, 'ix01']
        iv = df.loc[Angle_steel, 'iyo']
        ix = ix*10
```

```
    iy = iv*10
    λx, λy =  λx_λy(l0x,l0y,ix,iy)
    return Ab, Ix, Iv, ix, iv, λx, λy

def ix_iv(λ_allow,l0x,l0y,N,f):                                    ⑪
    ix = l0x/λ_allow
    iv = l0y/λ_allow
    A = N*1000/(0.85*0.85*f)/100
    return ix, iv, A

def main():
    fy,f,E,l0x,l0y = 235,205,206000,743.3,371.7                    ⑫
    N = 300.13

    B = [5500, 5500, 6000]
    H = [5000, 5000, 5000]
    sinαcosα = 0

    for b, h in zip(B, H):
        sinα, cosα = sinα_cosα(b,h)
        sinαcosα += sinα*cosα**2

    class_x,class_y ='b','c'
    εk = steel_grade_correction_factor(fy)                         ⑬

    df = pd.read_excel(r'China (GB 2023)-Equal Angles.xlsx',header=1)
    df = df.set_index('Name')

    λ_allow = 150
    ix,iv,A = ix_iv(λ_allow,l0x,l0y,N,f)
    df_xvA = df[df['ix01'].ge(ix) & df['iyo'].ge(iv) & df['A'].ge(A)]
    df1 = df_xvA[df_xvA['Ix0'].ge(ix)].nsmallest(1,'Ix0')

    row_labels = df1.index.tolist()
    Angle_steel_before = ','.join(map(str, row_labels))

    result_before = select_Angle_steel(df1,Angle_steel_before,l0x,l0y)
    Ab_before, Ix, Iv, ix, iv, λx, λv = result_before

    A,n = 47200,14
    l0zx, l0zy = 6500, 6500
    ix, iy = 262, 262
    λx, λy =  λx_λy(l0zx,l0zy,ix,iy)

    α1, α2, α3 = α(class_x,fy,E,λx)
    φx = φ1(fy,E,λx,α1,α2,α3)
    α1, α2, α3 = α(class_y,fy,E,λy)
    φy = φ1(fy,E,λy,α1,α2,α3)
```

```python
    φ = φx

    Nbi = Nb(n,φ,A,f)

    N0i = 0
    Sb_rq, Sb_pr = Sb(fy,Nbi,N0i,Ab_before,E,sinαcosα)
    Ab = Sb_rq/(E*sinαcosα)

    Ax = Ab*0.01*0.5
    df2 = df[df['A'].ge(Ax)].nsmallest(1,'A')
    row_labels = df2.index.tolist()
    Angle_steel_after = ','.join(map(str, row_labels))

    result_after= select_Angle_steel(df2,Angle_steel_after,l0x,l0y)
    Ab_after, Ix, Iv, ix, iv, λx, λv = result_after

    α1,α2,α3 = α(class_x,fy,E,λx)
    φx = φ1(fy,E,λx,α1,α2,α3)
    φ = φx
    α1,α2,α3 = α(class_y,fy,E,λy)
    φy = φ1(fy,E,λy,α1,α2,α3)

    Sb_rq,Sb_pr = Sb(fy,Nbi,N0i,2*Ab_after,E,sinαcosα)
    σ = strength_stress(Ab,N)
    N_φAf = overall_stability_check(f,Ab,N,φy)

    print('计算结果：')
    print("由轴力确定的角钢初始型号 \t\t" + Angle_steel_before)
    print(f'初始支撑构件的截面积              Ab = {2*Ab_before:.0f} mm^2')
    print("由层侧移刚度确定角钢所需型号 \t" + Angle_steel_after)
    print(f'所需支撑构件的截面积              Ab = {2*Ab_after:.0f} mm^2')
    print(f'支撑构件绕 x 轴的惯性矩           Ix = {Ix:.2f} mm^4')
    print(f'支撑构件绕 v 轴的惯性矩           Iv = {Iv:.2f} mm^4')
    print(f'支撑构件绕 x 轴的回转半径         ix = {ix:.2f} mm')
    print(f'支撑构件绕 v 轴的回转半径         iv = {iv:.1f} mm')
    print(f'支撑构件绕 x 轴的长细比           λx = {λx:.1f} ')
    print(f'支撑构件绕 v 轴的长细比           λv = {λv:.1f} ')
    print(f'钢号修正系数                      εk = {εk:.3f} ')
    print(f'柱子构件的截面积                  A = {A:.1f} mm^2')
    print('第 i 层层间所有框架柱用无侧移框架柱计算长度系数')
    print(f'算得的轴压杆稳定承载力之和       Nbi = {Nbi/1000:.1f} kN')
    print(f'所需支撑结构层位移刚度           Sb_rq = {Sb_rq/1000:.1f} kN')
    print(f'实际支撑结构层位移刚度           Sb_pr = {Sb_pr/1000:.1f} kN')
    print(f'支撑构件的受压构件强度应力值      σ = { σ :.1f} N/mm^2')
    print(f'支撑构件的稳定系数               φ = {φ:.3f} ')
    print(f'支撑构件的轴心受压稳定性利用率 N/(φAf) = {N_φAf:.3f}')

if __name__ == "__main__":
    main()
```

4.6.3 输出结果

运行代码清单 4-6，可得输出结果 4-6。

输 出 结 果　　　　　　　　　　4-6

计算结果:
由轴力确定的角钢初始型号	L140X140X10
初始支撑构件的截面积	Ab = 5474 mm^2
由层侧移刚度确定角钢所需型号	L100X100X10
所需支撑构件的截面积	Ab = 3852 mm^2
支撑构件绕 x 轴的惯性矩	Ix = 285.00 mm^4
支撑构件绕 v 轴的惯性矩	Iv = 74.40 mm^4
支撑构件绕 x 轴的回转半径	ix = 38.40 mm
支撑构件绕 v 轴的回转半径	iv = 2.0 mm
支撑构件绕 x 轴的长细比	λx = 19.4
支撑构件绕 v 轴的长细比	λv = 19.0
钢号修正系数	εk = 1.000
柱子构件的截面积	A = 47200.0 mm^2
第 i 层层间所有框架柱用无侧移框架柱计算长度系数	
算得的轴压杆稳定承载力之和	Nbi = 129223.2 kN
所需支撑结构层位移刚度	Sb_rq = 810531.9 kN
实际支撑结构层位移刚度	Sb_pr = 884294.3 kN
支撑构件的受压构件强度应力值	σ = 85.0 N/mm^2
支撑构件的稳定系数	φ = 0.972
支撑构件的轴心受压稳定性利用率	N/(φAf) = 0.443

5 钢与混凝土组合梁

5.1 组合楼板计算

5.1.1 项目描述

根据《组合结构设计规范》JGJ 138—2016，组合楼板截面在正弯矩作用下，其正截面受弯承载力应符合下列规定（图 5-1）：

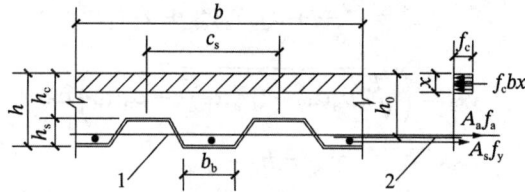

1—压型钢板重心轴；2—钢材合力点

图 5-1 组合楼板的受弯计算简图

1. 正截面受弯承载力：

$$M \leqslant f_c bx\left(h_0 - \frac{x}{2}\right) \tag{5-1}$$

$$f_c bx = A_a f_a + A_s f_y \tag{5-2}$$

2. 混凝土受压区高度

应符合下列条件：

$$x \leqslant h_c \tag{5-3}$$

$$x \leqslant \xi_b h_0 \tag{5-4}$$

3. 相对界限受压区高度

应按下列公式计算：

1）有屈服点钢材

$$\xi_b = \frac{\beta_1}{1 + \dfrac{f_a}{E_a \varepsilon_{cu}}} \tag{5-5}$$

2）无屈服点钢材

$$\xi_b = \frac{\beta_1}{1 + \dfrac{0.002_a}{\varepsilon_{cu}} + \dfrac{f_a}{E_a \varepsilon_{cu}}} \tag{5-6}$$

根据《组合结构设计规范》JGJ 138—2016，使用阶段组合楼板挠度应按结构力学的方法计算，组合楼板在准永久荷载作用下的截面抗弯刚度可按下列公式计算（图 5-2）

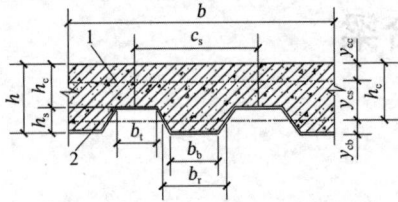

1—中和轴；2—压型钢板重心轴

图 5-2　组合楼板截面刚度计算简图

$$B_s = E_c I_{eq}^s \tag{5-7}$$

$$I_{eq}^s = \frac{I_u^s + I_c^s}{2} \tag{5-8}$$

$$I_u^s = \frac{bh_c^3}{12} + bh_c(y_{cc} - 0.5h_c)^2 + \alpha_E I_a +$$
$$\alpha_E A_a y_{cs}^2 + \frac{b_r bh_s}{c_s}\left[\frac{h_s^2}{12} + (h - y_{cc} - 0.5h_s)^2\right] \tag{5-9}$$

$$y_{cc} = \frac{0.5bh_c^2 + \alpha_E A_a h_0 + b_r h_s(h_0 - 0.5h_s)b/c_s}{bh_c + \alpha_E A_a + b_r h_s b/c_s} \tag{5-10}$$

$$I_c^s = \frac{by_{cc}^3}{3} + \alpha_E A_a y_{cs}^2 + \alpha_E I_a \tag{5-11}$$

$$y_{cc} = \left(\sqrt{2\rho_a \alpha_E + (\rho_a \alpha_E)^2} - \rho_a \alpha_E\right)h_0 \tag{5-12}$$

$$y_{cs} = h_0 - y_{cc} \tag{5-13}$$

$$\alpha_E = E_a/E_c \tag{5-14}$$

组合楼板长期荷载作用下截面抗弯刚度可按下列公式计算：

$$B_s = 0.5E_c I_{eq}^l \tag{5-15}$$

$$I_{eq}^l = \frac{I_u^l + I_c^l}{2} \tag{5-16}$$

5.1.2　项目代码

本计算程序计算组合楼板，代码清单 5-1 中：

❶为定义组合楼盖内力函数；

❷为定义组合楼盖施工阶段分析函数；

❸为定义组合楼板使用阶段分析函数；

❹为定义组合楼板的挠度验算函数；

❺为给出所需计算参数的初始值，应力单位采用 N、mm 制，内力单位采用 kN、m 制，几何尺寸单位采用 mm 制；

❻本行及以下几行代码为利用前面定义的函数计算组合楼板。

具体见代码清单 5-1。

代 码 清 单　　　　　　　　　　　　5-1

```
# -*- coding: utf-8 -*-
from math import sqrt

def load_bending_moment(γG,γQ,gk,pk,l,cs):
```
❶

```
        l,cs = l/1000,cs/1000
        qk = gk+pk
        q = γG*gk+γQ*pk
        M = q*l**2*cs/8
        V = q*l*cs/2
        return qk,M,V


    def analysis_construc_stage(qk,M,l,s,Wa,Es,Ia):              ❷
        s = s/1000
        σ = 0.9*M*10**6/Wa
        v = 5*qk*l**4*s/(384*Es*Ia)
        return σ,v


    def analysis_use_phase(Aa,Ix,Wx,fa,fc,b,bs,h,s,hc):          ❸
        x = fa*Aa/(fc*b)
        if Aa*fa >= b*hc*fc:
            ya1 = hc/2+Ix/Wx
            ya2 = h-13.6-hc/2-x/2
            Aa2 = (Aa-fc*hc*b/bs)/2
            Mu = fc*58*s*ya1+Aa2*bs*ya2
            Mu = Mu/10**6
        else:
            hs = 76
            ycb = 41
            h0 = hc+(hs-ycb)
            Mu = fa*Aa*(h0-x/2)
            Mu = Mu/10**6
        return Mu


    def deflect(Case,qk,Es,Ec,Aa,Ia,b,hc,hs,h,l,cs,br,h0):       ❹
        match Case:
            case '标准组合':
                para1,para2 = 1.0,1.0
            case '准永久组合':
                para1,para2 = 2.0,0.5

        αE = para1*Es/Ec
        ycc = (0.5*b*hc**2+αE*Aa*h0+br*hs*(h0-0.5*hs)*b/cs)\
                                /(b*hc+αE*Aa+br*hs*b/cs)
        ycs = h0-ycc
        Iu = b*hc**3/12+b*hc*(ycc-0.5*hc)**2+αE*(Ia+Aa*ycs**2)\
                        +br*b*hs/cs*(hs**2/12+(h-ycc-0.5*hs)**2)

        ρa = Aa/(b*h0)
        ycc1 = (sqrt((2*ρa*αE)+(ρa*αE)**2)-ρa*αE)*h0
        Ic = b*ycc1**3/3+αE*Aa*ycs**2+αE*Ia
        Ieq = (Iu+Ic)/2
        B = para2*Ec*Ieq
        α = 5/384
```

```
        Δ = α*qk*l**4/B
        return ycc,Iu,ycs,ycc1,Ic,Ieq,B,Δ

def main():
    fc,fa,Es,Ec = 14.3,500,206000,30000                              ❺
    l,h,b,hs,hc,h0 = 2400,110,200,53,58,96.4

    b,cs,bs,br = 200,200,500,177.5
    A,I,W = 2014,76.9*10**4,20.03*10**3
    Aa,Ia,Wa = A*b/1000,I*b/1000,W*b/1000
    γG,γQ = 1.3,1.5

    gk1,pk1 = 2.257,2.0
    qk1,M1,V1 = load_bending_moment(γG,γQ,gk1,pk1,l,cs)              ❻
    σ,v = analysis_construc_stage(qk1,M1,l,cs,Wa,Es,Ia)

    gk2,pk2 = 0.572, 0.4
    qk,M2,V2 = load_bending_moment(γG,γQ,gk2,pk2,l,cs)
    Mu = analysis_use_phase(Aa,Ia,Wa,fa,fc,b,bs,h,cs,hc)

    Case1 = '标准组合'
    qk1 = gk2+pk2
    results1 = deflect(Case1,qk1,Es,Ec,Aa,Ia,b,hc,hs,h,l,cs,br,h0)
    ycc1,Iu1,ycs1,ycc11,Ic1,Ieq1,B1,Δ1 =  results1

    Case2 = '准永久组合'
    ψq = 0.5
    qk2 = gk2+ψq*pk2
    results2 = deflect(Case2,qk2,Es,Ec,Aa,Ia,b,hc,hs,h,l,cs,br,h0)
    ycc2,Iu2,ycs2,ycc12,Ic2,Ieq2,B2,Δ2 = results2

    print('计算结果：')
    print(f'施工阶段弯矩设计值                  M = {M1:.2f} kN·m')
    print(f'施工阶段弯矩设计值                  V = {V1:.2f} kN')
    print(f'施工阶段弯曲应力设计值              σ = {σ:.2f} N/mm^2')
    print(f'施工阶段挠度                        v = {v:.2f} mm')
    print(f'使用阶段弯矩设计值                  M = {Mu:.2f} kN·m')

    print(f'标准组合的截面中和轴距混凝土顶边缘的距离 ycc = {ycc1:.1f} mm')
    print(f'未开裂换算截面惯性矩                Iu = {Iu1:.3f} mm^4')
    print(f'截面中和轴距压型钢板截面中心轴距离   ycs = {ycs1:.3f} mm')
    print(f'标准组合的参数                      ycc1 = {ycc11:.3f} mm')
    print(f'标准组合的开裂换算截面惯性矩        Ic = {Ic1:.3f} mm^4')
    print(f'标准组合的平均换算截面惯性矩        Ieq = {Ieq1:.3f} mm^4')
    print(f'标准组合的截面抗弯刚度              B = {B1:.3f} N·mm^2')
    print(f'标准组合的挠度值                    Δ = {Δ1:.3f} mm')

    print(f'准永久组合的截面中和轴距混凝土顶边缘的距离 ycc = {ycc2:.1f} mm')
    print(f'未开裂换算截面惯性矩                Iu = {Iu2:.3f} mm^4')
```

```
print(f'截面中和轴距压型钢板截面中心轴距离      ycs = {ycs2:.3f} mm')
print(f'准永久组合的参数                        ycc1 = {ycc12:.3f} mm')
print(f'准永久组合的开裂换算截面惯性矩            Ic = {Ic2:.3f} mm^4')
print(f'准永久组合的平均换算截面惯性矩            Ieq = {Ieq2:.3f} mm^4')
print(f'准永久组合的截面抗弯刚度                  B = {B2:.3f} N·mm^2')
print(f'准永久组合的挠度值                        Δ = {Δ2:.3f} mm')

if __name__ == "__main__":
    main()
```

5.1.3 输出结果

运行代码清单 5-1，可得输出结果 5-1。

输 出 结 果   5-1

```
计算结果:
施工阶段弯矩设计值                        M = 0.85 kN·m
施工阶段弯矩设计值                        V = 1.42 kN
施工阶段弯曲应力设计值                     σ = 191.98 N/mm^2
施工阶段挠度                              v = 11.61 mm
使用阶段弯矩设计值                        M = 11.75 kN·m
标准组合的截面中和轴距混凝土顶边缘的距离  ycc = 53.0 mm
未开裂换算截面惯性矩                      Iu = 27145991.838 mm^4
截面中和轴距压型钢板截面中心轴距离         ycs = 43.374 mm
标准组合的参数                          ycc1 = 39.627 mm
标准组合的开裂换算截面惯性矩              Ic = 10407856.153 mm^4
标准组合的平均换算截面惯性矩              Ieq = 18776923.996 mm^4
标准组合的截面抗弯刚度                     B = 563307719872.565 N·mm^2
标准组合的挠度值                          Δ = 0.745 mm
准永久组合的截面中和轴距混凝土顶边缘的距离 ycc = 57.5 mm
未开裂换算截面惯性矩                      Iu = 31706508.396 mm^4
截面中和轴距压型钢板截面中心轴距离         ycs = 38.853 mm
准永久组合的参数                        ycc1 = 50.429 mm
准永久组合的开裂换算截面惯性矩            Ic = 19012316.112 mm^4
准永久组合的平均换算截面惯性矩            Ieq = 25359412.254 mm^4
准永久组合的截面抗弯刚度                   B = 380391183812.985 N·mm^2
准永久组合的挠度值                         Δ = 0.877 mm
```

5.2 中部组合次梁计算

5.2.1 项目描述

常见钢结构组合梁的横截面形式，见图 5-3。

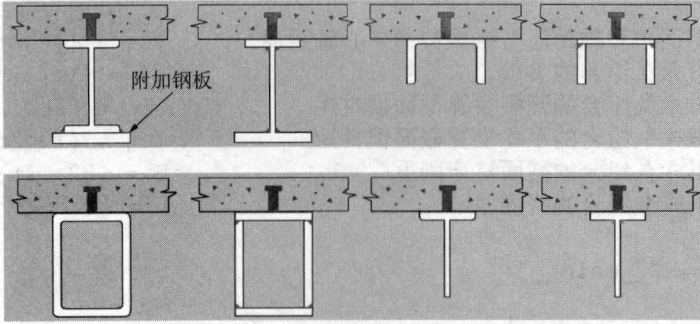

图 5-3　常见钢结构组合梁的横截面

钢-混凝土组合梁构造，见图 5-4。

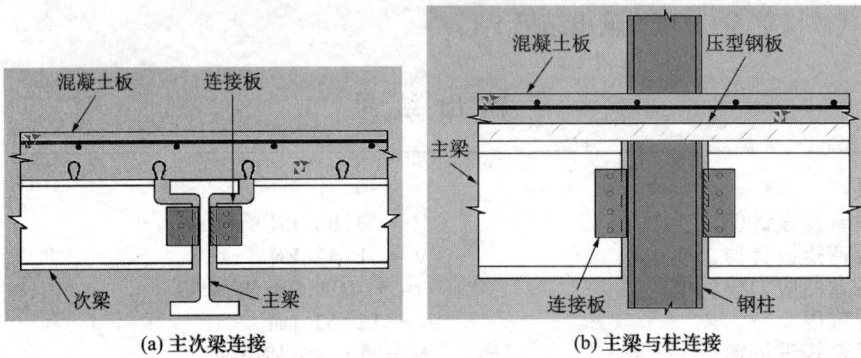

(a) 主次梁连接　　　　　　　　　(b) 主梁与柱连接

图 5-4　钢-混凝土组合梁构造示意图

根据《钢结构设计标准》GB 50017—2017，混凝土翼缘板的有效宽度（图 5-5）为

$$b_e = b_0 + b_1 + b_2 \tag{5-17}$$

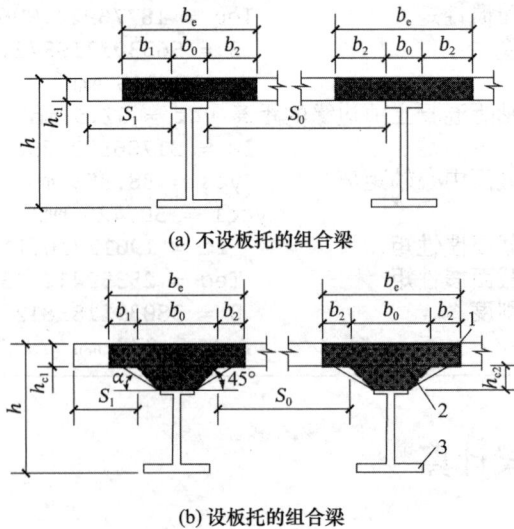

(a) 不设板托的组合梁

(b) 设板托的组合梁

1—混凝土翼缘；2—板托；3—钢梁

图 5-5　混凝土翼缘板的计算宽度

　　根据《钢结构设计标准》GB 50017—2017，完全抗剪连接组合梁的受弯承载力在正弯矩作用区段（图 5-6），塑性中和轴在混凝土翼缘板内，即 $Af \leqslant b_x h_{c1} f_c$ 时：

$$x = Af/(b_e f_c) \tag{5-18}$$

$$M \leqslant b_e x f_c y \tag{5-19}$$

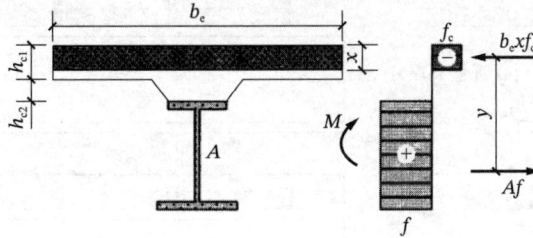

图 5-6　塑性中和轴在混凝土翼板内时组合梁截面及应力图形

　　根据《钢结构设计标准》GB 50017—2017，完全抗剪连接组合梁的受弯承载力在正弯矩作用区段（图 5-7），塑性中和轴在钢梁内，即 $Af > b_x h_{c1} f_c$ 时：

$$A_c = 0.5(A - b_e h_{c1} f_c/f) \tag{5-20}$$

$$M \leqslant b_e h_{c1} f_c y_1 + A_c f_c y_2 \tag{5-21}$$

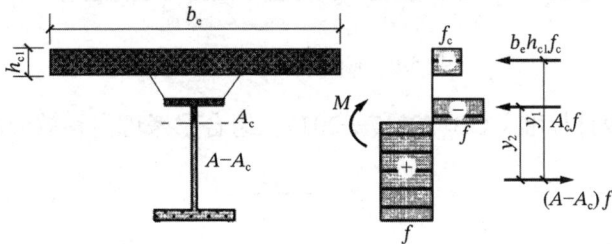

图 5-7　塑性中和轴在钢梁内时组合梁截面及应力图形

　　根据《钢结构设计标准》GB 50017—2017，完全抗剪连接组合梁的受弯承载力在负弯矩作用区段（图 5-8）

$$M_s = (S_1 + S_2)f \tag{5-22}$$

$$f_{st}A_{st} + f(A - A_c) = fA_c \tag{5-23}$$

$$M' \leqslant M_s + f_{st}A_{st}(y_3 + y_4/2) \tag{5-24}$$

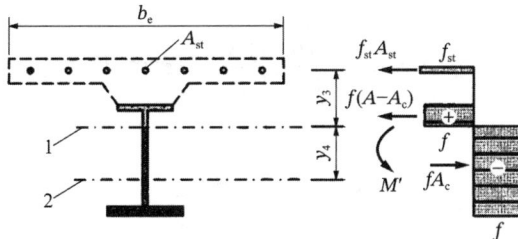

1—组合截面塑性中和轴；2—钢梁截面塑性中和轴

图 5-8　负弯矩作用时组合梁截面及应力图形

　　根据《钢结构设计标准》GB 50017—2017，单个抗剪连接件的受剪承载力设计值，当采用圆柱头焊钉连接件（图 5-9）时：

$$N_v^c = 0.43A_s\sqrt{E_c f_c} \leqslant 0.7A_s f_u \tag{5-25}$$

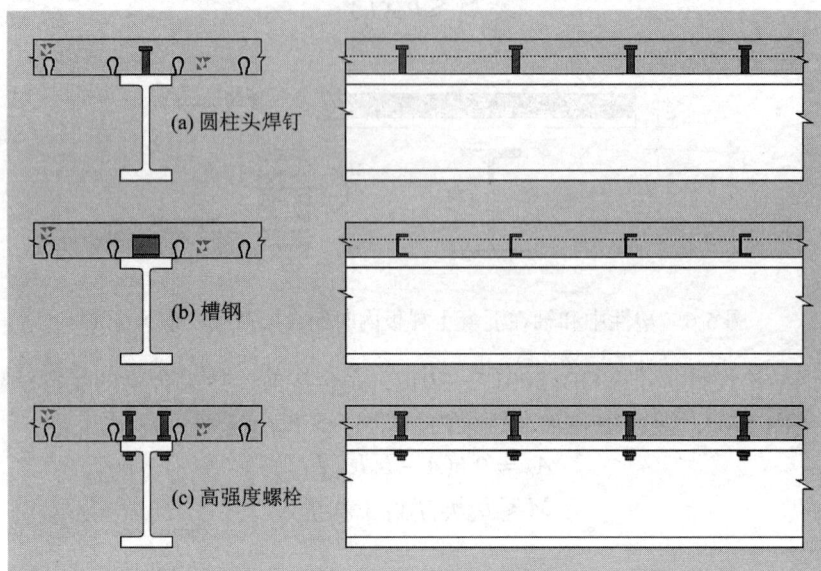

图 5-9　圆柱头焊钉连接件

根据《钢结构设计标准》GB 50017—2017，组合梁考虑滑移效应的折减刚度为

$$B = \frac{EI_{eq}}{1+\xi} \tag{5-26}$$

根据《钢结构设计标准》GB 50017—2017，刚度折减系数为

$$\xi = \max\left(\eta\left[0.4 - \frac{3}{(jl)^2}\right], 0\right) \tag{5-27}$$

$$\eta = \frac{36Ed_c pA_0}{n_s khl^2} \tag{5-28}$$

$$\eta = \frac{36Ed_c pA_0}{n_s khl^2} \tag{5-29}$$

$$j = 0.81\sqrt{\frac{n_s N_v^c A_1}{EI_0 p}} \quad (\text{mm}^{-1}) \tag{5-30}$$

$$A_0 = \frac{A_{cf}A}{\alpha_E A + A_{cf}} \tag{5-31}$$

$$A_1 = \frac{I_0 + A_0 d_c^2}{A_0} \tag{5-32}$$

$$I_0 = I + \frac{I_{cf}}{\alpha_E} \tag{5-33}$$

5.2.2　项目代码

本计算程序为中部组合次梁计算，代码清单 5-2 中：

❶为定义钢号修正系数函数；

❷为定义截面类型相关的系数函数；

❸为定义截面板件宽厚比等级函数；

❹为定义截面塑性发展系数函数；

❺为定义组合梁截面几何特性函数；

❻为定义钢梁截面几何特性函数；

❼为定义组合梁内力函数；

❽为定义受弯构件整体稳定性系数函数；

❾为定义组合梁施工阶段分析函数；

❿为定义组合梁使用阶段分析函数；

⓫为定义抗剪连接件设计函数；

⓬为定义组合梁的挠度验算函数；

⓭为给出所需计算参数的初始值（图 5-10），应力单位采用 N、mm 制，内力单位采用 kN、m 制，几何尺寸单位采用 mm 制；

⓮本行及以下几行代码为利用前面定义的函数计算中部组合次梁。

具体见代码清单 5-2。

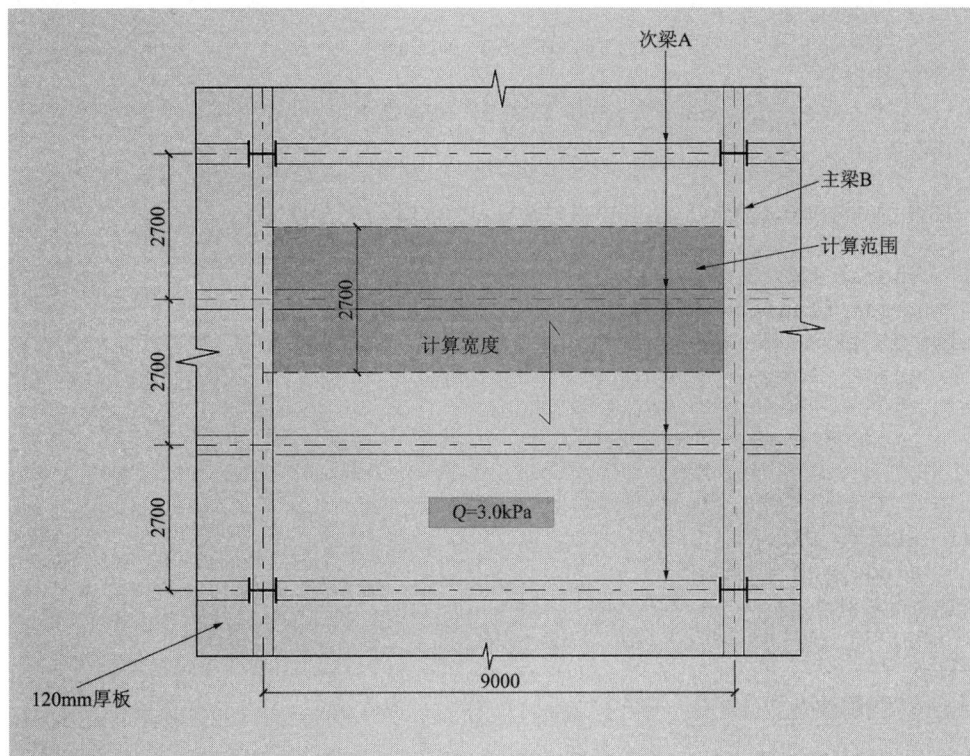

图 5-10　组合楼盖布置

代 码 清 单   5-2

```python
# -*- coding: utf-8 -*-
from math import pi,sqrt,ceil
import pandas as pd

def steel_grade_correction_factor(fy):                              ❶
    εk = sqrt(235/fy)
    return εk


def α(Class,fy,E,λ):                                               ❷
    λn = λ/pi*sqrt(fy/E)
    match Class:
        case 'a':
            α1, α2, α3 = 0.41, 0.986, 0.152
        case 'b':
            α1, α2, α3 = 0.65, 0.965, 0.300
        case 'c':
          if λn <= 1.05:
              α1, α2, α3 = 0.73, 0.906, 0.595
          else:
              α1, α2, α3 = 0.73, 1.216, 0.302
        case 'd':
          if λn <= 1.05:
              α1, α2, α3 = 1.35, 0.868, 0.915
          else:
              α1, α2, α3 = 1.35, 1.375, 0.432
    return  α1, α2, α3

def width_thickness_ratio_grade(εk,b1,tf1,tf2,h,tw):              ❸
    flange = (b1-tw)/(2*tf1)
    if  flange <= 13*εk:
        grade_flange = 'S1~S3'
    elif 13*εk < flange <= 15*εk:
        grade_flange = 'S4'
    else:
        grade_flange = 'S5'

    web = (h-tf1-tf2)/tw
    if  web <= 93*εk:
        grade_web = 'S1~S3'
    elif 93*εk < web <= 124*εk:
        grade_web = 'S4'
    else:
        grade_web = 'S5'

    if grade_flange == 'S1~S3' and grade_web == 'S1~S3':
        grade = 'S1~S3'
```

```
        elif grade_flange == 'S4' and grade_web == 'S4':
            grade = 'S4'
        else:
            grade = 'S5'
        return grade

    def γ(grade):                                                                    ❹
        if grade == 'S4' or grade == 'S5':
            γx,γy = 1.0, 1.0
        else:
            γx,γy = 1.05, 1.2
        return γx,γy

    def section_geo(l,le,h,hc1,b,s):                                                 ❺
        hs = h/2
        hc2 = h-(hc1+hs)
        b0 = b+2*hc2
        b1 = b2 = le/6
        be = min(b0+b1+b2, b0+(s-b0))*1000
        return hs,hc2,be

    def steel_beam_cross_section(h,hc1,hs,M,f):                                      ❻
        x = 0.3*hc1
        y = (h-x/2-hs/2)*1000
        A = M*10**6/(f*y)
        return x,y,A

    def load_bending_moment(γG,γQ,gk,pk,l):                                          ❼
        q = γG*gk+γQ*pk
        M = q*l**2/8
        return M

    def φb1(tf,A,l1,iy,Wx,h,εk):                                                     ❽
        βb,αb = 1.75,0.5
        λy = l1/iy
        ηb = 0.8*(2*αb-1)
        φb = βb*(4320/λy**2)*(A*h/Wx)*(sqrt(1+(λy*tf/(4.4*h))**2)+ηb)*εk**2
        if φb > 0.6:
            φb = min(φb, 1.07-0.282/φb, 1.0)
        return φb

    def analysis_construc(γG,γQ,gk,pk,l,b1,γx,Wx,E,fy,f,Sx,Ix,tw,φb):               ❾
        q = γG*gk+γQ*pk
        Mx,V = q*l**2/8, q*l/2
        Wx,Sx,Ix = Wx*1000,Sx*1000,Ix*10000
        σ = Mx*10**6/(γx*Wx)
        τ = V*1000*Sx/(Ix*tw)

        if σ > f:
```

```
        print('施工时应在梁跨度中点设置一临时竖向支撑点。')
        l = l/2
        Mx = q*l**2/8
        V = q*l*5/8
        σ = Mx*10**6/(γx*Wx)
        τ = V*1000*Sx/(Ix*tw)

    σ_stability = Mx/(φb*Wx*f) if l/b1 > 13*sqrt(235/fy) else 1.0
    qk = gk+pk
    l = l*1000
    v = qk*l**4/(185*E*Ix)
    return Mx,V,σ,τ,σ_stability,v

def analysis_use_phase(M,V,A,Wx,E,fy,f,fv,fc,be,h,hc1,hw,tw):        ❿
    A,be,h,hc1 = A*100,be,h*1000,hc1*1000
    if A*f < be*hc1*fc:
        x = A*f/(be*fc)
        y = h-x/2-h/2
        if be*x*fc*y >= M*10**6:
            M_approve = 'H 型钢满足弯矩要求，截面可行。'
        else:
            M_approve = '不满足弯矩要求，需修改截面！'
    else:
        Ac = 0.5*(A-be*hc1*fc/f)
        y1 = h-hc1/2-h/2
        y2 = h/2
        if be*hc1*fc*y1+Ac*f*y2 >= M:
            M_approve = 'H 型钢满足弯矩要求，截面可行。'
        else:
            M_approve = '不满足弯矩要求，需修改截面！'

    if hw*tw*fv >= V:
        V_approve = 'H 型钢满足剪力要求，截面可行。'
    else:
        V_approve = '不满足剪力要求，需修改截面！'
    return M_approve, V_approve, y

def design_of_shear_connector(l,d,A,f,fu,Ec,fc):                     ⓫
    As = pi*d**2/4
    Nvc = min(0.43*As*sqrt(Ec*fc),0.7*As*fu)
    Vs = A*100*f
    nf = ceil(Vs/Nvc)
    num = 2*nf
    p = l*1000/(num-1)
    return Nvc,num,p

def deflect(Case,qk,Es,Ec,be,A,ys,hc1,hs,h,Ix,Acf,ns,p,l,Nvc):      ⓬
    match Case:
        case '标准组合':
```

```
            para = 1.0
        case '准永久组合':
            para = 2.0

    αE = Es/Ec
    αE = para*αE
    beq = be/αE
    A = A*100

    if beq*hc1**2/2 >= A*(ys-hc1):
        x = (-A+sqrt(A**2+2*beq*A*ys))/beq
        Ieq = beq*x**3/3+(Ix+A*(ys-x)**2)
    else:
        x = (A*ys+beq*hc1**2/2)/(A+beq*hc1)
        Ieq = beq*x**3/12+beq*hc1*(x-hc1/2)**2+(Ix+A*(ys-x)**2)

    Acf = be*hc1
    Icf = be*hc1**3/12
    dc = h-(hc1+hs)/2
    I0 = Ix+Icf/αE
    A0 = A*Acf/(αE*A+Acf)
    A1 = (I0+A0*dc**2)/A0

    j = 0.81*sqrt(ns*Nvc*A1/(Es*I0*p))
    k = Nvc
    l = l*1000
    η = 36*Es*dc*p*A0/(ns*k*h*l**2)
    ξ = max(η*(0.4-3/(j*l)**2),0)
    B = Es*Ieq/(1+ξ)
    v = 5*qk*l**4/(384*B)
    return x,Ieq,j,η,ξ,B,v

def main():
    paras = 14.3, 235, 215, 125, 206000, 6000, 3000            ❸
    fc,fy,f,fv,Es,l0x,l0y = paras

    εk = steel_grade_correction_factor(fy)                     ❹
    df = pd.read_excel(r'China (GB 2023)-H-Sx.xlsx',header=1)
    df = df[df['Name'].str.match('HN')]
    df = df.set_index('Name')

    l,le,hc1,h,b,s = 6,6,0.1,0.4,0.1,3.6
    γG,γQ = 1.35,1.4
    gk,pk = 12.76,12.6

    hs,hc2,be = section_geo(l,le,h,hc1,b,s)
    M = load_bending_moment(γG,γQ,gk,pk,l)
    x,y,A = steel_beam_cross_section(h,hc1,hs,M,f)
```

```
A = A/100
hs = int(l*1000/23)

df_A = df[df['A'].ge(A) & df['H'].ge(hs)]
df1 = df_A[df_A['A'].ge(A)].nsmallest(1,'A')

row_labels = df1.index.tolist()
H_steel_before = ','.join(map(str,row_labels))

A = df1.loc[H_steel_before, 'A']
H = df1.loc[H_steel_before, 'H']
b1 = df1.loc[H_steel_before, 'B']
Wx = df1.loc[H_steel_before, 'Wx']
Sx = df1.loc[H_steel_before, 'Sx']
Ix = df1.loc[H_steel_before, 'Ix2']
tw = df1.loc[H_steel_before, 't1']
tf = df1.loc[H_steel_before, 't2']
iy = df1.loc[H_steel_before, 'ix4']

grade = width_thickness_ratio_grade(εk,b1,tf,tf,h,tw)
γx,γy = γ(grade)

l1 = l
φb = φb1(tf,A,l1,iy,Wx,h,εk)

gk,pk = 9.77,3.6   #施工阶段钢梁的荷载标准值
results1=analysis_construc(γG,γQ,gk,pk,l,b1,γx,Wx,Es,fy,f,Sx,Ix,tw,φb)
Mx,V,σ,τ,σ_stability,v = results1

hw = 100
results2 = analysis_use_phase(M,V,A,Wx,Es,fy,f,fv,fc,be,h,hc1,hw,tw)
M_approve, V_approve, y = results2

d,fu,Ec = 16,400,30000
Nvc,num,p = design_of_shear_connector(l,d,A,f,fu,Ec,fc)

hc1 = hc1*1000
h = H+hc1
ys = h-H/2
Acf = be*hc1
ns = 1     #抗剪栓钉列数
Case1 = '标准组合'
gk,pk = 12.76,12.60
qk1 = gk+pk

stand_verif=deflect(Case1,qk1,Es,Ec,be,A,ys,hc1,hs,h,Ix,Acf,ns,p,l,Nvc)
x1,Ieq1,j1,η1,ξ1,B1,v1 = stand_verif

Case2 = '准永久组合'
```

```python
ψq = 0.85
qk2 = gk+ψq*pk

quasi_verif=deflect(Case2,qk2,Es,Ec,be,A,ys,hc1,hs,h,Ix,Acf,ns,p,l,Nvc)
x2,Ieq2,j2,η2,ξ2,B2,v2 = quasi_verif

print('计算结果：')
print(f'钢号修正系数          εk = {εk:.3f} ')
print(f'截面板件宽厚比等级    grade = {grade} ')
print(f'使用阶段弯矩设计值     M = {M:.1f} kN·m')
print('初始拟定的钢梁型号\t\t'+ H_steel_before)
print(f'钢梁横截面面积        A = {A:.1f} cm^2')
print(f'翼板的有效宽度        be = {be:.1f} mm')
print(f'钢梁绕x轴的抵抗矩     Wx = {Wx:.0f} cm^3')
print(f'钢梁绕x轴的面积矩     Sx = {Sx:.0f} cm^3')
print(f'钢梁绕x轴的惯性矩     Ix = {Ix:.0f} cm^4')
print(f'钢梁的腹板厚度        tw = {tw:.1f} mm')

print(f'施工阶段弯矩设计值     Mx = {Mx:.1f} kN·m')
print(f'施工阶段弯矩设计值     V = {V:.2f} kN')
print(f'施工阶段弯曲应力设计值  σ = {σ:.2f} N/mm^2')
print(f'施工阶段剪应力设计值    τ = {τ:.2f} N/mm^2')
print(f'钢梁整体稳定系数       φb = {φb:.3f} ')
print(f'施工阶段稳定应力值    σ_stability = {σ_stability:.1f} N/mm^2')
print(f'施工阶段挠度          v = {v:.2f} mm')
print('受弯构件的截面积' + M_approve )
print('截面板件宽厚比等级' + V_approve )

print(f'组合梁沿梁全长抗剪栓钉数量 num = {num:.0f}颗')
if p <= max(min(3*(hc1+hc2)*1000,300),6*d):
    print("抗抗剪栓钉数量满足钢结构构造要求。")
else:
    print('需要重新确定抗剪栓钉数量！')

print('-'*45)
print(f'标准组合的荷载值         qk = {qk1:.3f} kN/m')
print(f'参数                   j = {j1:.3f}')
print(f'参数                   η = {η1:.3f}')
print(f'标准组合的刚度折减系数    ξ = {ξ1:.3f}')
print(f'标准组合的组合梁考虑滑移效应 B = {B1:.3f} N·mm^2')
print(f'标准组合的挠度值         v = {v1:.3f} mm')

print('-'*45)
print(f'准永久组合的荷载值        qk = {qk2:.3f} kN/m')
print(f'参数                   j = {j2:.3f}')
print(f'参数                   η = {η2:.3f}')
print(f'准永久组合的刚度折减系数   ξ = {ξ2:.3f}')
print(f'准永久组合的组合梁考虑滑移效应 B = {B2:.3f} N·mm^2')
```

```
        print(f'准永久组合的挠度值              v = {v2:.3f} mm')

if __name__ == "__main__":
    main()
```

5.2.3 输出结果

运行代码清单 5-2，可得输出结果 5-2。

输 出 结 果   5-2

```
计算结果:
钢号修正系数              ε k = 1.000
截面板件宽厚比等级    grade = S1~S3
使用阶段弯矩设计值        M = 156.9 kN·m
初始拟定的钢梁型号        HN298x149
钢梁横截面面积            A = 40.8 cm^2
翼板的有效宽度            be = 2300.0 mm
钢梁绕 x 轴的抵抗矩       Wx = 424 cm^3
钢梁绕 x 轴的面积矩       Sx = 455 cm^3
钢梁绕 x 轴的惯性矩       Ix = 6320 cm^4
钢梁的腹板厚度            tw = 5.5 mm
施工阶段弯矩设计值        Mx = 82.0 kN·m
施工阶段弯矩设计值        V = 54.69 kN
施工阶段弯曲应力设计值     σ = 184.26 N/mm^2
施工阶段剪应力设计值       τ = 71.59 N/mm^2
钢梁整体稳定系数          φb = 1.000
施工阶段稳定应力值    σ_stability = 1.0 N/mm^2
施工阶段挠度              v = 7.19 mm
受弯构件的截面积 H 型钢满足弯矩要求，截面可行。
截面板件宽厚比等级 H 型钢满足剪力要求，截面可行。
组合梁沿梁全长抗剪栓钉数量 num = 32 颗
抗抗剪栓钉数量满足钢结构构造要求。
--------------------------------------------------
标准组合的荷载值          qk = 25.360 kN/m
参数                     j = 0.001
参数                     η = 1.411
标准组合的刚度折减系数     ξ = 0.500
标准组合的组合梁考虑滑移效应 B = 23169769033019.730 N·mm^2
标准组合的挠度值          v = 18.470 mm
--------------------------------------------------
准永久组合的荷载值        qk = 23.470 kN/m
参数                     j = 0.002
参数                     η = 1.273
准永久组合的刚度折减系数   ξ = 0.478
准永久组合的组合梁考虑滑移效应 B = 20040308679326.309 N·mm^2
准永久组合的挠度值        v = 19.763 mm
```

5.3　组合主梁计算

5.3.1　项目描述

项目描述与 5.2.1 节相同，不再赘述。

5.3.2　项目代码

本计算程序为计算组合主梁，代码清单 5-3 中：

❶为定义钢号修正系数函数；

❷为定义截面类型相关的系数函数；

❸为定义截面板件宽厚比等级函数；

❹为定义截面塑性发展系数函数；

❺为定义组合梁截面几何特性函数；

❻为定义钢梁截面几何特性函数；

❼为定义组合梁内力函数；

❽为定义受弯构件整体稳定性系数函数；

❾为定义组合梁施工阶段分析函数；

❿为定义组合梁使用阶段分析函数；

⓫为定义抗剪连接件设计函数；

⓬为定义组合梁的挠度验算函数；

⓭为给出所需计算参数的初始值，应力单位采用 N、mm 制，内力单位采用 kN、m 制，几何尺寸单位采用 mm 制；

⓮本行及以下几行代码为利用前面定义的函数计算中部组合次梁，具体见代码清单 5-3。

代　码　清　单　　　　　　　　　　5-3

```
# -*- coding: utf-8 -*-
from math import pi,sqrt,ceil
import pandas as pd

def steel_grade_correction_factor(fy):                          ❶
    εk = sqrt(235/fy)
    return εk

def α(Class,fy,E,λ):                                            ❷
    λn = λ/pi*sqrt(fy/E)
    match Class:
        case 'a':
```

```
                α1, α2, α3 = 0.41, 0.986, 0.152
        case 'b':
                α1, α2, α3 = 0.65, 0.965, 0.300
        case 'c':
            if λn <= 1.05:
                α1, α2, α3 = 0.73, 0.906, 0.595
            else:
                α1, α2, α3 = 0.73, 1.216, 0.302
        case 'd':
            if λn <= 1.05:
                α1, α2, α3 = 1.35, 0.868, 0.915
            else:
                α1, α2, α3 = 1.35, 1.375, 0.432
    return  α1, α2, α3

def width_thickness_ratio_grade(εk,b1,tf1,tf2,h,tw):
    flange = (b1-tw)/(2*tf1)
    if  flange <= 13*εk:
        grade_flange = 'S1~S3'
    elif 13*εk < flange <= 15*εk:
        grade_flange = 'S4'
    else:
        grade_flange = 'S5'

    web = (h-tf1-tf2)/tw
    if  web <= 93*εk:
        grade_web = 'S1~S3'
    elif 93*εk < web <= 124*εk:
        grade_web = 'S4'
    else:
        grade_web = 'S5'

    if grade_flange == 'S1~S3' and grade_web == 'S1~S3':
        grade = 'S1~S3'
    elif grade_flange == 'S4' and grade_web == 'S4':
        grade = 'S4'
    else:
        grade = 'S5'
    return grade

def γ(grade):
    if grade == 'S4' or grade == 'S5':
        γx,γy = 1.0, 1.0
    else:
        γx,γy = 1.05, 1.2
    return γx,γy

def section_geo(l,le,h,hc1,hc2,b,s):
```

❸

❹

❺

```
    hs = max(h-hc1-hc2,h/2)
    b0 = b+2*hc2
    b1 = b2 = l/6
    be = min(b0+b1+b2, s)*1000
    return hs,be

def steel_beam_cross_section(h,hc1,hs,M,f):                          ❻
    x = 0.3*hc1
    y = (h-x/2-hs/2)*1000
    A = M*10**6/(f*y)
    return x,y,A

def load_bending_moment(γG,γQ,gk,pk,l):                              ❼
    Pk1 = 76.56
    Pk2 = 68.04
    q = γG*gk+γQ*pk
    P = γG*Pk1+γQ*Pk2
    M = q*l**2/8+P*l/3
    return M

def φb1(tf,A,l1,iy,Wx,h,εk):                                        ❽
    βb,αb = 1.75,0.5
    λy = l1/iy
    ηb = 0.8*(2*αb-1)
    φb = βb*(4320/λy**2)*(A*h/Wx)*
                        (sqrt(1+(λy*tf/(4.4*h))**2)+ηb)*εk**2
    if φb > 0.6:
        φb = min(φb, 1.07-0.282/φb, 1.0)
    return φb

def analysis_construc_stage(γG,γQ,gk,pk,l,b1,γx,Wx,E,fy,f,Sx,Ix,tw,φb):   ❾
    q = γG*gk+γQ*pk
    Mx,V = q*l**2/8, q*l/2
    Wx,Sx,Ix = Wx*1000,Sx*1000,Ix*10000
    σ = Mx*10**6/(γx*Wx)
    τ = V*1000*Sx/(Ix*tw)

    if σ > f:
        print('施工时应在梁跨度中点设置一临时竖向支撑点。')
        l = l/2
        Mx = q*l**2/8
        V = q*l*5/8
        σ = Mx*10**6/(γx*Wx)
        τ = V*1000*Sx/(Ix*tw)

    σ_stability = Mx/(φb*Wx*f) if l/b1 > 13*sqrt(235/fy) else 1.0
    qk = gk+pk
    l = l*1000
```

```python
        v = qk*l**4/(185*E*Ix)
        return Mx,V,σ,τ,σ_stability,v

def analysis_use_phase(M,V,A,Wx,E,fy,f,fv,fc,be,h,hc1,hw,tw):
    A,be,h,hc1 = A*100,be,h*1000,hc1*1000
    if A*f < be*hc1*fc:
        x = A*f/(be*fc)
        y = h-x/2-h/2
        if be*x*fc*y >= M*10**6:
            M_approve = 'H型钢满足弯矩要求，截面可行。'
        else:
            M_approve = '不满足弯矩要求，需修改截面！'
    else:
        Ac = 0.5*(A-be*hc1*fc/f)
        y1 = h-hc1/2-h/2
        y2 = h/2
        if be*hc1*fc*y1+Ac*f*y2 >= M:
            M_approve = 'H型钢满足弯矩要求，截面可行。'
        else:
            M_approve = '不满足弯矩要求，需修改截面！'

    if hw*tw*fv >= V:
        V_approve = 'H型钢满足剪力要求，截面可行。'
    else:
        V_approve = '不满足剪力要求，需修改截面！'
    return M_approve, V_approve, y

def design_of_shear_connector(l,d,A,f,fu,Ec,fc):
    As = pi*d**2/4
    Nvc = min(0.43*As*sqrt(Ec*fc),0.7*As*fu)
    Vs = A*100*f
    nf = ceil(Vs/Nvc)
    num = 2*nf
    p = l*1000/(num-1)
    return Nvc,num,p

def deflect(Case,qk,Pk,Es,Ec,be,A,ys,hc1,hs,h,Ix,Acf,ns,p,l,Nvc):
    match Case:
        case '标准组合':
            para = 1.0
        case '准永久组合':
            para = 2.0

    αE = Es/Ec
    αE = para*αE
    beq = be/αE
    A = A*100

    if beq*hc1**2/2 >= A*(ys-hc1):
```

❿ ⓫ ⓬

```
            x = (-A+sqrt(A**2+2*beq*A*ys))/beq
            Ieq = beq*x**3/3+(Ix+A*(ys-x)**2)
        else:
            x = (A*ys+beq*hc1**2/2)/(A+beq*hc1)
            Ieq = beq*hc1**3/12+beq*hc1*(x-hc1/2)**2+(Ix+A*(ys-x)**2)

    Acf = be*hc1
    Icf = be*hc1**3/12
    dc = h-(hc1+hs)/2
    I0 = Ix+Icf/αE
    A0 = A*Acf/(αE*A+Acf)
    A1 = (I0+A0*dc**2)/A0

    j = 0.81*sqrt(ns*Nvc*A1/(Es*I0*p))
    k = Nvc
    l = l*1000
    η = 36*Es*dc*p*A0/(ns*k*h*l**2)
    ξ = max(η*(0.4-3/(j*l)**2),0)
    B = Es*Ieq/(1+ξ)
    Pk = Pk*1000
    v = 5*qk*l**4/(384*B)+23*Pk*l**3/(648*B)
    return x,Ieq,j,η,ξ,B,v

def main():
    '''    fc,   fy,   f,   fv,   E,     l0x,   l0y '''
    paras = 14.3, 355, 305, 175, 206000, 6000, 3000          ⑬
    fc,fy,f,fv,Es,l0x,l0y = paras

    εk = steel_grade_correction_factor(fy)                    ⑭
    df = pd.read_excel(r'China (GB 2023)-H-Sx.xlsx',header=1)
    df = df[df['Name'].str.match('HM')]
    df = df.set_index('Name')

    l,le,hc1,hc2,h,b,s = 10.8,10.8,0.1,0.1,0.65,0.15,6
    γG,γQ = 1.35,1.4
    gk,pk = 0.63,0.858

    hs,be = section_geo(l,le,h,hc1,hc2,b,s)
    M = load_bending_moment(γG,γQ,gk,pk,l)
    x,y,A = steel_beam_cross_section(h,hc1,hs,M,f)

    A = A/100
    hs = int(l*1000/23)

    df_A = df[df['A'].ge(A) & df['H'].ge(hs)]
    df1 = df_A[df_A['A'].ge(A)].nsmallest(1,'A')

    row_labels = df1.index.tolist()
```

```
H_steel_before = ','.join(map(str,row_labels))

A = df1.loc[H_steel_before, 'A']
H = df1.loc[H_steel_before, 'H']
b1 = df1.loc[H_steel_before, 'B']
Wx = df1.loc[H_steel_before, 'Wx']
Sx = df1.loc[H_steel_before, 'Sx']
Ix = df1.loc[H_steel_before, 'Ix2']
tw = df1.loc[H_steel_before, 't1']
tf = df1.loc[H_steel_before, 't2']
iy = df1.loc[H_steel_before, 'ix4']

grade = width_thickness_ratio_grade(εk,b1,tf,tf,h,tw)
γx,γy = γ(grade)

l1 = l
φb = φb1(tf,A,l1,iy,Wx,h,εk)

gk,pk = 9.77,3.6   #施工阶段钢梁的荷载标准值
results1=analysis_construc (γG,γQ,gk,pk,l,b1,γx,Wx,Es,fy,f,Sx,Ix,tw,φb)
Mx,V,σ,τ,σ_stability,v = results1

hw = 100
results2 = analysis_use_phase(M,V,A,Wx,Es,fy,f,fv,fc,be,h,hc1,hw,tw)
M_approve, V_approve, y = results2

d,fu,Ec = 16,400,30000
Nvc,num,p = design_of_shear_connector(l,d,A,f,fu,Ec,fc)

hc1,hc2 = hc1*1000,hc2*1000
h = H+hc1+hc2
ys = h-H/2
Acf = be*hc1
ns = 1     #抗剪栓钉列数
Case1 = '标准组合'
gk,pk = 0.63,0.858
qk1 = gk+pk
Pk1 = 144.6
stand_ver=deflect(Case1,qk1,Pk1,Es,Ec,be,A,ys,hc1,hs,h,Ix,Acf,ns,p,l,Nvc)
x1,Ieq1,j1,η1,ξ1,B1,v1 = stand_ver

Case2 = '准永久组合'
ψq = 0.85
qk2 = gk+ψq*pk
Pk2 = 134.39
quasi_ver=deflect(Case2,qk2,Pk2,Es,Ec,be,A,ys,hc1,hs,h,Ix,Acf,ns,p,l,Nvc)
x2,Ieq2,j2,η2,ξ2,B2,v2 = quasi_ver

print('计算结果：')
print(f'钢号修正系数              εk = {εk:.3f} ')
```

```
    print(f'截面板件宽厚比等级      grade = {grade} ')
    print(f'使用阶段弯矩设计值        M = {M:.1f} kN·m')
    print('初始拟定的钢梁型号\t\t'+  H_steel_before)
    print(f'钢梁横截面面积           A = {A:.1f} cm^2')
    print(f'翼板的有效宽度           be = {be:.1f} mm')
    print(f'钢梁绕 x 轴的抵抗矩       Wx = {Wx:.0f} cm^3')
    print(f'钢梁绕 x 轴的面积矩       Sx = {Sx:.0f} cm^3')
    print(f'钢梁绕 x 轴的惯性矩       Ix = {Ix:.0f} cm^4')
    print(f'钢梁的腹板厚度           tw = {tw:.1f} mm')

    print(f'施工阶段弯矩设计值        Mx = {Mx:.1f} kN·m')
    print(f'施工阶段弯矩设计值        V = {V:.2f} kN')
    print(f'施工阶段弯曲应力设计值     σ = {σ:.2f} N/mm^2')
    print(f'施工阶段剪应力设计值       τ = {τ:.2f} N/mm^2')
    print(f'钢梁整体稳定系数         φb = {φb:.3f} ')
    print(f'施工阶段稳定应力值    σ_stability = {σ_stability:.1f} N/mm^2')
    print(f'施工阶段挠度            v = {v:.2f} mm')
    print('受弯构件的截面积' + M_approve )
    print('截面板件宽厚比等级' + V_approve )

    print(f'组合梁沿梁全长抗剪栓钉数量 num = {num:.0f}颗')
    if p <= max(min(3*(hc1+hc2)*1000,300),6*d):
        print("抗剪栓钉数量满足钢结构构造要求。")
    else:
        print('需要重新确定抗剪栓钉数量！')

    print('-'*56)
    print(f'标准组合的荷载值          qk = {qk1:.3f} kN/m')
    print(f'参数                  j = {j1:.3f}')
    print(f'参数                  η = {η1:.3f}')
    print(f'标准组合的刚度折减系数      ξ = {ξ1:.3f}')
    print(f'标准组合的组合梁考虑滑移效应 B = {B1:.3f} N·mm^2')
    print(f'标准组合的挠度值          v = {v1:.2f} mm')

    print('-'*56)
    print(f'准永久组合的荷载值         qk = {qk2:.3f} kN/m')
    print(f'参数                  j = {j2:.3f}')
    print(f'参数                  η = {η2:.3f}')
    print(f'准永久组合的刚度折减系数     ξ = {ξ2:.3f}')
    print(f'准永久组合的组合梁考虑滑移效应 B = {B2:.3f} N·mm^2')
    print(f'准永久组合的挠度值         v = {v2:.2f} mm')

if __name__ == "__main__":
    main()
```

5.3.3 输出结果

运行代码清单 5-3，可得输出结果 5-3。

计算结果：

钢号修正系数	εk = 0.814
截面板件宽厚比等级	grade = S1~S3
使用阶段弯矩设计值	M = 744.9 kN·m
初始拟定的钢梁型号	HM482x300
钢梁横截面面积	A = 141.2 cm^2
翼板的有效宽度	be = 3950.0 mm
钢梁绕 x 轴的抵抗矩	Wx = 2420 cm^3
钢梁绕 x 轴的面积矩	Sx = 2663 cm^3
钢梁绕 x 轴的惯性矩	Ix = 58300 cm^4
钢梁的腹板厚度	tw = 11.0 mm
施工阶段弯矩设计值	Mx = 265.8 kN·m
施工阶段弯矩设计值	V = 98.44 kN
施工阶段弯曲应力设计值	σ = 104.60 N/mm^2
施工阶段剪应力设计值	τ = 40.88 N/mm^2
钢梁整体稳定系数	φb = 1.000
施工阶段稳定应力值	σ_stability = 1.0 N/mm^2
施工阶段挠度	v = 8.19 mm

受弯构件的截面积 H 型钢满足弯矩要求，截面可行。
截面板件宽厚比等级 H 型钢满足剪力要求，截面可行。
组合梁沿梁全长抗剪栓钉数量 num = 154 颗
抗剪栓钉数量满足钢结构构造要求。

标准组合的荷载值	qk = 1.488 kN/m
参数	j = 0.003
参数	η = 0.527
标准组合的刚度折减系数	ξ = 0.209
标准组合的组合梁考虑滑移效应	B = 303468883205496.875 N·mm^2
标准组合的挠度值	v = 22.17 mm

准永久组合的荷载值	qk = 1.359 kN/m
参数	j = 0.004
参数	η = 0.440
准永久组合的刚度折减系数	ξ = 0.175
准永久组合的组合梁考虑滑移效应	B = 257976397397329.781 N·mm^2
准永久组合的挠度值	v = 24.23 mm

6 钢管混凝土结构构件

6.1 轴心受压构件承载力计算方法 1

6.1.1 项目描述

根据《钢管混凝土结构技术规范》GB 50936—2014 第 5 章的计算方法，钢管混凝土短柱的轴心受压强度设计值应按下列公式计算：

$$N_0 = A_{sc} f_{sc} \tag{6-1}$$

$$f_{sc} = (1.212 + B\theta + C\theta^2) f_c \tag{6-2}$$

$$\alpha_{sc} = \frac{A_s}{A_c} \tag{6-3}$$

$$\theta = \alpha_{sc} \frac{f}{f_c} \tag{6-4}$$

截面形状对套箍效应的影响系数取值表   表 6-1

	截面形式	B	C
实心	圆形和正十六边形	$0.176f/213 + 0.974$	$-0.104f_c/14.4 + 0.031$
	正八边形	$0.140f/213 + 0.778$	$-0.070f_c/14.4 + 0.026$
	正方形	$0.131f/213 + 0.723$	$-0.070f_c/14.4 + 0.026$
空心	圆形和正十六边形	$0.106f/213 + 0.584$	$-0.037f_c/14.4 + 0.011$
	正八边形	$0.056f/213 + 0.311$	$-0.011f_c/14.4 + 0.004$
	正方形	$0.039f/213 + 0.217$	$-0.006f_c/14.4 + 0.002$

注：矩形截面应换算成等效正方形截面进行计算，等效正方形的边长为矩形截面的长短边边长的乘积的平方根。

钢管混凝土柱轴心受压稳定性承载力设计值应按下列公式计算：

$$N_u = \varphi N_0 \tag{6-5}$$

$$\varphi = \frac{1}{2\overline{\lambda}_{sc}^2} \left[\overline{\lambda}_{sc}^2 + \left(1 + 0.25\overline{\lambda}_{sc}\right) - \sqrt{\left(\overline{\lambda}_{sc}^2 + \left(1 + 0.25\overline{\lambda}_{sc}\right)\right)^2 - 4\overline{\lambda}_{sc}^2} \right] \tag{6-6}$$

$$\overline{\lambda}_{sc} = \frac{\lambda_{sc}}{\pi} \sqrt{\frac{f_{sc}}{E_{sc}}} \tag{6-7}$$

6.1.2 项目代码

本计算程序为计算钢管混凝土轴心受压强度设计值，代码清单 6-1 中：
❶为定义截面形状对套箍效应的影响系数函数（表 6-1）；

❷为定义钢管混凝土抗压强度设计值函数，见式(6-2)～式(6-4)；

❸为定义轴心受压稳定系数函数，见式(6-6)～式(6-7)；

❹为定义单肢柱的轴心受压承载力设计值函数，见式(6-1)、式(6-5)；

❺为给出所需计算参数的初始值，应力单位采用 N、mm 制，内力单位采用 kN、m 制，几何尺寸单位采用 mm 制；

❻本行及以下几行代码为利用前面定义的函数计算钢管混凝土轴心受压强度设计值。具体见代码清单 6-1。

代 码 清 单　　　　　　　　　　6-1

```python
# -*- coding: utf-8 -*-
from math import pi,sqrt

def BC(paraBC,f,fc):                                    ❶
    match paraBC:
        case '实心圆形和正十六边形':
            B = 0.176*f/213+0.974
            C = -0.104*fc/14.4+0.031
        case '实心正八边形':
            B = 0.140*f/213+0.778
            C = -0.070*fc/14.4+0.026
        case '实心正方形':
            B = 0.131*f/213+0.723
            C = -0.070*fc/14.4+0.026
        case '空心圆形和正十六边形':
            B = 0.106*f/213+0.584
            C = -0.037*fc/14.4+0.011
        case '空心正八边形':
            B = 0.056*f/213+0.311
            C = -0.011*fc/14.4+0.004
        case '空心正方形':
            B = 0.039*f/213+0.217
            C = -0.006*fc/14.4+0.002
    return B,C

def fsc1(B,C,As,Ac,fs,fc):                              ❷
    αsc = As/Ac
    θ = αsc*fs/fc
    fsc = (1.212+B*θ+C*θ**2)*fc
    return αsc,θ,fsc

def φ1(I,A,kE,μ,L,fsc):                                 ❸
    i = sqrt(I/A)
    Le = μ*L
    λsc = Le/i
    Esc = 1.3*kE*fsc
```

```
        λsc1 = λsc/pi*sqrt(fsc/Esc)
        para = λsc1**2+(1+0.25*λsc1)
        ϕ = 1/(2*λsc1**2)*(para-sqrt(para**2-4*λsc1**2))
        return Le,λsc,λsc1,ϕ

    def Nu(Asc,fsc,ϕ):                                                        ❹
        N0 = Asc*fsc/1000
        N = ϕ*N0
        return N0,N


    def main():
        paraBC = '实心圆形和正十六边形'
        fs,fc = 305,19.1                                                      ❺
        D,t,L = 500,8,8000
        μ,kE = 1.0,719.6

        d = D-2*t
        As = pi*(D**2-d**2)/4
        Ac = pi*d**2/4
        Asc = pi*D**2/4
        I = pi*D**4/64

        B,C = BC(paraBC,fs,fc)                                               ❻
        αsc,θ,fsc = fsc1(B,C,As,Ac,fs,fc)
        Le,λsc,λsc1,ϕ = ϕ1(I,Asc,kE,μ,L,fsc)
        N0,N = Nu(Asc,fsc,ϕ)

        print('计算结果：')
        print(f'钢管直径                        D = {D:.1f} mm')
        print(f'钢管壁厚                        t = {t:.1f} mm')
        print(f'钢管内混凝土直径                 d = {d:.1f} mm')
        print(f'钢管面积                       As = {As:.1f} mm^2')
        print(f'管内混凝土面积                  Ac = {Ac:.1f} mm^2')
        print(f'钢管和管内混凝土面积之和        Asc = {Asc:.1f} mm^2')

        print(f'截面形状对套箍效应的影响系数      B = {B:.4f}')
        print(f'截面形状对套箍效应的影响系数      C = {C:.3f}')
        print(f'钢管混凝土构件的含钢量         αsc = {αsc:.3f}')
        print(f'钢管混凝土构件的套箍系数         θ = {θ:.3f}')
        print(f'钢管混凝土抗压强度设计值        fsc = {fsc:.2f} N/mm^2')

        print(f'构件的计算长度                  Le = {Le:.0f} mm')
        print(f'构件的长细比                   λsc = {λsc:.1f}')
        print(f'构件正则长细比                λsc1 = {λsc1:.3f}')
        print(f'轴心受压构件稳定系数            φ = {φ:.3f}')
        print(f'钢管混凝土短柱的轴心受压强度承载力设计值 N0 = {N0:.1f} kN')
        print(f'钢管混凝土柱轴心受压稳定承载力设计值     Nu = {N:.1f} kN')

    if __name__ == "__main__":
```

```
main()
```

6.1.3 输出结果

运行代码清单 6-1，可得输出结果 6-1。

输 出 结 果   6-1

```
计算结果：
钢管直径                          D = 500.0 mm
钢管壁厚                          t = 8.0 mm
钢管内混凝土直径                    d = 484.0 mm
钢管面积                         As = 12365.3 mm^2
管内混凝土面积                     Ac = 183984.2 mm^2
钢管和管内混凝土面积之和            Asc = 196349.5 mm^2
截面形状对套箍效应的影响系数          B = 1.2260
截面形状对套箍效应的影响系数          C = -0.107
钢管混凝土构件的含钢量            αsc = 0.067
钢管混凝土构件的套箍系数            θ = 1.073
钢管混凝土抗压强度设计值           fsc = 45.93 N/mm^2
构件的计算长度                    Le = 8000 mm
构件的长细比                     λsc = 64.0
构件正则长细比                   λsc1 = 0.666
轴心受压构件稳定系数                φ = 0.795
钢管混凝土短柱的轴心受压强度承载力设计值 N0 = 9018.0 kN
钢管混凝土柱轴心受压稳定承载力设计值   Nu = 7172.5 kN
```

6.2 受拉构件承载力计算方法 1

6.2.1 项目描述

根据《钢管混凝土结构技术规范》GB 50936—2014 第 5 章的计算方法，钢管混凝土构件的轴心受拉承载力设计值为：

$$N_{ut} = C_1 A_s f \tag{6-8}$$

6.2.2 项目代码

本计算程序可以计算钢管混凝土构件的轴心受拉承载力设计值，代码清单 6-2 中：

❶为定义轴心受拉构件计算函数，见式(6-8)；

❷为定义轴心受拉构件承载力设计值计算函数；

❸为给出所需计算参数的初始值，应力单位采用 N、mm 制，内力单位采用 kN、m 制，几何尺寸单位采用 mm 制；

❹本行及以下几行代码为利用前面定义的函数计算，具体见代码清单 6-2。

代 码 清 单　　　　　　　　　**6-2**

```python
# -*- coding: utf-8 -*-
import pandas as pd

def As1(N,f):                                              ❶
    As = N*1000/(1.1*f)/100
    return As

def Ntu(As,f):                                             ❷
    Nt = As*1.1*f/10
    return Nt

def main():
    f,N = 215,2100                                         ❸
    As = As1(N,f)                                          ❹
    df = pd.read_excel(r'China (GB 2023)-Pipe Ord S1.xlsx',header=1)
    df = df.set_index('Name')
    df_A = df[df['Ax'].ge(As)]
    df1 = df_A[df_A['Ax'].ge(As)].nsmallest(1,'Ax')
    row_labels = df1.index.tolist()
    H_steel_before = ','.join(map(str,row_labels))

    Ax = df1.loc[H_steel_before, 'Ax']
    Nt = Ntu(Ax,f)

    print('计算结果：')
    print('初选的钢梁型号\t\t\t\t\t ' + H_steel_before)
    print(f'所需轴心受拉构件截面积            As = {As :.3f} cm^2')
    print(f'所选钢管的横截面面积            Ax = {Ax:.3f} cm^2')
    print(f'钢管混凝土轴心受拉构件拉力设计值      N = {N:.1f} kN')
    print(f'钢管混凝土轴心受拉构件承载力设计值  Nt = {Nt:.1f} kN')

if __name__ == "__main__":
    main()
```

6.2.3 输出结果

运行代码清单 6-2，可得输出结果 6-2。

输 出 结 果　　　　　　　　　**6-2**

计算结果：
初选的钢梁型号　　　　　　　　　　　S1:168x19

所需轴心受拉构件截面积	As = 88.795 cm^2
所选钢管的横截面面积	Ax = 88.938 cm^2
钢管混凝土轴心受拉构件拉力设计值	N = 2100.0 kN
钢管混凝土轴心受拉构件承载力设计值	Nt = 2103.4 kN

6.3 受剪承载力计算方法 1

6.3.1 项目描述

根据《钢管混凝土结构技术规范》GB 50936—2014 第 5 章的计算方法，钢管混凝土构件的受剪承载力设计值为：

实心截面：

$$V_u = 0.71 f_{sv} A_{sc} \tag{6-9}$$

空心截面：

$$V_u = (0.736\psi^2 - 1.094\psi + 1) \times 0.71 f_{sv} A_{sc} \tag{6-10}$$

$$\psi = \frac{A_h}{A_c + A_h} \tag{6-11}$$

$$f_{sv} = 1.547 f \frac{\alpha_{sc}}{\alpha_{sc} + 1} \tag{6-12}$$

6.3.2 项目代码

本计算程序可以计算钢管混凝土构件的受剪承载力设计值，代码清单 6-3 中：

❶为定义受剪承载力设计值函数，见式(6-9)～式(6-12)；

❷为给出所需计算参数的初始值，应力单位采用 N、mm 制，内力单位采用 kN、m 制，几何尺寸单位采用 mm 制；

❸本行及以下几行代码为利用前面定义的函数计算。

具体见代码清单 6-3。

代 码 清 单　　　　　　　　　　6-3

```
# -*- coding: utf-8 -*-
from math import pi

def Vu1(paratype,Asc,fs,Ah,As,Ac):                    ❶
    αsc = As/Ac
    fsv = 1.547*fs*αsc/(αsc+1)
    match paratype:
        case '实心截面':
            Vu = 0.71*fsv*Asc/1000
        case '空心截面':
```

```
        ψ = Ah/(Ac+Ah)
        Vu = (0.736*ψ**2-1.094*ψ+1)*0.71*fsv*Asc/1000
    return αsc,fsv,Vu


def main():
    fs,D,t = 305,500,8                                              ❷
    d = D-2*t
    paratype,h = '空心截面',150

    Ac = pi*(d**2-h**2)/4
    Ah = pi*h**2/4
    Asc = pi*(D**2-h**2)/4
    As = pi*(D**2-d**2)/4
    αsc,fsv,Vu = Vu1(paratype,Asc,fs,Ah,As,Ac)                      ❸

    print('计算结果：')
    print(f'钢管直径                    D = {D:.1f} mm')
    print(f'钢管壁厚                    t = {t:.1f} mm')
    print(f'钢管内混凝土的直径           d = {d:.1f} mm')
    print(f'钢管面积                    As = {As:.1f} mm^2')
    print(f'管内混凝土面积              Ac = {Ac:.1f} mm^2')
    print(f'管内空心部分面积            Ah = {Ah:.1f} mm^2')
    print(f'钢管和管内混凝土面积之和     Asc = {Asc:.1f} mm^2')
    print(f'钢管混凝土构件的含钢量       αsc = {αsc:.3f}')
    print(f'钢管混凝土受剪压强度设计值    fsv = {fsv:.1f} N/mm^2')
    print(f'钢管混凝土构件的受剪承载力设计值  Vu = {Vu:.1f} kN')


if __name__ == "__main__":
    main()
```

6.3.3 输出结果

运行代码清单 6-3，可得输出结果 6-3。

输 出 结 果   6-3

```
计算结果：
钢管直径                    D = 500.0 mm
钢管壁厚                    t = 8.0 mm
钢管内混凝土的直径            d = 484.0 mm
钢管面积                    As = 12365.3 mm^2
管内混凝土面积              Ac = 166312.8 mm^2
管内空心部分面积            Ah = 17671.5 mm^2
钢管和管内混凝土面积之和     Asc = 178678.1 mm^2
钢管混凝土构件的含钢量       αsc = 0.074
钢管混凝土受剪压强度设计值    fsv = 32.7 N/mm^2
```

钢管混凝土构件的受剪承载力设计值	Vu = 3735.3 kN

6.4 受扭承载力计算

6.4.1 项目描述

根据《钢管混凝土结构技术规范》GB 50936—2014 第 5 章的计算方法，钢管混凝土构件的受扭承载力设计值应按下列公式计算：

实心截面：

$$T_u = W_T f_{sv} \tag{6-13}$$

空心截面：

$$T_u = 0.9 W_T f_{sv} \tag{6-14}$$

$$W_T = \pi r_0^3 / 2 \tag{6-15}$$

6.4.2 项目代码

本计算程序可以计算钢管混凝土构件的受扭承载力设计值，代码清单 6-4 中：

❶为定义受扭承载力设计值函数，见式(6-13)～式(6-15)；

❷为给出所需计算参数的初始值，应力单位采用 N、mm 制，内力单位采用 kN、m 制，几何尺寸单位采用 mm 制；

❸本行及以下几行代码为利用前面定义的函数计算，具体见代码清单 6-4。

代 码 清 单　　　　　　　　　6-4

```
# -*- coding: utf-8 -*-
from math import pi

def Tu1(paratype,D,fs,As,Ac):                           ❶
    αsc = As/Ac
    fsv = 1.547*fs*αsc/(αsc+1)
    r0 = D/2
    WT = pi*r0**3/2
    match paratype:
        case '实心截面':
            Tu = WT*fsv/10**6
        case '空心截面':
            Tu = 0.9*WT*fsv/10**6
    return αsc,fsv,r0,WT,Tu

def main():
    fs,D,t = 305,500,8                                  ❷
    d = D-2*t
```

```
paratype,h = '空心截面',150

Ac = pi*(d**2-h**2)/4
As = pi*(D**2-d**2)/4
αsc,fsv,r0,WT,Tu = Tu1(paratype,D,fs,As,Ac)              ❸

print('计算结果：')
print(f'钢管直径                        D = {D:.1f} mm')
print(f'等效圆半径                      r0 = {r0:.1f} mm')
print(f'钢管壁厚                        t = {t:.1f} mm')
print(f'钢管内混凝土的直径               d = {d:.1f} mm')
print(f'钢管面积                        As = {As:.1f} mm^2')
print(f'管内混凝土面积                   Ac = {Ac:.1f} mm^2')
print(f'钢管混凝土构件的含钢量           αsc = {αsc:.3f}')
print(f'钢管混凝土受剪压强度设计值       fsv = {fsv:.1f} N/mm^2')
print(f'对应实心钢管混凝土构件的截面受扭模量  WT = {WT:.1f} mm^3')
print(f'钢管混凝土构件的受扭承载力设计值     Tu = {Tu:.1f} kN·m')

if __name__ == "__main__":
    main()
```

6.4.3 输出结果

运行代码清单 6-4，可得输出结果 6-4。

输 出 结 果 6-4

```
计算结果：
钢管直径                        D = 500.0 mm
等效圆半径                      r0 = 250.0 mm
钢管壁厚                        t = 8.0 mm
钢管内混凝土的直径               d = 484.0 mm
钢管面积                        As = 12365.3 mm^2
管内混凝土面积                   Ac = 166312.8 mm^2
钢管混凝土构件的含钢量           αsc = 0.074
钢管混凝土受剪压强度设计值       fsv = 32.7 N/mm^2
对应实心钢管混凝土构件的截面受扭模量  WT = 24543692.6 mm^3
钢管混凝土构件的受扭承载力设计值     Tu = 721.3 kN·m
```

6.5 受弯承载力计算

6.5.1 项目描述

根据《钢管混凝土结构技术规范》GB 50936—2014 第 5 章的计算方法，钢管混凝土构件的受弯承载力设计值应按下列公式计算：

$$M_u = \gamma_m W_{sc} f_{sc} \tag{6-16}$$

$$W_{sc} = \frac{\pi(r_0^4 - r_{ci}^4)}{4r_0} \tag{6-17}$$

$$\gamma_m = (1 - 0.5\psi)(-0.483\theta + 1.926\sqrt{\theta}) \tag{6-18}$$

6.5.2 项目代码

本计算程序为钢管混凝土构件的受弯承载力设计值，代码清单 6-5 中：

❶为定义截面形状对套箍效应的影响系数函数（表 6-1）；

❷为定义钢管混凝土抗压强度设计值函数，见式(6-2)～式(6-4)；

❸为定义受弯承载力设计值函数，见式(6-16)～式(6-18)；

❹为给出所需计算参数的初始值，应力单位采用 N、mm 制，内力单位采用 kN、m 制，几何尺寸单位采用 mm 制；

❺本行及以下几行代码为利用前面定义的函数计算。

具体见代码清单 6-5。

代 码 清 单　　　　　　　　　　6-5

```python
# -*- coding: utf-8 -*-
from math import pi,sqrt

def BC(paraBC,f,fc):                                    ❶
    match paraBC:
        case '实心圆形和正十六边形':
            B = 0.176*f/213+0.974
            C = -0.104*fc/14.4+0.031
        case '实心正八边形':
            B = 0.140*f/213+0.778
            C = -0.070*fc/14.4+0.026
        case '实心正方形':
            B = 0.131*f/213+0.723
            C = -0.070*fc/14.4+0.026
        case '空心圆形和正十六边形':
            B = 0.106*f/213+0.584
            C = -0.037*fc/14.4+0.011
        case '空心正八边形':
            B = 0.056*f/213+0.311
            C = -0.011*fc/14.4+0.004
        case '空心正方形':
            B = 0.039*f/213+0.217
            C = -0.006*fc/14.4+0.002
    return B,C

def fsc1(B,C,As,Ac,fs,fc):                              ❷
```

```
        αsc = As/Ac
        θ = αsc*fs/fc
        fsc = (1.212+B*θ+C*θ**2)*fc
        return αsc,θ,fsc

def Mu1(condition,D,h,Ac,Ah,θ,fsc):                              ❸
        r0 = D/2
        rci = h/2
        Wsc = pi*(r0**4-rci**4)/(4*r0)
        ψ = Ah/(Ac+Ah)
        match condition:
            case '实心':
                γm = 1.2
            case '空心':
                γm = (1-0.5*ψ)*(-0.483*θ+0.926*sqrt(θ))
        Mu = γm*Wsc*fsc/10**6
        return r0,rci,Wsc,ψ,γm,Mu

def main():
        condition,paraBC,h = '实心','实心圆形和正十六边形',0           ❹
        fs,fc,D,t = 305,19.1,500,8

        d = D-2*t
        Ac = pi*(d**2-h**2)/4
        As = pi*(D**2-d**2)/4
        Ah = pi*h**2/4
        B,C = BC(paraBC,fs,fc)                                   ❺
        αsc,θ,fsc = fsc1(B,C,As,Ac,fs,fc)
        r0,rci,Wsc,ψ,γm,Mu = Mu1(condition,D,h,Ac,Ah,θ,fsc)

        print('计算结果：')
        print(f'钢管直径                      D = {D:.0f} mm')
        print(f'等效圆半径                    r0 = {r0:.0f} mm')
        print(f'空心半径                      rci = {rci:<1.0f} mm')
        print(f'钢管壁厚                      t = {t:<2.0f} mm')
        print(f'钢管内混凝土的直径             d = {d:.0f} mm')
        print(f'钢管面积                      As = {As:.1f} mm^2')
        print(f'管内混凝土面积                Ac = {Ac:.1f} mm^2')
        print(f'钢管混凝土构件的含钢量         αsc = {αsc:.3f}')
        print(f'钢管混凝土构件的套箍系数       θ = {θ:.3f}')
        print(f'钢管混凝土受剪压强度设计值      fsc = {fsc:.1f} N/mm^2')
        print(f'对应实心钢管混凝土构件的截面受扭模量  Wsc = {Wsc:.1f} mm^3')
        print(f'钢管混凝土构件的空心率         ψ = {ψ:.3f}')
        print(f'钢管混凝土构件的套箍系数       γm = {γm:.3f}')
        print(f'钢管混凝土构件的受弯承载力设计值    Mu = {Mu:.1f} kN·m')

if __name__ == "__main__":
        main()
```

6.5.3 输出结果

运行代码清单 6-5，可得输出结果 6-5。

输 出 结 果	6-5

```
计算结果：
钢管直径                          D = 500 mm
等效圆半径                        r0 = 250 mm
空心半径                         rci = 0 mm
钢管壁厚                          t = 8  mm
钢管内混凝土的直径                 d = 484 mm
钢管面积                         As = 12365.3 mm^2
管内混凝土面积                    Ac = 183984.2 mm^2
钢管混凝土构件的含钢量            αsc = 0.067
钢管混凝土构件的套箍系数           θ = 1.073
钢管混凝土受剪压强度设计值        fsc = 45.9 N/mm^2
对应实心钢管混凝土构件的截面受扭模量  Wsc = 12271846.3 mm^3
钢管混凝土构件的空心率             ψ = 0.000
钢管混凝土构件的套箍系数          γm = 1.200
钢管混凝土构件的受弯承载力设计值    Mu = 676.3 kN·m
```

6.6 格构式钢管混凝土构件的轴压稳定承载力计算

6.6.1 项目描述

根据《钢管混凝土结构技术规范》GB 50936—2014 第 5 章的计算方法，格构式钢管混凝土构件的轴压稳定承载力设计值应按下列公式计算：

$$N_u = \varphi N_0 \tag{6-19}$$

$$N_0 = \sum A_{sci} f_{sc} \tag{6-20}$$

格构式钢管混凝土构件的换算长细比应按下列公式计算：

1. 对双肢格构柱

当各肢截面相同且为缀板时，

$$\lambda_{oy} = \sqrt{\lambda_y^2 + 17\lambda_1^2} \tag{6-21}$$

当各肢截面相同且为缀条时，

$$\lambda_{oy} = \sqrt{\lambda_y^2 + 67.5\frac{A_{sci}}{A_w}} \tag{6-22}$$

当双肢缀条柱的内外肢截面不同时，

$$\lambda_{oy} = \sqrt{\lambda_y^2 + 33.75 \frac{A_{sc1} + A_{sc2}}{A_w}} \tag{6-23}$$

2. 对三肢格构柱

当各肢截面相同且为缀条时，

$$\lambda_{oy} = \sqrt{\lambda_y^2 + 200 \frac{A_{sci}}{A_w}} \tag{6-24}$$

当各肢截面不同且为缀条时，

$$\lambda_{oy} = \sqrt{\lambda_y^2 + 67.5 \sum \frac{A_{sci}}{A_w}} \tag{6-25}$$

3. 对四肢格构柱

当各肢截面相同且为缀条时，

$$\lambda_{ox} = \sqrt{\lambda_x^2 + 135 \frac{A_{sci}}{A_w}} \tag{6-26}$$

$$\lambda_{oy} = \sqrt{\lambda_y^2 + 135 \frac{A_{sci}}{A_w}} \tag{6-27}$$

当各肢截面不同且为缀条时，

$$\lambda_{ox} = \sqrt{\lambda_x^2 + 33.75 \sum \frac{A_{sci}}{A_w}} \tag{6-28}$$

$$\lambda_{oy} = \sqrt{\lambda_y^2 + 33.75 \sum \frac{A_{sci}}{A_w}} \tag{6-29}$$

$$\lambda_x = L_{ox} / \sqrt{\frac{I_x}{\sum A_{sci}}} \tag{6-30}$$

$$\lambda_y = L_{oy} / \sqrt{\frac{I_y}{\sum A_{sci}}} \tag{6-31}$$

$$\lambda_1 = h / \sqrt{\frac{I_{sc}}{A_{sc}}} \tag{6-32}$$

$$I_x = \sum (I_{sc} + a_i^2 A_{sc}) \tag{6-33}$$

$$I_y = \sum (I_{sc} + b_i^2 A_{sc}) \tag{6-34}$$

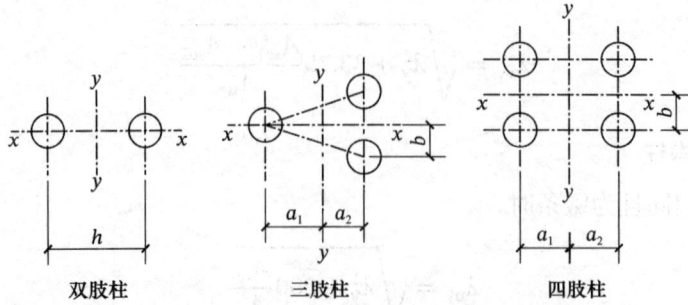

图 6-1 常见格构柱横截面形式

6.6.2 项目代码

本计算程序为计算格构式钢管混凝土构件的轴压稳定承载力设计值，代码清单 6-6 中：

❶为定义截面形状对套箍效应的影响系数函数（表 6-1）；

❷为定义钢管混凝土抗压强度设计值函数，见式(6-2)～式(6-4)；

❸为定义格构柱的长细比函数，见式(6-30)～式(6-34)；

❹为定义双肢格构柱的换算长细比函数，见式(6-21)～式(6-23)；

❺为定义三肢格构柱的换算长细比函数，见式(6-24)～式(6-25)；

❻为定义四肢格构柱的换算长细比函数，见式(6-26)～式(6-29)；

❼为定义轴心受压稳定系数函数，见式(6-6)～式(6-7)；

❽为定义单肢柱的轴心受压承载力设计值函数，见式(6-19)～式(6-20)；

❾为给出所需计算参数的初始值，应力单位采用 N、mm 制，内力单位采用 kN、m 制，几何尺寸单位采用 mm 制；

❿本行及以下几行代码为利用前面定义的函数计算。

具体见代码清单 6-6。

代 码 清 单　　　　　　　　　6-6

```python
# -*- coding: utf-8 -*-
from math import pi,sqrt

def BC(paraBC,f,fc):                                     ❶
    match paraBC:
        case '实心圆形和正十六边形':
            B = 0.176*f/213+0.974
            C = -0.104*fc/14.4+0.031
        case '实心正八边形':
            B = 0.140*f/213+0.778
            C = -0.070*fc/14.4+0.026
        case '实心正方形':
            B = 0.131*f/213+0.723
            C = -0.070*fc/14.4+0.026
        case '空心圆形和正十六边形':
            B = 0.106*f/213+0.584
```

```
                C = -0.037*fc/14.4+0.011
            case '空心正八边形':
                B = 0.056*f/213+0.311
                C = -0.011*fc/14.4+0.004
            case '空心正方形':
                B = 0.039*f/213+0.217
                C = -0.006*fc/14.4+0.002
        return B,C


def fsc1(B,C,As,Ac,fs,fc):                                            ❷
    αsc = As/Ac
    θ = αsc*fs/fc
    fsc = (1.212+B*θ+C*θ**2)*fc
    return αsc,θ,fsc


def I_A(Asci,Isci,a,b,l0x,l0y):                                       ❸
    Isc = sum(Isci)
    Asc = sum(Asci)
    Ix = Isc+sum(b**2*Asci)
    Iy = Isc+sum(a**2*Asci)
    λx = l0x/sqrt(Ix/Asc)
    λy = l0y/sqrt(Iy/Asc)
    return Isc,Asc,Ix,Iy,λx,λy


def d2_limb_lattice_col(condition,Aw,Isc,Asc,λx,λy,h):               ❹
    λ0x = λx
    match condition:
        case '各肢截面相同且为缀板':
            λ1 = h/sqrt(Isc/Asc)
            λ0y = sqrt(λy**2+17*λ1**2)
        case '各肢截面相同且为缀条':
            λ0y = sqrt(λy**2+67.5*Asc/Aw)
        case '双肢缀条柱的内外肢截面不同':
            λ0y = sqrt(λy**2+33.75*Asc/Aw)
    return λx,λy,λ0x,λ0y


def d3_limb_lattice_col(condition,Aw,Isc,Asc,λx,λy,h):               ❺
    λ0x = λx
    match condition:
        case '各肢截面相同且为缀条':
            λ0y = sqrt(λy**2+200/3*Asc/Aw)
        case '各肢截面不同且为缀条':
            λ0y = sqrt(λy**2+67.5*Asc/Aw)
    return λx,λy,λ0x,λ0y


def d4_limb_lattice_col(condition,Aw,Isc,Asc,λx,λy,h):               ❻
    match condition:
        case '各肢截面相同且为缀条':
            λ0x = sqrt(λx**2+135/4*Asc/Aw)
```

```
                λ0y = sqrt(λy**2+135/4*Asc/Aw)
            case '各肢截面不同且为缀条':
                λ0x = sqrt(λx**2+33.75*Asc/Aw)
                λ0y = sqrt(λy**2+33.75*Asc/Aw)
    return λx,λy,λ0x,λ0y


def φ1(kE,λsc,fsc):                                              ❼
    Esc = 1.3*kE*fsc
    λsc1 = λsc/pi*sqrt(fsc/Esc)
    para = λsc1**2+(1+0.25*λsc1)
    φ = 1/(2*λsc1**2)*(para-sqrt(para**2-4*λsc1**2))
    return λsc1,φ


def Overall_stability(Asc,fsc,φ):                               ❽
    N0 = Asc*fsc/1000
    N = φ*N0
    return N0,N


def main():
    paraBC = '实心圆形和正十六边形'                                  ❾
    condition ='各肢截面相同且为缀条'
    fs,kE,fc = 235,719.3,14.3
    D,t = 219,5
    Aw,a,b = 688,750,400
    l0x,l0y,h = 18000,36000,1500

    d = D-2*t
    As = pi*(D**2-d**2)/4
    Ac = pi*d**2/4
    Asci = [pi*D**2/4,pi*D**2/4,pi*D**2/4]
    Isci = [pi*D**4/64,pi*D**4/64,pi*D**4/64]

    B,C = BC(paraBC,fs,fc)                                      ❿
    αsc,θ,fsc = fsc1(B,C,As,Ac,fs,fc)
    Isc,Asc,Ix,Iy,λx,λy = I_A(Asci,Isci,a,b,l0x,l0y)
    match len(Asci):
        case 2:
            results = d2_limb_lattice_col(condition,Aw,Isc,Asc,λx,λy,h)
            λx,λy,λ0x,λ0y = results
        case 3:
            results = d3_limb_lattice_col(condition,Aw,Isc,Asc,λx,λy,h)
            λx,λy,λ0x,λ0y = results
        case 4:
            results = d4_limb_lattice_col(condition,Aw,Isc,Asc,λx,λy,h)
            λx,λy,λ0x,λ0y = results

    λsc1x,φx = φ1(kE,λ0x,fsc)
    N0x,Nux = Overall_stability(Asc,fsc,φx)
    λsc1y,φy = φ1(kE,λ0y,fsc)
```

```
N0y,Nuy = Overall_stability(Asc,fsc,φy)
Nu = min(Nux,Nuy)


print('计算结果：')
print(f'钢管直径                          D = {D:.1f} mm')
print(f'钢管壁厚                          t = {t:.1f} mm')
print(f'钢管内混凝土的直径                 d = {d:.1f} mm')
print(f'钢管面积                         As = {As:.1f} mm^2')
print(f'管内混凝土面积                    Ac = {Ac:.1f} mm^2')
print(f'钢管和管内混凝土面积之和          Asc = {Asc:.1f} mm^2')

print(f'截面形状对套箍效应的影响系数        B = {B:.4f}')
print(f'截面形状对套箍效应的影响系数        C = {C:.3f}')
print(f'钢管混凝土构件的含钢量           αsc = {αsc:.3f}')
print(f'钢管混凝土构件的套箍系数           θ = {θ:.3f}')
print(f'钢管混凝土抗压强度设计值          fsc = {fsc:.1f} N/mm^2')

print(f'考虑柱身弯矩分布梯度的影响系数      Ix = {Ix:.0f} mm^4')
print(f'考虑偏心率影响的承载力折减系数      Iy = {Iy:.0f} mm^4')
print(f'考虑长细比影响的承载力折减系数      λx = {λx:.1f} ')
print(f'考虑长细比影响的承载力折减系数     λ0x = {λ0x:.1f} ')
print(f'按轴心受压柱考虑的φl值            λy = {λy:.1f} ')
print(f'按轴心受压柱考虑的φl值           λ0y = {λ0y:.1f} ')

print(f'格构式钢管混凝土轴心受压构件绕x轴稳定系数 φx = {φx:.3f}')
print(f'钢管混凝土短柱的轴心受压强度承载力设计值 N0x = {N0x:.1f} kN')
print(f'钢管混凝土柱轴心受压稳定承载力设计值    Nux = {Nux:.1f} kN')
print(f'格构式钢管混凝土轴心受压构件绕y轴稳定系数 φy = {φy:.3f}')
print(f'钢管混凝土短柱的轴心受压强度承载力设计值 N0y = {N0y:.1f} kN')
print(f'钢管混凝土柱轴心受压稳定承载力设计值    Nuy = {Nuy:.1f} kN')
print(f'钢管混凝土柱轴心受压稳定承载力设计值     Nu = {Nu:.1f} kN')


if __name__ == "__main__":
    main()
```

6.6.3 出结果

运行代码清单6-6，可得输出结果6-6。

输 出 结 果 6-6

```
计算结果：
钢管直径                          D = 219.0 mm
钢管壁厚                          t = 5.0 mm
钢管内混凝土的直径                 d = 209.0 mm
钢管面积                         As = 3361.5 mm^2
管内混凝土面积                    Ac = 34307.0 mm^2
```

钢管和管内混凝土面积之和　　　　　　　Asc = 113005.4 mm^2
截面形状对套箍效应的影响系数　　　　　　B = 1.1682
截面形状对套箍效应的影响系数　　　　　　C = -0.072
钢管混凝土构件的含钢量　　　　　　　　αsc = 0.098
钢管混凝土构件的套箍系数　　　　　　　　θ = 1.610
钢管混凝土抗压强度设计值　　　　　　　fsc = 41.6 N/mm^2
考虑柱身弯矩分布梯度的影响系数　　　　　Ix = 18419611912 mm^4
考虑偏心率影响的承载力折减系数　　　　　Iy = 63904303100 mm^4
考虑长细比影响的承载力折减系数　　　　　λx = 44.6
考虑长细比影响的承载力折减系数　　　　λ0x = 44.6
按轴心受压柱考虑的 φ1 值　　　　　　　　λy = 47.9
按轴心受压柱考虑的 φ1 值　　　　　　　λ0y = 115.1
格构式钢管混凝土轴心受压构件绕 x 轴稳定系数 φx = 0.875
钢管混凝土短柱的轴心受压强度承载力设计值 N0x = 4695.4 kN
钢管混凝土柱轴心受压稳定承载力设计值　Nux = 4108.1 kN
格构式钢管混凝土轴心受压构件绕 y 轴稳定系数 φy = 0.494
钢管混凝土短柱的轴心受压强度承载力设计值 N0y = 4695.4 kN
钢管混凝土柱轴心受压稳定承载力设计值　Nuy = 2317.4 kN
钢管混凝土柱轴心受压稳定承载力设计值　　Nu = 2317.4 kN

6.7　承受压弯剪扭共同作用格构式钢管混凝土构件承载力计算

6.7.1　项目描述

根据《钢管混凝土结构技术规范》GB 50936—2014 第 5 章的计算方法，格构式钢管混凝土构件的承受压、弯、剪、扭共同作用时，构件的承载力应按下列公式计算：

当 $\dfrac{N}{N_u} \geqslant 0.255\left[1-\left(\dfrac{T}{T_u}\right)^2-\left(\dfrac{V}{V_u}\right)^2\right]$ 时，

$$\frac{N}{N_u}+\frac{\beta_m M}{1.5M_u(1-0.4N/N_E')}+\left(\frac{T}{T_u}\right)^2+\left(\frac{V}{V_u}\right)^2 \leqslant 1 \tag{6-35}$$

当 $\dfrac{N}{N_u} < 0.225\left[1-\left(\dfrac{T}{T_u}\right)^2-\left(\dfrac{V}{V_u}\right)^2\right]$ 时，

$$-\frac{N}{2.17N_u}+\frac{\beta_m M}{M_u(1-0.4N/N_E')}+\left(\frac{T}{T_u}\right)^2+\left(\frac{V}{V_u}\right)^2 \leqslant 1 \tag{6-36}$$

$$N_E' = \frac{\pi^2 E_{sc} A_{sc}}{1.1\lambda^2} \tag{6-37}$$

6.7.2　项目代码

本计算程序可以计算格构式钢管混凝土构件的承受压、弯、剪、扭共同作用时，构件的承载力，代码清单 6-7 中：

❶为定义截面形状对套箍效应的影响系数函数（表 6-1）；

❷为定义钢管混凝土抗压强度设计值函数，见式(6-2)～式(6-4)；

❸为定义轴心受压构件的长细比函数，见式(6-30)～式(6-34)；

❹为定义本程序的一个系数函数，见式(6-37)；

❺为定义承受压、弯、扭、剪共同作用的构件承载力函数，见式(6-35)和式(6-36)；

❻为给出所需计算参数的初始值，应力单位采用 N、mm 制，内力单位采用 kN、m 制，几何尺寸单位采用 mm 制；

❼为本行及以下几行代码为利用前面定义的函数计算。

具体见代码清单 6-7。

代 码 清 单　　　　　　　　　　　6-7

```python
# -*- coding: utf-8 -*-
from math import pi,sqrt

def BC(paraBC,f,fc):                                    ❶
    match paraBC:
        case '实心圆形和正十六边形':
            B = 0.176*f/213+0.974
            C = -0.104*fc/14.4+0.031
        case '实心正八边形':
            B = 0.140*f/213+0.778
            C = -0.070*fc/14.4+0.026
        case '实心正方形':
            B = 0.131*f/213+0.723
            C = -0.070*fc/14.4+0.026
        case '空心圆形和正十六边形':
            B = 0.106*f/213+0.584
            C = -0.037*fc/14.4+0.011
        case '空心正八边形':
            B = 0.056*f/213+0.311
            C = -0.011*fc/14.4+0.004
        case '空心正方形':
            B = 0.039*f/213+0.217
            C = -0.006*fc/14.4+0.002
    return B,C

def fsc1(B,C,As,Ac,fs,fc):                              ❷
    αsc = As/Ac
    θ = αsc*fs/fc
    fsc = (1.212+B*θ+C*θ**2)*fc
    return αsc,θ,fsc

def λ(I,A,μ,L):                                         ❸
    i = sqrt(I/A)
    Le = μ*L
    λsc = Le/i
    return λsc

def NE(kE,fsc,Asc,λsc):                                 ❹
    Esc = 1.3*kE*fsc
```

```
        NE1 = pi**2*Esc*Asc/(1.1*λsc**2)/1000
        return NE1

def bending_twisting(βm,N,Nu,NE1,M,Mu,T,Tu,V,Vu):                           ❺
    MMu = βm*M/(1.5*Mu*(1-0.4*N/NE1))
    if N/Nu >= 0.255*(1-(T/Tu)**2-(V/Vu)**2):
        ratio = N/Nu+MMu+(T/Tu)**2+(V/Vu)**2
    else:
        ratio = -N/(2.17*Nu)+MMu+(T/Tu)**2+(V/Vu)**2
    return ratio

def main():
    paraBC = '实心圆形和正十六边形'                                          ❻
    fs,kE,fc = 305,719.3,19.1
    D,t = 500,8
    μ,L = 1.0,8000
    βm = 1.0
    N,Nu,M,Mu,T,Tu,V,Vu = 1660,7172,360,676,230,721,1380,3735

    d = D-2*t
    As = pi*(D**2-d**2)/4
    Ac = pi*d**2/4
    Asc = pi*D**2/4
    Isc = pi*D**4/64

    B,C = BC(paraBC,fs,fc)                                                  ❼
    αsc,θ,fsc = fsc1(B,C,As,Ac,fs,fc)
    λsc = λ(Isc,Asc,μ,L)
    NE1 = NE(kE,fsc,Asc,λsc)
    ratio = bending_twisting(βm,N,Nu,NE1,M,Mu,T,Tu,V,Vu)

    print('计算结果：')
    print(f'钢管直径                        D = {D:.0f} mm')
    print(f'钢管壁厚                        t = {t:.1f} mm')
    print(f'钢管内混凝土的直径               d = {d:.0f} mm')
    print(f'钢管面积                       As = {As:.1f} mm^2')
    print(f'管内混凝土面积                  Ac = {Ac:.1f} mm^2')
    print(f'钢管和管内混凝土面积之和        Asc = {Asc:.1f} mm^2')

    print(f'截面形状对套箍效应的影响系数      B = {B:.4f}')
    print(f'截面形状对套箍效应的影响系数      C = {C:.3f}')
    print(f'钢管混凝土构件的含钢量          αsc = {αsc:.3f}')
    print(f'钢管混凝土构件的套箍系数          θ = {θ:.3f}')
    print(f'钢管混凝土的抗压强度设计值       fsc = {fsc:.1f} N/mm^2')
    print(f'承受压弯的单肢钢管混凝土构件长细比  λsc = {λsc:.1f}')
    print(f'承受压弯扭剪的单肢钢管混凝土构件利用率  ratio = {ratio:.3f}')

if __name__ == "__main__":
    main()
```

6.7.3 输出结果

运行代码清单6-7，可得输出结果6-7。

输 出 结 果　　　　　　　　　　　　6-7

计算结果：

钢管直径	D = 500 mm
钢管壁厚	t = 8.0 mm
钢管内混凝土的直径	d = 484 mm
钢管面积	As = 12365.3 mm^2
管内混凝土面积	Ac = 183984.2 mm^2
钢管和管内混凝土面积之和	Asc = 196349.5 mm^2
截面形状对套箍效应的影响系数	B = 1.2260
截面形状对套箍效应的影响系数	C = -0.107
钢管混凝土构件的含钢量	αsc = 0.067
钢管混凝土构件的套箍系数	θ = 1.073
钢管混凝土的抗压强度设计值	fsc = 45.9 N/mm^2
承受压弯的单肢钢管混凝土构件长细比	λsc = 64.0
承受压弯扭剪的单肢钢管混凝土构件利用率	ratio = 0.838

6.8　格构式钢管混凝土压弯构件承载力计算

6.8.1　项目描述

根据《钢管混凝土结构技术规范》GB 50936—2014 第5章的计算方法，当只有轴心压力和弯矩作用时的压弯构件，应按下列公式计算：

当 $\dfrac{N}{N_u} \geqslant 0.255$ 时，

$$\frac{N}{N_u} + \frac{\beta_m M}{1.5 M_u (1 - 0.4 N/N'_E)} \leqslant 1 \tag{6-38}$$

当 $\dfrac{N}{N_u} < 0.225$ 时，

$$-\frac{N}{2.17 N_u} + \frac{\beta_m M}{M_u (1 - 0.4 N/N'_E)} \leqslant 1 \tag{6-39}$$

6.8.2　项目代码

本计算程序可以计算只有轴心压力和弯矩作用时的压弯构件，代码清单6-8中：

❶为定义截面形状对套箍效应的影响系数函数（表6-1）；

❷为定义钢管混凝土抗压强度设计值函数，见式(6-2)～式(6-4)；

❸为定义格构柱的长细比函数；

❹为定义轴心受压构件的长细比函数，见式(6-30)～式(6-34)；

❺为定义一个系数函数，见式(6-37)；

❻为定义承受轴心压力和弯矩共同作用时的压弯构件函数，见式(6-38)和式(6-39)；

❼为给出所需计算参数的初始值，应力单位采用 N、mm 制，内力单位采用 kN、m 制，几何尺寸单位采用 mm 制；

❽本行及以下几行代码为利用前面定义的函数计算。

具体见代码清单 6-8。

代 码 清 单　　　　　　　　　　　　6-8

```python
# -*- coding: utf-8 -*-
from math import pi,sqrt

def BC(paraBC,f,fc):                                          ❶
    match paraBC:
        case '实心圆形和正十六边形':
            B = 0.176*f/213+0.974
            C = -0.104*fc/14.4+0.031
        case '实心正八边形':
            B = 0.140*f/213+0.778
            C = -0.070*fc/14.4+0.026
        case '实心正方形':
            B = 0.131*f/213+0.723
            C = -0.070*fc/14.4+0.026
        case '空心圆形和正十六边形':
            B = 0.106*f/213+0.584
            C = -0.037*fc/14.4+0.011
        case '空心正八边形':
            B = 0.056*f/213+0.311
            C = -0.011*fc/14.4+0.004
        case '空心正方形':
            B = 0.039*f/213+0.217
            C = -0.006*fc/14.4+0.002
    return B,C

def fsc1(B,C,As,Ac,fs,fc):                                    ❷
    αsc = As/Ac
    θ = αsc*fs/fc
    fsc = (1.212+B*θ+C*θ**2)*fc
    return αsc,θ,fsc

def I_A(Asci,Isci,a,b,l0x,l0y):                               ❸
    Isc = sum(Isci)
    Asc = sum(Asci)
    Ix = Isc+sum(b**2*Asci)
    Iy = Isc+sum(a**2*Asci)
    λx = l0x/sqrt(Ix/Asc)
    λy = l0y/sqrt(Iy/Asc)
    return Isc,Asc,Ix,Iy,λx,λy

def λ(I,A,μ,L):                                               ❹
```

```
    i = sqrt(I/A)
    Le = μ*L
    λsc = Le/i
    return λsc

def NE(kE,fsc,Asc,λsc):                                              ❺
    Esc = 1.3*kE*fsc
    NE1 = pi**2*Esc*Asc/(1.1*λsc)**2
    return NE1

def bending_twisting(βm,N,Nu,NE1,M,Mu):                              ❻
    if N/Nu >= 0.255:
        ratio = N/Nu+βm*M/(1.5*Mu*(1-0.4*N/NE1))
    else:
        ratio = -N/(2.17*Nu)+βm*M/(1.5*Mu*(1-0.4*N/NE1))
    return ratio

def main():
    paraBC = '实心圆形和正十六边形'                                     ❼
    fs,kE,fc = 305,719.3,19.1
    D,t = 500,8
    μ,L = 1.0,8000
    βm = 1.0
    N,Nu,M,Mu = 3660,7172,360,676

    d = D-2*t
    As = pi*(D**2-d**2)/4
    Ac = pi*d**2/4
    Asc = pi*D**2/4
    Isc = pi*D**4/64

    B,C = BC(paraBC,fs,fc)                                           ❽
    αsc,θ,fsc = fsc1(B,C,As,Ac,fs,fc)
    λsc = λ(Isc,Asc,μ,L)
    NE1 = NE(kE,fsc,Asc,λsc)
    ratio = bending_twisting(βm,N,Nu,NE1,M,Mu)

    print('计算结果: ')
    print(f'钢管直径                          D = {D:.0f} mm')
    print(f'钢管壁厚                          t = {t:.1f} mm')
    print(f'钢管内混凝土的直径                 d = {d:.1f} mm')
    print(f'钢管面积                         As = {As:.1f} mm^2')
    print(f'管内混凝土面积                    Ac = {Ac:.1f} mm^2')
    print(f'钢管和管内混凝土面积之和          Asc = {Asc:.1f} mm^2')

    print(f'截面形状对套箍效应的影响系数        B = {B:.4f}')
    print(f'截面形状对套箍效应的影响系数        C = {C:.3f}')
    print(f'钢管混凝土构件的含钢量            αsc = {αsc:.3f}')
    print(f'钢管混凝土构件的套箍系数            θ = {θ:.3f}')
```

```
    print(f'钢管混凝土抗压强度设计值          fsc = {fsc:.1f} N/mm^2')
    print(f'承受压弯的单肢钢管混凝土构件长细比     λsc = {λsc:.1f}')
    print(f'承受压弯的单肢钢管混凝土构件利用率    ratio = {ratio:.3f}')

if __name__ == "__main__":
    main()
```

6.8.3　输出结果

运行代码清单 6-8，可得输出结果 6-8。

输 出 结 果　　　　　　　　　　　　6-8

```
计算结果：
钢管直径                        D = 500 mm
钢管壁厚                        t = 8.0 mm
钢管内混凝土的直径                 d = 484.0 mm
钢管面积                       As = 12365.3 mm^2
管内混凝土面积                   Ac = 183984.2 mm^2
钢管和管内混凝土面积之和            Asc = 196349.5 mm^2
截面形状对套箍效应的影响系数         B = 1.2260
截面形状对套箍效应的影响系数         C = -0.107
钢管混凝土构件的含钢量            αsc = 0.067
钢管混凝土构件的套箍系数            θ = 1.073
钢管混凝土抗压强度设计值           fsc = 45.9 N/mm^2
承受压弯的单肢钢管混凝土构件长细比    λsc = 64.0
承受压弯的单肢钢管混凝土构件利用率   ratio = 0.865
```

6.9　格构式钢管混凝土拉弯构件承载力计算

6.9.1　项目描述

根据《钢管混凝土结构技术规范》GB 50936—2014 第 5 章的计算方法，当只有轴心拉力和弯矩作用时的拉弯构件，应按下列公式计算：

$$\frac{N}{N_{ut}} + \frac{M}{M_u} \leqslant 1 \tag{6-40}$$

6.9.2　项目代码

本计算程序可以计算只有轴心拉力和弯矩作用时的拉弯构件，代码清单 6-9 中：

❶为定义截面形状对套箍效应的影响系数函数（表 6-1）；

❷为定义钢管混凝土抗压强度设计值函数，见式(6-2)～式(6-4)；

❸为定义受弯承载力设计值函数，见式(6-16)～式(6-18)；

❹为定义轴心受拉构件计算函数，见式(6-8)；

❺为定义承受轴心拉力和弯矩共同作用时的拉弯构件函数，见式(6-40)；

❻为给出所需计算参数的初始值，应力单位采用 N、mm 制，内力单位采用 kN、m 制，几何尺寸单位采用 mm 制；

❼本行及以下几行代码为利用前面定义的函数计算。

具体见代码清单 6-9。

代 码 清 单

6-9

```python
# -*- coding: utf-8 -*-
from math import pi,sqrt

def BC(paraBC,f,fc):                                      ❶
    match paraBC:
        case '实心圆形和正十六边形':
            B = 0.176*f/213+0.974
            C = -0.104*fc/14.4+0.031
        case '实心正八边形':
            B = 0.140*f/213+0.778
            C = -0.070*fc/14.4+0.026
        case '实心正方形':
            B = 0.131*f/213+0.723
            C = -0.070*fc/14.4+0.026
        case '空心圆形和正十六边形':
            B = 0.106*f/213+0.584
            C = -0.037*fc/14.4+0.011
        case '空心正八边形':
            B = 0.056*f/213+0.311
            C = -0.011*fc/14.4+0.004
        case '空心正方形':
            B = 0.039*f/213+0.217
            C = -0.006*fc/14.4+0.002
    return B,C

def fsc1(B,C,As,Ac,fs,fc):                                ❷
    αsc = As/Ac
    θ = αsc*fs/fc
    fsc = (1.212+B*θ+C*θ**2)*fc
    return αsc,θ,fsc

def Mu1(condition,D,h,Ac,Ah,θ,fsc):                       ❸
    r0 = D/2
    rci = h/2
    Wsc = pi*(r0**4-rci**4)/(4*r0)
    ψ = Ah/(Ac+Ah)
    match condition:
        case '实心':
```

```
            γm = 1.2
        case '空心':
            γm = (1-0.5*ψ)*(-0.483*θ+0.926*sqrt(θ))
    Mu = γm*Wsc*fsc/10**6
    return r0,rci,Wsc,ψ,γm,Mu


def Ntu(As,f):                                                        ❹
    Nt = As*1.1*f/1000
    return Nt


def bending_components(N,Nu,M,Mu):                                    ❺
    ratio = N/Nu+M/Mu
    return ratio


def main():
    condition,paraBC,h = '实心','实心圆形和正十六边形',0                    ❻
    N,M = 1368,366
    fs,fc,D,t = 305,19.1,500,8

    d = D-2*t
    Ac = pi*(d**2-h**2)/4
    As = pi*(D**2-d**2)/4
    Ah = pi*h**2/4
    B,C = BC(paraBC,fs,fc)                                            ❼
    αsc,θ,fsc = fsc1(B,C,As,Ac,fs,fc)

    r0,rci,Wsc,ψ,γm,Mu = Mu1(condition,D,h,Ac,Ah,θ,fsc)
    Nt = Ntu(As,fs)
    ratio = bending_components(N,Nt,M,Mu)

    print('计算结果：')
    print(f'钢管直径                          D = {D:.1f} mm')
    print(f'钢管壁厚                          t = {t:.1f} mm')
    print(f'等效圆半径                       r0 = {r0:.0f} mm')
    print(f'空心半径                        rci = {rci:<1.0f} mm')
    print(f'钢管内混凝土的直径                d = {d:.0f} mm')
    print(f'钢管面积                         As = {As:.1f} mm^2')
    print(f'管内混凝土面积                   Ac = {Ac:.1f} mm^2')
    print(f'钢管混凝土构件的含钢量          αsc = {αsc:.3f}')
    print(f'钢管混凝土构件的套箍系数          θ = {θ:.3f}')
    print(f'钢管混凝土受剪压强度设计值      fsc = {fsc:.1f} N/mm^2')
    print(f'对应实心钢管混凝土构件的截面受扭模量 Wsc = {Wsc:.1f} mm^3')
    print(f'钢管混凝土构件的空心率            ψ = {ψ:.3f}')
    print(f'钢管混凝土构件的套箍系数         γm = {γm:.3f}')
    print(f'钢管混凝土构件的受弯承载力设计值   M = {M:.1f} kNm')
    print(f'钢管混凝土构件的受弯承载力设计值  Mu = {Mu:.1f} kNm')
    print(f'钢管混凝土轴心受拉构件拉力设计值   N = {N:.1f} kN')
    print(f'钢管混凝土轴心受拉构件承载力设计值 Nt = {Nt:.1f} kN')
    print(f'承受拉弯扭剪单肢钢管混凝土构件利用率 ratio = {ratio:.3f}')
```

```
if __name__ == "__main__":
    main()
```

6.9.3 输出结果

运行代码清单 6-9，可得输出结果 6-9。

输 出 结 果　　　　　　　　　　　6-9

```
计算结果:
钢管直径                          D = 500.0 mm
钢管壁厚                          t = 8.0 mm
等效圆半径                        r0 = 250 mm
空心半径                          rci = 0 mm
钢管内混凝土的直径                 d = 484 mm
钢管面积                          As = 12365.3 mm^2
管内混凝土面积                    Ac = 183984.2 mm^2
钢管混凝土构件的含钢量            αsc = 0.067
钢管混凝土构件的套箍系数           θ = 1.073
钢管混凝土受剪压强度设计值        fsc = 45.9 N/mm^2
对应实心钢管混凝土构件的截面受扭模量 Wsc = 12271846.3 mm^3
钢管混凝土构件的空心率             Ψ = 0.000
钢管混凝土构件的套箍系数           γm = 1.200
钢管混凝土构件的受弯承载力设计值    M = 366.0 kNm
钢管混凝土构件的受弯承载力设计值    Mu = 676.3 kNm
钢管混凝土轴心受拉构件拉力设计值    N = 1368.0 kN
钢管混凝土轴心受拉构件承载力设计值  Nt = 4148.6 kN
承受拉弯扭剪单肢钢管混凝土构件利用率 ratio = 0.871
```

6.10 承受压弯剪扭共同作用格构式钢管混凝土构件平面内的整体稳定承载力计算

6.10.1 项目描述

根据《钢管混凝土结构技术规范》GB 50936—2014 第 5 章的计算方法，格构式钢管混凝土构件承受压、弯、剪、扭共同作用时，应按下式验算平面内的整体稳定承载力：

$$\frac{N}{N_u} + \frac{\beta_m M}{M_u(1 - \varphi N/N_E')} + \left(\frac{T}{T_u}\right)^2 + \left(\frac{V}{V_u}\right)^2 \leqslant 1 \tag{6-41}$$

6.10.2 项目代码

本计算程序可以计算格构式钢管混凝土构件承受压、弯、剪、扭共同作用时，平面内的整体稳定承载力，代码清单 6-10 中：

❶为定义截面形状对套箍效应的影响系数函数（表 6-1）；

❷为定义钢管混凝土抗压强度设计值函数，见式(6-2)～式(6-4)；

❸为定义轴心受压构件的长细比函数，见式(6-30)～式(6-34)；

❹为定义本程序的一个系数函数，见式(6-37)；

❺为定义轴心受压稳定系数函数；

❻为定义格构式构件承受压、弯、扭、剪共同作用的构件承载力函数，见式(6-41)；

❼为给出所需计算参数的初始值，应力单位采用 N、mm 制，内力单位采用 kN、m 制，几何尺寸单位采用 mm 制；

❽本行及以下几行代码为利用前面定义的函数计算。

具体见代码清单 6-10。

代 码 清 单　　　　　　　6-10

```python
# -*- coding: utf-8 -*-
from math import pi,sqrt

def BC(paraBC,f,fc):                                          ❶
    match paraBC:
        case '实心圆形和正十六边形':
            B = 0.176*f/213+0.974
            C = -0.104*fc/14.4+0.031
        case '实心正八边形':
            B = 0.140*f/213+0.778
            C = -0.070*fc/14.4+0.026
        case '实心正方形':
            B = 0.131*f/213+0.723
            C = -0.070*fc/14.4+0.026
        case '空心圆形和正十六边形':
            B = 0.106*f/213+0.584
            C = -0.037*fc/14.4+0.011
        case '空心正八边形':
            B = 0.056*f/213+0.311
            C = -0.011*fc/14.4+0.004
        case '空心正方形':
            B = 0.039*f/213+0.217
            C = -0.006*fc/14.4+0.002
    return B,C

def fsc1(B,C,As,Ac,fs,fc):                                    ❷
    αsc = As/Ac
    θ = αsc*fs/fc
    fsc = (1.212+B*θ+C*θ**2)*fc
    return αsc,θ,fsc

def λ(I,A,μ,L):                                               ❸
    i = sqrt(I/A)
```

```
        Le = μ*L
        λsc = Le/i
        return λsc

    def NE(kE,fsc,Asc,λsc):                                                    ❹
        Esc = 1.3*kE*fsc
        NE1 = pi**2*Esc*Asc/(1.1*λsc)**2
        return NE1

    def φ1(kE,λsc,fsc):                                                        ❺
        #
        Esc = 1.3*kE*fsc
        λsc1 = λsc/pi*sqrt(fsc/Esc)
        para = λsc1**2+(1+0.25*λsc1)
        φ = 1/(2*λsc1**2)*(para-sqrt(para**2-4*λsc1**2))
        return λsc1,φ

    def lattice_column(βm,φ,N,Nu,NE1,M,Mu,T,Tu,V,Vu):                          ❻
        MMu = βm*M/(1.5*Mu*(1-φ*N/NE1))
        ratio = N/Nu+MMu+(T/Tu)**2+(V/Vu)**2
        return ratio

    def main():
        paraBC = '实心圆形和正十六边形'                                          ❼
        D,t = 500,8
        μ,L = 1.0,10168
        βm = 1.0

        d = D-2*t
        N,Nu,M,Mu,T,Tu,V,Vu = 1660,7172,360,676,230,721,1380,3735
        kE,fs,fc,D,t = 719.3,305,19.1,500,8

        d = D-2*t
        As = pi*(D**2-d**2)/4
        Ac = pi*d**2/4
        Asc = pi*D**2/4
        Isc = pi*D**4/64

        B,C = BC(paraBC,fs,fc)                                                 ❽
        αsc,θ,fsc = fsc1(B,C,As,Ac,fs,fc)
        λsc = λ(Isc,Asc,μ,L)
        NE1 = NE(kE,fsc,Asc,λsc)
        λsc1,φ = φ1(kE,λsc,fsc)
        ratio = lattice_column(βm,φ,N,Nu,NE1,M,Mu,T,Tu,V,Vu)

        print('计算结果：')
        print(f'钢管直径                            D = {D:.0f} mm')
        print(f'钢管壁厚                            t = {t:.1f} mm')
        print(f'钢管内混凝土的直径                   d = {d:.1f} mm')
        print(f'钢管面积                           As = {As:.1f} mm^2')
```

```
        print(f'管内混凝土面积                    Ac = {Ac:.1f} mm^2')
        print(f'钢管和管内混凝土面积之和            Asc = {Asc:.1f} mm^2')

        print(f'截面形状对套箍效应的影响系数         B = {B:.4f}')
        print(f'截面形状对套箍效应的影响系数         C = {C:.3f}')
        print(f'钢管混凝土构件的含钢量            αsc = {αsc:.3f}')
        print(f'钢管混凝土构件的套箍系数            θ = {θ:.3f}')
        print(f'格构式钢管混凝土轴心受压构件稳定系数   φ = {φ:.3f}')
        print(f'钢管混凝土抗压强度设计值            fsc = {fsc:.1f} N/mm^2')
        print(f'承受压弯扭剪格构柱钢管混凝土构件利用率 ratio = {ratio:.3f}')


if __name__ == "__main__":
    main()
```

6.10.3   输出结果

运行代码清单 6-10，可得输出结果 6-10。

输 出 结 果   6-10

```
计算结果：
钢管直径                          D = 500 mm
钢管壁厚                          t = 8.0 mm
钢管内混凝土的直径                 d = 484.0 mm
钢管面积                         As = 12365.3 mm^2
管内混凝土面积                    Ac = 183984.2 mm^2
钢管和管内混凝土面积之和          Asc = 196349.5 mm^2
截面形状对套箍效应的影响系数        B = 1.2260
截面形状对套箍效应的影响系数        C = -0.107
钢管混凝土构件的含钢量           αsc = 0.067
钢管混凝土构件的套箍系数           θ = 1.073
格构式钢管混凝土轴心受压构件稳定系数  φ = 0.701
钢管混凝土抗压强度设计值          fsc = 45.9 N/mm^2
承受压弯扭剪格构柱钢管混凝土构件利用率 ratio = 0.825
```

6.11   轴心受压构件承载力计算方法 2

6.11.1   项目描述

根据《钢管混凝土结构技术规范》GB 50936—2014 第 6 章的计算方法，钢管混凝土单肢柱的轴心受压承载力设计值应按下列公式计算（其中系数 α 按表 6-2 取值）：

$$N_{\mathrm{u}} = \varphi_{\mathrm{e}}\varphi_l N_0 \tag{6-42}$$

1. 当 $\theta \leqslant 1/(\alpha - 1)^2$ 时

$$N_0 = 0.9 A_c f_c (1 + \alpha\theta) \tag{6-43}$$

2. 当 $\theta > 1/(\alpha - 1)^2$ 时

$$N_0 = 0.9 A_c f_c \left(1 + \sqrt{\theta} + \theta\right) \tag{6-44}$$

$$\theta = \frac{A_s f}{A_c f_c} \tag{6-45}$$

且在任何情况下均应满足下式条件：

$$\varphi_e \varphi_l \leqslant \varphi_0 \tag{6-46}$$

系数 α 表 6-2

混凝土等级	$\leqslant$ C50	C55~C80
α	2.00	1.80

钢管混凝土柱考虑偏心率影响的承载力折减系数 φ_e，应按下列公式计算：

1. 当 $e_0/r_c \leqslant 1.55$ 时

$$\varphi_e = \frac{1}{1 + 1.85 \dfrac{e_0}{r_c}} \tag{6-47}$$

$$e_0 = \frac{M_2}{N} \tag{6-48}$$

2. 当 $e_0/r_c > 1.55$ 时

$$\varphi_e = \frac{1}{3.92 - 5.16\varphi_l + \varphi_l \dfrac{e_0}{0.3 r_c}} \tag{6-49}$$

钢管混凝土柱考虑长细比影响的承载力折减系数 φ_l，应按下列公式计算：

1. 当 $L_e/D > 30$ 时

$$\varphi_l = 1 - 0.115\sqrt{L_e/D - 4} \tag{6-50}$$

2. 当 $4 < L_e/D \leqslant 30$ 时

$$\varphi_l = 1 - 0.0226(L_e/D - 4) \tag{6-51}$$

3. 当 $L_e/D \leqslant 4$ 时

$$\varphi_l = 1 \tag{6-52}$$

柱的等效计算长度应按下式计算：

$$L_e = \mu k L \tag{6-53}$$

钢管混凝土柱考虑柱身弯矩分布梯度影响的等效长度系数 k，应按下列公式计算：

1. 轴心受压柱和杆件（图 6-2a）：

$$k = 1 \tag{6-54}$$

2. 无侧移框架柱（图 6-2b、c）：

$$k = 0.5 + 0.3\beta + 0.2\beta^2 \tag{6-55}$$

3. 有侧移框架柱（图 6-2d）和悬臂柱（图 6-2e、f）：

1）当 $e_0/r_c \leqslant 0.8$ 时

$$k = 1 - 0.625e_0/r_c \tag{6-56}$$

2）当 $e_0/r_c > 0.8$ 时

$$k = 0.5 \tag{6-57}$$

3）当自由端有力矩作用时，将式(6-58)与式(6-56)或式(6-57)所得值进行比较，取其中的较大值。

$$k = (1 + \beta_1)/2 \tag{6-58}$$

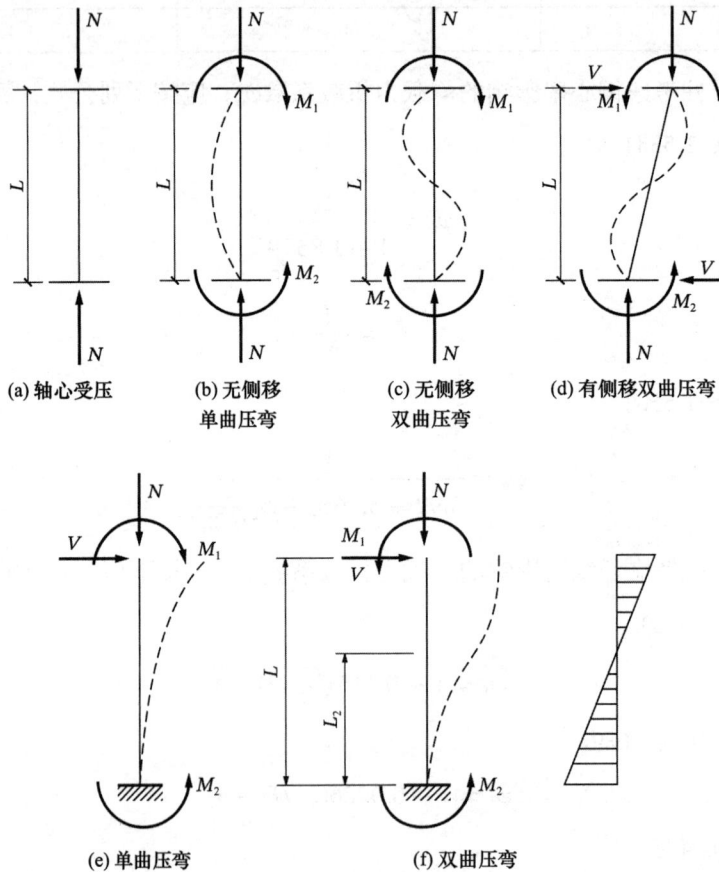

(a) 轴心受压　(b) 无侧移 单曲压弯　(c) 无侧移 双曲压弯　(d) 有侧移双曲压弯

(e) 单曲压弯　(f) 双曲压弯

图 6-2　框架柱及悬臂柱计算简图

6.11.2　项目代码

本计算程序可以计算钢管混凝土单肢柱的轴心受压承载力设计值，代码清单 6-11 中：
❶为定义等效长度系数函数，见式(6-54)～式(6-58)；
❷为定义考虑长细比影响的承载力折减系数函数，见式(6-50)～式(6-52)；

❸为定义考虑偏心率影响的承载力折减系数函数，见式(6-47)～式(6-49)；

❹为定义截面形状对套箍效应的影响系数函数（表6-1）；

❺为钢管混凝土抗压强度设计值函数，见式(6-2)～式(6-4)；

❻为定义轴心受压稳定系数函数，见式(6-6)和式(6-7)；

❼为定义单肢柱的轴心受压承载力设计值函数，见式(6-42)～式(6-46)；

❽给出所需计算参数的初始值，应力单位采用N、mm制，内力单位采用kN、m制，几何尺寸单位采用mm制；

❾本行及以下几行代码为利用前面定义的函数计算。

具体见代码清单6-11。

代　码　清　单　　　　　　　　　　6-11

```python
# -*- coding: utf-8 -*-
from math import pi,sqrt

def k1(Class,rc,M1,M2,N):                                      ❶
    N,M1,M2 = N*10**3,M1*10**6,M2*10**6
    e0 = max(M1,M2)/N
    β = min(M1,M2)/max(M1,M2)
    match Class:
        case '轴心受压柱和杆件':
            k = 1.0
        case '无侧移框架柱':
            k = 0.5+0.3*β+0.2*β**2
        case '有侧移框架柱':
            if e0/rc <= 0.8:
                k = 1-0.625*e0/rc
            else:
                k = 0.5
        case '悬臂柱':
            β1 = M1/M2
            k = max(1-0.625*e0/rc,0.5,(1+β1)/2)
    return k

def φl1(D,Le):                                                 ❷
    if Le/D > 30:
        φl = 1-0.115*sqrt(Le/D-4)
    elif Le/D <= 30 and Le/D > 4:
        φl = 1-0.0226*(Le/D-4)
    else :
        φl = 1.0
    return φl

def φe1(D,M1,M2,N,rc,μ,φl):                                    ❸
    N,M1,M2 = N*10**3,M1*10**6,M2*10**6
    e0 = max(M1,M2)/N
    if e0/rc <= 1.55:
```

```
            φe = 1/(1+1.85*e0/rc)
        else:
            φe = 1/(3.92-5.16*φl+φl*e0/(0.3*rc))
        return e0,φe

def BC(paraBC,f,fc):
    match paraBC:
        case '实心圆形和正十六边形':
            B = 0.176*f/213+0.974
            C = -0.104*fc/14.4+0.031
        case '实心正八边形':
            B = 0.140*f/213+0.778
            C = -0.070*fc/14.4+0.026
        case '实心正方形':
            B = 0.131*f/213+0.723
            C = -0.070*fc/14.4+0.026
        case '空心圆形和正十六边形':
            B = 0.106*f/213+0.584
            C = -0.037*fc/14.4+0.011
        case '空心正八边形':
            B = 0.056*f/213+0.311
            C = -0.011*fc/14.4+0.004
        case '空心正方形':
            B = 0.039*f/213+0.217
            C = -0.006*fc/14.4+0.002
    return B,C

def fsc1(B,C,As,Ac,f,fc):
    θ = As*f/(Ac*fc)
    fsc = (1.212+B*θ+C*θ**2)*fc
    return fsc

def φ01(I,A,kE,μ,k,L,fsc):
    i = sqrt(I/A)
    Le = μ*k*L
    λsc = Le/i
    Esc = 1.3*kE*fsc
    λsc1 = λsc/pi*sqrt(fsc/Esc)
    para = λsc1**2+(1+0.25*λsc1)
    φ0 = 1/(2*λsc1**2)*(para-sqrt(para**2-4*λsc1**2))
    return Le,λsc,λsc1,φ0

def Nu(case,As,f,Ac,fc,φe,φl,φ0):
    α = 2.0 if case == '小于等于C50' else 1.8
    θ = As*f/(Ac*fc)
    if θ <=1/(α-1)**2:
        N0 = 0.9*Ac*fc*(1+α*θ)
    else:
        N0 = 0.9*Ac*fc*(1+sqrt(θ)+θ)
```

❹

❺

❻

❼

```
        N0 = N0/1000
        N = min(φe*φl,φ0)*N0
        return θ,N0,N

def main():
        fs,fc = 305,19.1                                                    ❽
        D,t,L = 600,8,10168
        μ,kE = 1.0,918
        d = D-2*t
        rc,M1,M2,N = d/2,80,168,3800

        As = pi*(D**2-d**2)/4
        Ac = pi*d**2/4
        Asc = pi*D**2/4
        I = pi*D**4/64
        Class, paraBC = '轴心受压柱和杆件','实心圆形和正十六边形'
        case = '小于等于C50'

        B,C = BC(paraBC,fs,fc)                                              ❾
        k = k1(Class,rc,M1,M2,N)
        fsc = fsc1(B,C,As,Ac,fs,fc)
        Le,λsc,λsc1,φ0 = φ01(I,Asc,kE,μ,k,L,fsc)
        φl = φl1(D,Le)
        e0,φe = φe1(D,M1,M2,N,rc,μ,φl)
        θ,N0,N = Nu(case,As,fs,Ac,fc,φe,φl,φ0)

        print('计算结果：')
        print(f'钢管直径                          D = {D:.1f} mm')
        print(f'钢管壁厚                          t = {t:.1f} mm')
        print(f'钢管内混凝土的直径                d = {d:.1f} mm')
        print(f'钢管面积                          As = {As:.1f} mm^2')
        print(f'管内混凝土面积                    Ac = {Ac:.1f} mm^2')
        print(f'钢管和管内混凝土面积之和          Asc = {Asc:.1f} mm^2')

        print(f'截面形状对套箍效应的影响系数      B = {B:.4f}')
        print(f'截面形状对套箍效应的影响系数      C = {C:.3f}')
        print(f'构件的计算长度                    Le = {Le:.0f} mm')
        print(f'考虑柱身弯矩分布梯度影响的等效长度系数 k = {k:.3f} ')
        print(f'构件的长细比                      λsc = {λsc:.3f}')
        print(f'构件正则长细比                    λsc1 = {λsc1:.3f}')

        print(f'钢管混凝土构件的套箍系数          θ = {θ:.3f} ')
        print(f'钢管混凝土抗压强度设计值          fsc = {fsc:.2f} N/mm^2')

        print(f'柱端轴心压力偏心距之较大者        e0 = {e0:.1f} mm')
        print(f'考虑长细比影响的承载力折减系数    φl = {φl:.3f} ')
        print(f'考虑偏心率影响的承载力折减系数    φe = {φe:.3f} ')
        print(f'轴心受压构件稳定系数              φ0 = {φ0:.3f} ')
        print(f'钢管混凝土轴心受压短柱的强度承载力设计值 N0 = {N0:.1f} kN')
```

```
    print(f'钢管混凝土柱轴心受压承载力设计值      Nu = {N:.1f} kN')

if __name__ == "__main__":
    main()
```

6.11.3 输出结果

运行代码清单 6-11，可得输出结果 6-11。

输 出 结 果   6-11

```
计算结果:
钢管直径                          D = 600.0 mm
钢管壁厚                          t = 8.0 mm
钢管内混凝土的直径                 d = 584.0 mm
钢管面积                         As = 14878.6 mm^2
管内混凝土面积                    Ac = 267864.8 mm^2
钢管和管内混凝土面积之和          Asc = 282743.3 mm^2
截面形状对套箍效应的影响系数       B = 1.2260
截面形状对套箍效应的影响系数       C = -0.107
构件的计算长度                    Le = 10168 mm
考虑柱身弯矩分布梯度影响的等效长度系数 k = 1.000
构件的长细比                     λsc = 67.787
构件正则长细比                   λsc1 = 0.625
钢管混凝土构件的套箍系数           θ = 0.887
钢管混凝土抗压强度设计值          fsc = 42.31 N/mm^2
柱端轴心压力偏心距之较大者         e0 = 44.2 mm
考虑长细比影响的承载力折减系数      φl = 0.707
考虑偏心率影响的承载力折减系数      φe = 0.781
轴心受压构件稳定系数             φ0 = 0.814
钢管混凝土轴心受压短柱的强度承载力设计值 N0 = 12772.9 kN
钢管混凝土柱轴心受压承载力设计值     Nu = 7058.5 kN
```

6.12 受拉构件承载力计算方法 2

6.12.1 项目描述

根据《钢管混凝土结构技术规范》GB 50936—2014 第 6 章的计算方法，钢管混凝土单肢柱的轴心受拉构件，应按下列公式计算：

$$\frac{N}{N_{ut}} + \frac{M}{M_u} \leqslant 1 \tag{6-59}$$

$$N_{ut} = A_s f \tag{6-60}$$

$$M_u = 0.3 r_c N_0 \tag{6-61}$$

6.12.2 项目代码

本计算程序可以计算钢管混凝土单肢柱的轴心受拉构件，代码清单 6-12 中：

❶为定义等效长度系数函数，见式(6-54)～式(6-58)；

❷为定义考虑长细比影响的承载力折减系数函数，见式(6-50)～式(6-52)；

❸为定义考虑偏心率影响的承载力折减系数函数，见式(6-47)～式(6-49)；

❹为定义截面形状对套箍效应的影响系数函数（表 6-1）；

❺为钢管混凝土抗压强度设计值函数，见式(6-2)～式(6-4)；

❻为定义轴心受压稳定系数函数，见式(6-6)和式(6-7)；

❼为定义单肢柱的轴心受压承载力设计值函数，见式(6-42)～式(6-46)；

❽为定义钢管混凝土单肢柱的受弯承载力函数，见式(6-61)；

❾为定义钢管混凝土单肢柱的轴心受拉钢管截面积函数；

❿为定义钢管混凝土单肢柱的轴心受拉承载力设计值函数，见式(6-60)；

⓫为给出所需计算参数的初始值，应力单位采用 N、mm 制，内力单位采用 kN、m 制，几何尺寸单位采用 mm 制；

⓬本行及以下几行代码为利用前面定义的函数计算。

具体见代码清单 6-12。

代 码 清 单   6-12

```python
# -*- coding: utf-8 -*-
from math import pi,sqrt
import pandas as pd

def k1(Class,rc,M1,M2,N):                          # ❶
    N,M1,M2 = N*10**3,M1*10**6,M2*10**6
    e0 = max(M1,M2)/N
    β = min(M1,M2)/max(M1,M2)
    match Class:
        case '轴心受压柱和杆件':
            k = 1.0
        case '无侧移框架柱':
            k = 0.5+0.3*β+0.2*β**2
        case '有侧移框架柱':
            if e0/rc <= 0.8:
                k = 1-0.625*e0/rc
            else:
                k = 0.5
        case '悬臂柱':
            β1 = M1/M2
            k = max(1-0.625*e0/rc,0.5,(1+β1)/2)
    return k

def ϕl1(D,Le):                                     # ❷
    if Le/D > 30:
```

```
        φl = 1-0.115*sqrt(Le/D-4)
    elif Le/D <= 30 and Le/D > 4:
        φl = 1-0.0226*(Le/D-4)
    else :
        φl = 1.0
    return φl

def φe1(D,M1,M2,N,rc,μ,φl):                                    ❸
    N,M1,M2 = N*10**3,M1*10**6,M2*10**6
    e0 = max(M1,M2)/N
    if e0/rc <= 1.55:
        φe = 1/(1+1.85*e0/rc)
    else:
        φe = 1/(3.92-5.16*φl+φl*e0/(0.3*rc))
    return e0,φe

def BC(paraBC,f,fc):                                           ❹
    match paraBC:
        case '实心圆形和正十六边形':
            B = 0.176*f/213+0.974
            C = -0.104*fc/14.4+0.031
        case '实心正八边形':
            B = 0.140*f/213+0.778
            C = -0.070*fc/14.4+0.026
        case '实心正方形':
            B = 0.131*f/213+0.723
            C = -0.070*fc/14.4+0.026
        case '空心圆形和正十六边形':
            B = 0.106*f/213+0.584
            C = -0.037*fc/14.4+0.011
        case '空心正八边形':
            B = 0.056*f/213+0.311
            C = -0.011*fc/14.4+0.004
        case '空心正方形':
            B = 0.039*f/213+0.217
            C = -0.006*fc/14.4+0.002
    return B,C

def fsc1(B,C,As,Ac,f,fc):                                      ❺
    θ = As*f/(Ac*fc)
    fsc = (1.212+B*θ+C*θ**2)*fc
    return fsc

def φ01(I,A,kE,μ,k,L,fsc):                                     ❻
    i = sqrt(I/A)
    Le = μ*k*L
    λsc = Le/i
    Esc = 1.3*kE*fsc
    λsc1 = λsc/pi*sqrt(fsc/Esc)
```

```
        para = λsc1**2+(1+0.25*λsc1)
        φ0 = 1/(2*λsc1**2)*(para-sqrt(para**2-4*λsc1**2))
        return Le,λsc,λsc1,φ0

def Nu(case,As,f,Ac,fc,φe,φ1,φ0):                                          ❼
    α = 2.0 if case == '小于等于C50' else 1.8
    θ = As*f/(Ac*fc)
    if θ <=1/(α-1)**2:
        N0 = 0.9*Ac*fc*(1+α*θ)
    else:
        N0 = 0.9*Ac*fc*(1+sqrt(θ)+θ)
    N0 = N0/1000
    return θ,N0

def Mu1(rc,N0):                                                            ❽
    Mu = 0.3*rc*N0/1000
    return Mu

def As1(N,f):                                                              ❾
    As = N*1000/f/100
    return As

def Nu1(As,f):                                                             ❿
    Nut = As*f
    return Nut

def main():                                                                ⓫
    fs,fc = 305,19.1
    case = '小于等于C50'
    μ,L,kE = 1.0,10168,918
    M1,M2,N = 190,456,5600

    M = max(M1,M2)
    Ax = As1(N,fs)
    df = pd.read_excel(r'China (GB 2023)-Pipe Ord S1.xlsx',header=1)
    df = df.set_index('Name')
    df_A = df[df['Ax'].ge(Ax)]
    df1 = df_A[df_A['Ax'].ge(Ax)].nsmallest(1,'Ax')
    row_labels = df1.index.tolist()
    H_steel_before = ','.join(map(str,row_labels))

    Ax = df1.loc[H_steel_before, 'Ax']
    D = df1.loc[H_steel_before, 'OD']
    t = df1.loc[H_steel_before, 'T']

    d = D-2*t
    rc = d/2
    As = Ax*100
    Ac = pi*d**2/4
```

```
Asc = pi*D**2/4
I = pi*D**4/64
Class, paraBC = '轴心受压柱和杆件','实心圆形和正十六边形'
case = '小于等于C50'

B,C = BC(paraBC,fs,fc)
k = k1(Class,rc,M1,M2,N)
fsc = fsc1(B,C,As,Ac,fs,fc)
Le,λsc,λsc1,φ0 = φ01(I,Asc,kE,μ,k,L,fsc)
φl = φl1(D,Le)
e0,φe = φe1(D,M1,M2,N,rc,μ,φl)

θ,N0 = Nu(case,As,fs,Ac,fc,φe,φl,φ0)
Mu = Mu1(rc,N0)
Nut = Nu1(As,fs)
ratio = N/Nut+M/Mu

print('计算结果：')
print('初选的钢梁型号    \t\t\t\t\t' + H_steel_before)
print(f'所选钢管直径                         D = {D:.1f} mm')
print(f'所选钢管壁厚                         t = {t:.1f} mm')
print(f'所选钢管内混凝土的直径               d = {d:.1f} mm')
print(f'所选钢管面积                        As = {As:.1f} mm^2')
print(f'管内混凝土面积                      Ac = {Ac:.1f} mm^2')
print(f'钢管和管内混凝土面积之和           Asc = {Asc:.1f} mm^2')

print(f'截面形状对套箍效应的影响系数          B = {B:.4f}')
print(f'截面形状对套箍效应的影响系数          C = {C:.3f}')
print(f'构件的计算长度                      Le = {Le:.0f} mm')
print(f'考虑柱身弯矩分布梯度影响的等效长度系数 k = {k:.3f} ')
print(f'构件的长细比                       λsc = {λsc:.3f}')
print(f'构件正则长细比                    λsc1 = {λsc1:.3f}')

print(f'钢管混凝土构件的套箍系数             θ = {θ:.3f} ')
print(f'钢管混凝土抗压强度设计值           fsc = {fsc:.2f} N/mm^2')
print(f'钢管混凝土轴心受拉构件拉力设计值     N = {N:.1f} kN')
print(f'钢管混凝土轴心受拉构件承载力设计值 Nut = {Nut:.1f} kN')

print(f'柱端轴心压力偏心距之较大者          e0 = {e0:.1f} mm')
print(f'考虑长细比影响的承载力折减系数      φl = {φl:.3f} ')
print(f'考虑偏心率影响的承载力折减系数      φe = {φe:.3f} ')
print(f'轴心受压构件稳定系数               φ0 = {φ0:.3f} ')
print(f'钢管混凝土轴心受压短柱的强度承载力设计值 N0 = {N0:.1f} kN')
print(f'钢管混凝土轴心受拉构件承载力设计值    M = {M:.1f} kN·m')
print(f'钢管混凝土轴心受拉构件承载力设计值  Mut = {Mu:.1f} kN·m')
if ratio <=1.0:
    print(f'根据《钢管混凝土规范》第6.1.8条,利用率 {ratio:.3f}<=1.0, OK!')
else:
    print(f'根据《钢管混凝土规范》第 6.1.8 条，利用率 {ratio:.3f}>1.0,
Fail!')
```

```
if __name__ == "__main__":
    main()
```

6.12.3 输出结果

运行代码清单 6-12，可得输出结果 6-12。

输 出 结 果　　　　　　　　　　　　6-12

```
计算结果：
初选的钢梁型号                      S1:406x15
所选钢管直径                        D = 406.0 mm
所选钢管壁厚                        t = 15.0 mm
所选钢管内混凝土的直径              d = 376.0 mm
所选钢管面积                        As = 18425.4 mm^2
管内混凝土面积                      Ac = 111036.5 mm^2
钢管和管内混凝土面积之和            Asc = 129461.9 mm^2
截面形状对套箍效应的影响系数        B = 1.2260
截面形状对套箍效应的影响系数        C = -0.107
构件的计算长度                      Le = 10168 mm
考虑柱身弯矩分布梯度影响的等效长度系数 k = 1.000
构件的长细比                        λsc = 100.177
构件正则长细比                      λsc1 = 0.923
钢管混凝土构件的套箍系数            θ = 2.650
钢管混凝土抗压强度设计值            fsc = 70.86 N/mm^2
钢管混凝土轴心受拉构件拉力设计值    N = 5600.0 kN
钢管混凝土轴心受拉构件承载力设计值  Nut = 5619759.5 kN
柱端轴心压力偏心距之较大者          e0 = 81.4 mm
考虑长细比影响的承载力折减系数      φl = 0.524
考虑偏心率影响的承载力折减系数      φe = 0.555
轴心受压构件稳定系数                φ0 = 0.656
钢管混凝土轴心受压短柱的强度承载力设计值 N0 = 10073.6 kN
钢管混凝土轴心受拉构件承载力设计值  M = 456.0 kN·m
钢管混凝土轴心受拉构件承载力设计值  Mut = 568.1 kN·m
根据《钢管混凝土规范》第6.1.8条，利用率 0.804<=1.0, OK!
```

6.13 受剪承载力计算方法 2

6.13.1 项目描述

根据《钢管混凝土结构技术规范》GB 50936—2014 第 6 章的计算方法，钢管混凝土单肢柱的横向受剪承载力设计值应按下列公式计算：

$$V_{u} = (V_0 + 0.1N')\left(1 - 0.45\sqrt{\frac{a}{D}}\right) \tag{6-62}$$

$$V_0 = 0.2A_c f_c (1 + 3\theta) \tag{6-63}$$

6.13.2 项目代码

本计算程序可以计算钢管混凝土单肢柱的横向受剪承载力设计值，代码清单 6-13 中：

❶为定义钢管混凝土构件的含钢量和套箍系数函数，见式(6-3)和式(6-4)；

❷为定义受剪承载力设计值函数，见式(6-62)和式(6-63)；

❸为给出所需计算参数的初始值，应力单位采用 N、mm 制，内力单位采用 kN、m 制，几何尺寸单位采用 mm 制；

❹本行及以下几行代码为利用前面定义的函数计算。

具体见代码清单 6-13。

代　码　清　单　　　　　　　6-13

```python
# -*- coding: utf-8 -*-
from math import pi,sqrt

def αsc_θ(As,Ac,fs,fc):                                        ❶
    αsc = As/Ac
    θ = αsc*fs/fc
    return αsc,θ

def Vu1(N1,a,D,θ,Asc,fc,Ac):                                   ❷
    V0 = 0.2*Ac*fc*(1+3*θ)/1000
    Vu = ((V0+0.1*N1)*10**3)*(1-0.45*sqrt(a/D))/1000
    return V0,Vu

def main():
    N1,a,fc,fs,D,t = 800,1060,19.1,305,450,8                   ❸

    d = D-2*t
    Ac = pi*d**2/4
    As = pi*(D**2-d**2)/4
    Asc = pi*D**2/4
    αsc,θ = αsc_θ(As,Ac,fs,fc)                                 ❹
    V0,Vu = Vu1(N1,a,D,θ,Asc,fc,Ac)

    print('计算结果：')
    print(f'钢管直径                    D = {D:.0f} mm')
    print(f'钢管壁厚                    t = {t:.1f} mm')
    print(f'钢管内混凝土的直径           d = {d:.1f} mm')
    print(f'钢管面积                   As = {As:.1f} mm^2')
    print(f'管内混凝土面积              Ac = {Ac:.1f} mm^2')
    print(f'钢管和管内混凝土面积之和     Asc = {Asc:.1f} mm^2')
    print(f'钢管混凝土构件的含钢量      α sc = { α sc:.3f}')
    print(f'钢管混凝土构件的套箍系数      θ = { θ :.3f}')
    print(f'钢管混凝土单肢柱受纯剪时承载力设计值 V0 = {V0:.1f} kN')
```

```
    print(f'钢管混凝土构件的受剪承载力设计值        Vu = {Vu:.1f} kN')

if __name__ == "__main__":
    main()
```

6.13.3 输出结果

运行代码清单 6-13，可得输出结果 6-13。

输 出 结 果   6-13

```
计算结果：
钢管直径                      D = 450 mm
钢管壁厚                      t = 8.0 mm
钢管内混凝土的直径             d = 434.0 mm
钢管面积                     As = 11108.7 mm^2
管内混凝土面积               Ac = 147934.5 mm^2
钢管和管内混凝土面积之和      Asc = 159043.1 mm^2
钢管混凝土构件的含钢量        αsc = 0.075
钢管混凝土构件的套箍系数       θ = 1.199
钢管混凝土单肢柱受纯剪时承载力设计值 V0 = 2598.0 kN
钢管混凝土构件的受剪承载力设计值     Vu = 828.4 kN
```

6.14　轴心受压格构式钢管混凝土构件承载力计算

6.14.1　项目描述

根据《钢管混凝土结构技术规范》GB 50936—2014 第 6 章的计算方法，格构柱（图 6-3）的钢管混凝土构件的轴心受压稳定性承载力设计值应按下列公式计算：

$$N_u = \varphi_e \varphi_l N_0 \tag{6-64}$$

$$N_0 = \sum_{i=1}^{n} N_{0i} \tag{6-65}$$

格构柱考虑偏心率影响的整体承载力折减系数 φ_e 应按下列公式计算：

1. 当 $e_0/a_c \leqslant 2$ 时

$$\varphi_e = \frac{1}{1 + \dfrac{e_0}{a_t}} \tag{6-66}$$

2. 当 $e_0/a_c > 2$ 时

$$\varphi_e = \frac{1}{3\left(\dfrac{e_0}{a_c} - 1\right)} \tag{6-67}$$

$$e_0 = \frac{M_2}{N} \tag{6-68}$$

$$a_t = \frac{N_0^c}{N_0^c + N_0^t} \cdot h \tag{6-69}$$

$$a_c = \frac{N_0^t}{N_0^c + N_0^t} \cdot h \tag{6-70}$$

格构柱考虑换算长细比影响的整体承载力折减系数φ_l应按下列公式计算：

1. 当$\lambda \leqslant 16$时

$$\varphi_l = 1 \tag{6-71}$$

2. 当$L_e/D \leqslant 4$时

$$\varphi_l = 1 - 0.058\sqrt{\lambda^* - 16} \tag{6-72}$$

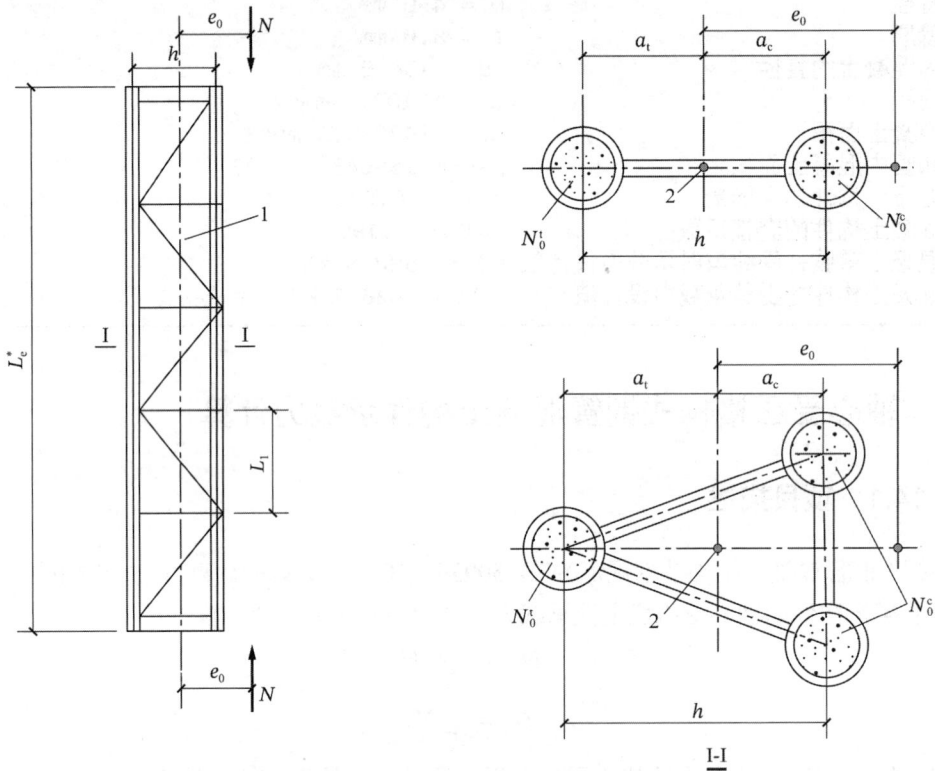

1—压力中心轴；2—压力重心

图 6-3　格构柱计算简图

格构柱的换算长细比λ^*应按下列公式计算：

1. 双肢格构柱（图 6-4a）

1）当缀件为缀板时：

$$\lambda^* = \sqrt{\lambda_y^2 + 17\left(\frac{L}{D}\right)^2} \tag{6-73}$$

2）当缀件为缀条时：

$$\lambda_{oy} = \sqrt{\lambda_y^2 + 27\frac{A_0}{A_{1y}}} \tag{6-74}$$

2. 四肢格构柱（图 6-4b）

1）当缀件为缀板时：

$$\lambda_x^* = \sqrt{\lambda_x^2 + 16\left(\frac{L_1}{D}\right)^2} \tag{6-75}$$

$$\lambda_y^* = \sqrt{\lambda_y^2 + 16\left(\frac{L_1}{D}\right)^2} \tag{6-76}$$

2）当缀件为缀条时：

$$\lambda_x^* = \sqrt{\lambda_x^2 + 40\frac{A_0}{A_{1x}}} \tag{6-77}$$

$$\lambda_y^* = \sqrt{\lambda_y^2 + 40\frac{A_0}{A_{1y}}} \tag{6-78}$$

3. 缀件为缀条的三肢格构柱（图 6-4c）

$$\lambda_x^* = \sqrt{\lambda_y^2 + \frac{42A_0}{A_1(1.5 - \cos^2\alpha)}} \tag{6-79}$$

$$\lambda_y^* = \sqrt{\lambda_y^2 + \frac{42A_0}{A_1\cos^2\alpha}} \tag{6-80}$$

以上各式中：

$$\lambda_x = \frac{L_e^*}{r_x} \tag{6-81}$$

$$\lambda_y = \frac{L_e^*}{r_y} \tag{6-82}$$

$$A_0 = \sum_{i=1}^{n} A_{ai} + \frac{E_c}{E_a}\sum_{i=1}^{n} A_{ci} \tag{6-83}$$

格构柱的等效计算长度应按下式计算：

$$L_e = \mu kL \tag{6-84}$$

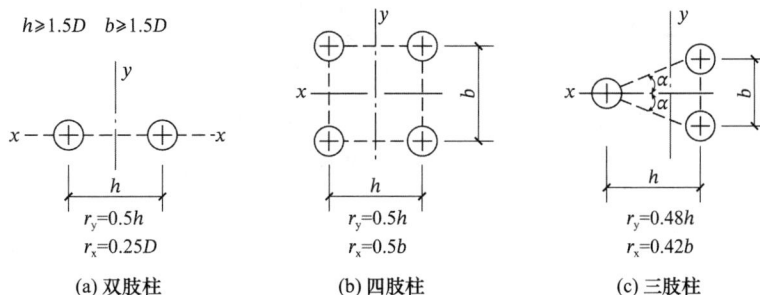

图 6-4 格构柱截面及回转半径

格构柱考虑柱身弯矩分布梯度影响的等效长度系数 k，应按下列公式计算：

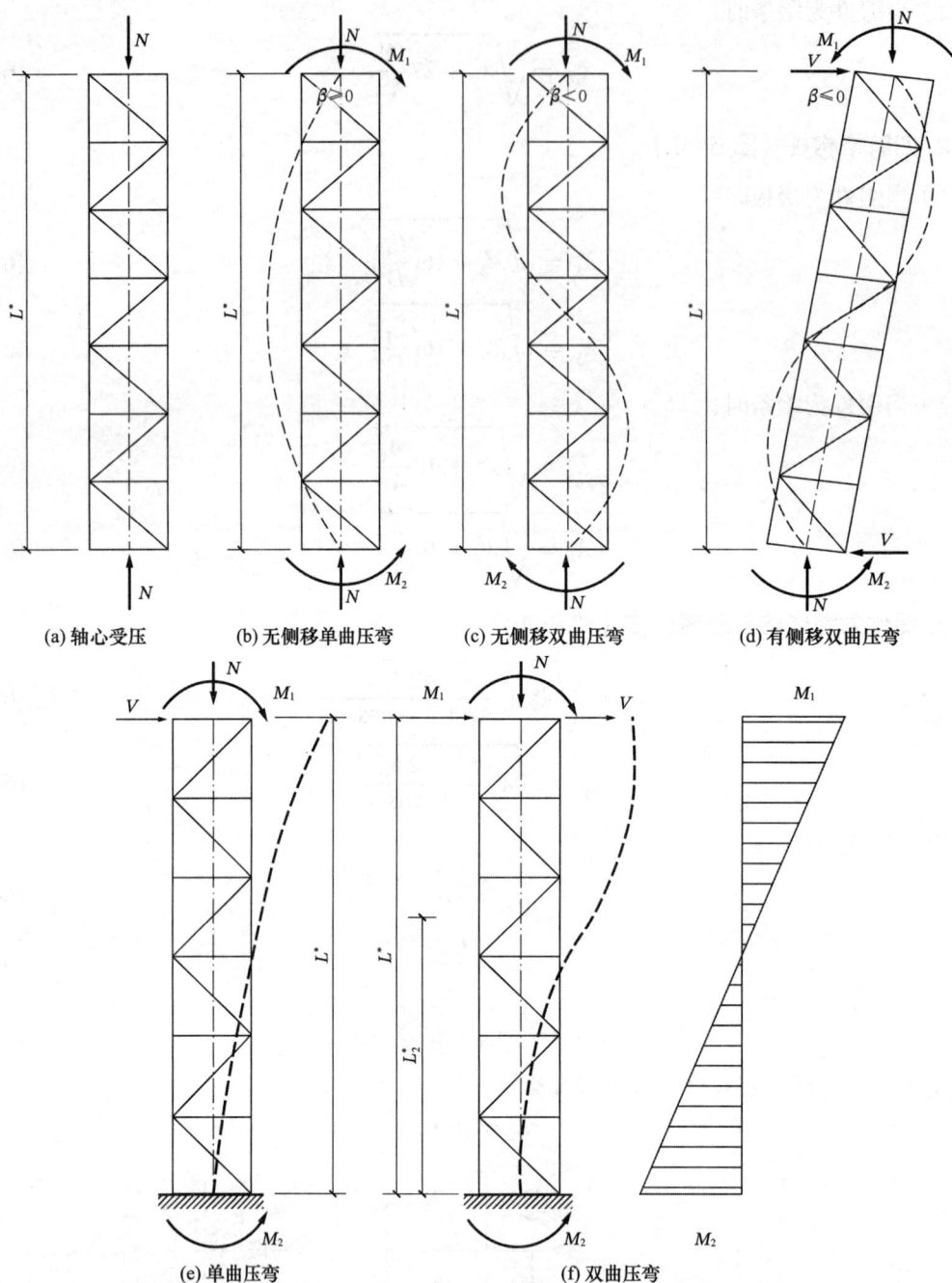

图 6-5　格构式框架柱及悬臂柱计算简图

1. 轴心受压柱和杆件（图 6-5a）：

$$k = 1 \tag{6-85}$$

2. 无侧移框架柱（图 6-5b、c）：

$$k = 0.5 + 0.3\beta + 0.2\beta^2 \tag{6-86}$$

3. 有侧移框架柱（图 6-5d）和悬臂柱（图 6-5e、f）：

1）当 $e_0/a_c \leqslant 1$ 时

$$k = 1 - 0.5e_0/a_c \qquad (6-87)$$

2）当 $e_0/a_c > 1$ 时

$$k = 0.5 \qquad (6-88)$$

3）当自由端有力矩作用时，将式(6-58)与式(6-56)或式(6-57)所得值进行比较，取其中的较大值。

$$k = (1 + \beta_1)/2 \qquad (6-89)$$

6.14.2　项目代码

本计算程序可以计算格构柱的钢管混凝土构件的轴心受压稳定性承载力设计值，代码清单 6-14 中：

❶为定义考虑偏心率影响的承载力折减系数函数，见式(6-66)～式(6-70)；

❷为定义等效长度系数函数，式(6-85)～式(6-89)；

❸为定义柱肢最大拉力和压力函数，见式(6-69)和式(6-70)；

❹为定义格构柱的等效计算长度函数，式(6-84)；

❺为定义格构柱的几何特性函数；

❻为定义双肢格构柱的换算长细比函数，见式(6-73)和式(6-74)；

❼为定义三肢格构柱的换算长细比函数，见式(6-79)和式(6-80)；

❽为定义四肢格构柱的换算长细比函数，见式(6-75)～式(6-78)；

❾为定义考虑长细比影响的承载力折减系数函数，见式(6-71)和式(6-72)；

❿为定义考虑偏心率影响的承载力折减系数函数，见式(6-66)；

⓫为定义格构柱的整体承载力设计值函数，见式(6-64)和式(6-65)；

⓬给出所需计算参数的初始值，应力单位采用 N、mm 制，内力单位采用 kN、m 制，几何尺寸单位采用 mm 制；

⓭为本行及以下几行代码为利用前面定义的函数计算，具体见代码清单 6-14。

代　码　清　单　　　　　　　　　　　6-14

```
# -*- coding: utf-8 -*-
from math import pi,sqrt,cos,atan

def acat(N0c,N0t,h):                                    ❶
    at = N0c*h/(N0c+N0t)
    ac = N0t*h/(N0c+N0t)
    return ac,at

def k1(Class,ac,M1,M2,N):                               ❷
    N,M1,M2 = N*10**3,M1*10**6,M2*10**6
    e0 = max(M1,M2)/N
    β = min(M1,M2)/max(M1,M2)
```

```
    match Class:
        case '轴心受压柱和杆件':
            k = 1.0
        case '无侧移框架柱':
            k = 0.5+0.3*β+0.2*β**2
        case '有侧移框架柱':
            if e0/ac <= 1.0:
                k = 1-0.5*e0/ac
            else:
                k = 0.5
        case '悬臂柱':
            β1 = min(M1,M2)/max(M1,M2)
            k = max(1-0.5*e0/ac,0.5,(1+β1)/2)
    return e0,k

def NcNt(M1,M2,h,N):                                              ❸
    h = h/1000
    Nc = max(M1,M2)/(2*h)+N/4
    Nt = max(M1,M2)/(2*h)-N/4
    N0c = max(M1,M2)/(2*h)
    N0t = max(M1,M2)/(2*h)
    return Nc,Nt,N0c,N0t

def Le1(μ,k,L):                                                   ❹
    Le = μ*k*L
    return Le

def I_A(Asi,Aci,Asci,Ec,Es,D,h,b,Le):                            ❺
    A0 = sum(Asi)+Ec/Es*sum(Aci)
    match len(Asci):
        case 2:
            rx,ry = 0.25*D,0.5*h
        case 3:
            rx,ry = 0.42*b,0.48*h
        case 4:
            rx,ry = 0.5*b,0.5*h
    λx,λy = Le/rx,Le/ry
    return rx,ry,λx,λy,A0

def d2_limb_lattice_col(condition,λx,λy,L,D,A0,A1y):              ❻
    λx1 = λx
    match condition:
        case '缀件为缀板':
            λy1 = sqrt(λy**2+16*(L/D)**2)
        case '缀件为缀条':
            λy1 = sqrt(λy**2+27*A0/A1y)
    return λx1,λy1

def d3_limb_lattice_col(λx,λy,b,h,A0,A1):                        ❼
```

```
    α = atan(b/(2*h))
    λx1 = sqrt(λx**2+42*A0/(A1*(1.5-cos(α)**2)))
    λy1 = sqrt(λy**2+42*A0/(A1*cos(α)**2))
    return λx1,λy1

def d4_limb_lattice_col(condition,λx,λy,L1,D,A0,A1x,A1y):          ❽
    match condition:
        case '缀件为缀板':
            λx1 = sqrt(λx**2+16*(L1/D)**2)
            λy1 = sqrt(λy**2+16*(L1/D)**2)
        case '缀件为缀条':
            λx1 = sqrt(λx**2+40*A0/A1x)
            λy1 = sqrt(λy**2+40*A0/A1y)
    return λx1,λy1

def φl1(D,Le,λ1):                                                  ❾
    λ = Le/D
    φl = 1-0.058*sqrt(λ1-16) if λ > 16 else 1.0
    return φl

def φe1(e0,ac,at,h):                                               ❿
    φe = 1/(1+e0/at) if e0/ac <= 2 else 1/(e0/ac-1)
    return φe

def Nu1(case,As,f,Ac,n,fc,φe,φl):                                  ⓫
    α = 2.0 if case == '小于等于 C50' else 1.8
    θ = As*f/(Ac*fc)
    if θ <=1/(α-1)**2:
        N0 = 0.9*n*Ac*fc*(1+α*θ)
    else:
        N0 = 0.9*n*Ac*fc*(1+sqrt(θ)+θ)
    N0 = N0/1000
    Nu = φe*φl*N0
    return θ,N0,Nu

def main():
    condition,Class,case ='缀件为缀条','悬臂柱','小于等于 C50'         ⓬
    fs,fc = 305,19.1
    Ec,Es = 32500,206000
    M1,M2,N = 1150,2610,5600
    D,t,L,μ = 450,6,9000,1.0
    b,h,L1 = 1000,750,1500
    D1y,t1y = 100,5

    d = D-2*t
    d1y = D1y-2*t1y
    Nc,Nt,N0c,N0t= NcNt(M1,M2,h,N)                                 ⓭
    Ac = pi*d**2/4
    As = pi*(D**2-d**2)/4
```

```
    Asi = [pi*(D**2-d**2)/4,pi*(D**2-d**2)/4]
    Aci = [pi*d**2/4,pi*d**2/4]
    Asci = [pi*D**2/4,pi*D**2/4]
    A1 = pi*(D1y**2-d1y**2)/4
    A1x = len(Asci)/2*pi*(D1y**2-d1y**2)/4
    A1y = len(Asci)/2*pi*(D1y**2-d1y**2)/4

    ac,at = acat(N0c,N0t,h)
    e0,k = k1(Class,ac,M1,M2,N)
    φe =φe1(e0,ac,at,h)
    Le = Le1(μ,k,L)
    rx,ry,λx,λy,A0 = I_A(Asi,Aci,Asci,Ec,Es,D,h,b,Le)

    match len(Asci):
        case 2:
            λx1,λy1 = d2_limb_lattice_col(condition,λx,λy,L,D,A0,A1y)
        case 3:
            λx1,λy1 = d3_limb_lattice_col(λx,λy,b,h,A0,A1)
        case 4:
            λx1,λy1 = d4_limb_lattice_col(condition,λx,λy,L1,D,A0,A1x,A1y)
    λ1 = max(λx1,λy1)
    φl = φl1(D,Le,λ1)
    θ,N0,Nu = Nu1(case,As,fs,Ac,len(Asci),fc,φe,φl)
    ratio = N/Nu

    print('计算结果：')
    print(f'钢管外直径                      D = {D:.1f} mm')
    print(f'钢管壁厚                        t = {t:.1f} mm')
    print(f'钢管内混凝土的直径               d = {d:.1f} mm')
    print(f'钢管内核心混凝土横截面面积       Ac = {Ac:.1f} mm^2')
    print(f'钢管的横截面面积                As = {As:.1f} mm^2')
    print(f'钢管混凝土构件的套箍系数          θ = { θ :.3f}')

    print(f'格构柱横截面所截各分肢换算截面面积之和      A0 = {A0:.1f} mm^2')
    print(f'考虑柱身弯矩分布梯度影响的等效长度系数       k = {k:.1f}')
    print(f'格构柱截面换算截面对 x 轴的回转半径         rx = {rx:.0f} mm')
    print(f'格构柱截面换算截面对 y 轴的回转半径         ry = {ry:.0f} mm')
    print(f'格构柱绕 x 轴的长细比                     λ x = { λ x:.1f}')
    print(f'格构柱绕 x 轴的换算长细比                 λ x1 = { λ x1:.1f}')
    print(f'格构柱绕 y 轴的长细比                     λ y = { λ y:.1f}')
    print(f'格构柱绕 y 轴的换算长细比                 λ y1 = { λ y1:.1f}')
    print(f'弯矩单独作用下受区柱肢重心至格构柱压力重心的距离 ac = {ac:.0f} mm')
    print(f'弯矩单独作用下受拉柱肢重心至格构柱压力重心的距离 at = {at:.0f} mm')
    print(f'弯矩单独作用下受区各柱肢短柱轴心承载力设计值 N0c = {N0c:.1f} kN')
    print(f'弯矩单独作用下受拉区各柱肢短柱轴心承载力设计值  N0t = {N0t:.1f}
kN')

    print(f'考虑长细比影响的承载力折减系数              φl = {φl:.3f}')
    print(f'考虑偏心率影响的承载力折减系数              φe = {φe:.3f}')
```

```
print(f'格构柱各单肢柱的轴心受压短柱承载力设计值        N0 = {N0:.1f} kN')
print(f'格构柱的整体承载力设计值                        Nu = {Nu:.1f} kN')
print(f'格构柱整体的利用率                          {ratio:.3f} <= 1.0')


if __name__ == "__main__":
    main()
```

6.14.3 输出结果

运行代码清单 6-14，可得输出结果 6-14。

输 出 结 果   6-14

计算结果：
钢管外直径	D = 450.0 mm
钢管壁厚	t = 6.0 mm
钢管内混凝土的直径	d = 438.0 mm
钢管内核心混凝土横截面面积	Ac = 150673.9 mm^2
钢管的横截面面积	As = 8369.2 mm^2
钢管混凝土构件的套箍系数	θ = 0.887
格构柱横截面所截各分肢换算截面面积之和	A0 = 64281.1 mm^2
考虑柱身弯矩分布梯度影响的等效长度系数	k = 0.7
格构柱截面换算截面对 x 轴的回转半径	rx = 112 mm
格构柱截面换算截面对 y 轴的回转半径	ry = 375 mm
格构柱绕 x 轴的长细比	λx = 57.6
格构柱绕 x 轴的换算长细比	λx1 = 57.6
格构柱绕 y 轴的长细比	λy = 17.3
格构柱绕 y 轴的换算长细比	λy1 = 38.2
弯矩单独作用下受区柱肢重心至格构柱压力重心的距离 ac = 375 mm	
弯矩单独作用下受拉柱肢重心至格构柱压力重心的距离 at = 375 mm	
弯矩单独作用下受区各柱肢短柱轴心承载力设计值	N0c = 1740.0 kN
弯矩单独作用下受拉区各柱肢短柱轴心承载力设计值	N0t = 1740.0 kN
考虑长细比影响的承载力折减系数	φl = 1.000
考虑偏心率影响的承载力折减系数	φe = 0.446
格构柱各单肢柱的轴心受压短柱承载力设计值	N0 = 14369.6 kN
格构柱的整体承载力设计值	Nu = 6406.8 kN
格构柱整体的利用率	0.874 <= 1.0

7 型钢混凝土结构构件

7.1 型钢梁受弯承载力计算

7.1.1 项目描述

根据《组合结构设计规范》JGJ 138—2016，型钢截面为充满型实腹型钢的型钢混凝土框架梁和转换梁（图 7-1、图 7-2），其正截面受弯承载力应符合下列规定：

$$M \leqslant \alpha_1 f_c bx \left(h_0 - \frac{x}{2} \right) + f_y' A_s'(h_0 - a_s') + f_a' A_{af}'(h_0 - a_s') + M_{aw} \tag{7-1}$$

$$\alpha_1 f_c bx + f_y' A_s' + f_a' A_{af}' - f_y A_s - f_a A_{af} + N_{aw} = 0 \tag{7-2}$$

当 $\delta_1 h_0 < 1.25x$，$\delta_2 h_0 > 1.25x$ 时，M_{aw}、N_{aw} 应按下列公式计算：

$$M_{aw} = \left[0.5(\delta_1^2 + \delta_2^2) - (\delta_1 + \delta_2) + 2.5 \frac{x}{h_0} - \left(2.5 \frac{x}{h_0} \right)^2 \right] t_w h_0^2 f_a \tag{7-3}$$

$$N_{aw} = \left[2.5 \frac{x}{h_0} - (\delta_1 + \delta_2) \right] t_w h_0 f_a \tag{7-4}$$

混凝土等效受压区高度应符合下列公式的规定：

$$x \leqslant \xi_b h_0 \tag{7-5}$$

$$x \geqslant a_a' + t_f' \tag{7-6}$$

$$\xi_b = \frac{\beta_1}{1 + \dfrac{f_y + f_a}{2 \times 0.003 E_s}} \tag{7-7}$$

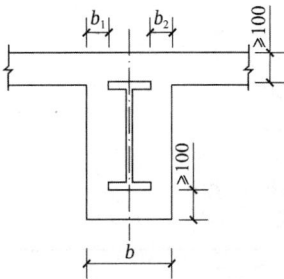

图 7-1 型钢混凝土梁中型钢
的混凝土保护层最小厚度

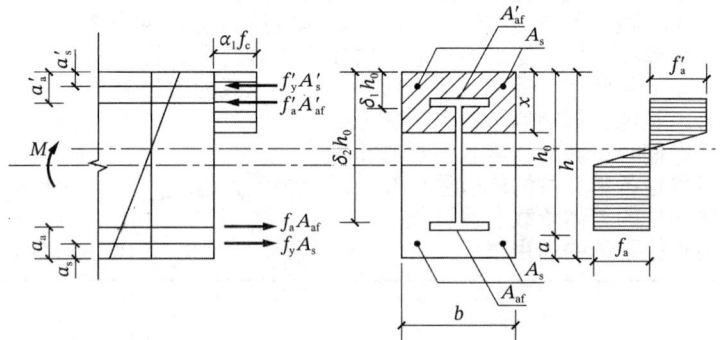

图 7-2 梁正截面受弯承载力计算参数示意

7.1.2 项目代码

本计算程序可以计算型钢梁受弯承载力，代码中一些参数的含义可以参见图 7-2。代码清单 7-1 中：

❶为定义混凝土、钢筋、钢材的强度设计值函数；

❷为定义混凝土的调整系数函数；

❸为定义混凝土受压区高度的调整系数函数；

❹为定义混凝土受压区相对高度限值函数，见式(7-5)～式(7-7)；

❺为定义最大配筋率函数；

❻为定义确定型钢梁截面尺寸函数，见式(7-3)和式(7-4)；

❼为定义确定钢筋混凝土梁的纵向钢筋面积函数；

❽为定义型钢混凝土组合梁承载力设计值函数，见式(7-1)和式(7-2)；

❾为定义格式化输出结果函数；

❿给出所需计算参数的初始值，应力采用 N、mm 单位制，内力采用 kN、m 单位制，构件几何尺寸采用 mm 单位制；

⓫为本行及以下几行代码为利用前面定义的函数计算。

具体见代码清单 7-1。

代 码 清 单　　　　　　　　　　　　　7-1

```
# -*- coding: utf-8 -*-
from math import pi
import pandas as pd
import sympy as sp
import re

def material_strength(Concret,rebar,steel):                              ❶
    confc = {'C20':9.6,'C25':11.9,'C30':14.3,'C35':16.7,'C40':19.1,
            'C45':21.1,'C50':23.1,'C55':25.3,'C60':27.5,'C65':29.7,
            'C70':31.8,'C75':33.8,'C80':35.9}
    fc = confc.get(Concret)
    conft = {'C20':1.10,'C25':1.27,'C30':1.43,'C35':1.57,'C40':1.71,
            'C45':1.80,'C50':1.89,'C55':1.96,'C60':2.04,'C65':2.09,
            'C70':2.14,'C75':2.18,'C80':2.22}
    ft = conft.get(Concret)
    reinf = {'HPB300':235,'HRB400':360,'HRB500':435}
    fy = reinf.get(rebar)
    Steel = {'Q235':215,'Q355':310,'Q390':350,'Q420':380}
    fa = Steel.get(steel)
    return fc,ft,fy,fa

def α(fcuk):                                                             ❷
    return min(1.0-0.06*(fcuk-50)/3, 1.0)

def β(fcuk):                                                             ❸
    return min(0.8-0.06*(fcuk-50)/30, 0.8)

def ξ_b(β1,fy,fa,Es):                                                    ❹
```

```
    return β1/(1+(fy+fa)/(2*0.0033*Es))

def ρ_max(fy,ξb,fc):                                           ❺
    return ξb*fc/fy


def determine_size_beam(M,n,k,fc,fy,Es,α1,ρmax):              ❻
    b = sp.symbols('b', real=True)
    ρ = k*ρmax
    R = ρ*fy*(1-ρ*fy/(α1*fc))
    h0 = n*b
    Eq = M-R*b*h0**2
    b = min(sp.solve(Eq,b))
    as1 = 65 if ρ > 0.01 else 40
    h = n*b+as1
    return b,h,ρ*100


def determine_cross_section(γ,h,b,ξb,as1,α1,fc,ft,fy,M):      ❼
    h0 = h-as1
    x = sp.symbols('x', real=True)
    Eq = γ*M-α1*fc*b*x*(h0-x/2)
    x = min(sp.solve(Eq,x))
    ρ_min = max(0.002, 0.45*ft/fy)
    Asmin = ρ_min*b*h
    if x <= ξb*h0:
        As = fc*b*x/fy
        As = max(As,Asmin)
        ρ = As/(b*h0)*100
    else:
        x = ξb*h0
        As = fc*b*x/fy
        ρ = As/(b*h0)
        h0 = h-65 if  ρ > 0.01 else h-40
        x = ξb*h0
        As = fc*b*x/fy
        M1 = fc*b*x*(h0-x/2)
        As1 = (γ*M-M1)/(fy*(h0-as1))
        As = As+As1
        ρ = As/(b*h0)*100
    As1 = As
    return Asmin,As,As1,ρ


def composite_beam(δ1,δ2,h0,α1,fc,b,fy,As,as0,fa,Aaf,aa,tw): ❽
    fy1,As1,as1,fa1,Aaf1,aa1 = fy,As,as0,fa,Aaf,aa
    x = sp.symbols('x', real=True)
    Naweb = (2.5*x/h0-(δ1+δ2))*tw*h0*fa
    Eq = α1*fc*b*x+fy1*As1+fa1*Aaf1-fy*As-fa*Aaf+Naweb
    x = min(sp.solve(Eq, x))
    if δ1*h0 < 1.25*x and δ2*h0 > 1.25*x:
        Maweb = (0.5*(δ1**2+δ2**2)-(δ1+δ2)+2.5*x/h0-(1.25*x/h0)**2)*tw*h0**2*fa
        Naweb = (2.5*x/h0-(δ1+δ2))*tw*h0*fa
```

```
    else:
        Maweb,Naweb = 0,0
    Mu = α1*fc*b*x*(h0-x/2)+fy1*As1*(h0-as1)+fa1*Aaf1*(h0-aa1)+Maweb
    return x,Maweb/1e6,Naweb/1e3,Mu/1e6

def format_output(results):                                              ❾
    output = ["\n 计算结果汇总："]
    for key, value in results.items():
        if key == "df":
            continue
        output.append(f"{key:<8} = {value}")
    return "\n".join(output)

def main():
    Concret,rebar,steel = 'C30','HRB400','Q355'                          ❿
    rebardeq,number,Hac = 22,50,200
    as0,aa,Es = 50,150,2e5
    n,k,η,γ,Mx = 2,0.45,0.38,1.0,1000*1e6
    numbers = re.findall(r'\d+', Concret)
    fcuk = [int(num) for num in numbers][0]

    #钢筋混凝土截面尺寸计算
    fc,ft,fy,fa  = material_strength(Concret,rebar,steel)               ⓫
    α1,β1 = α(fcuk),β(fcuk)
    ξb = ξ_b(β1,fy,fa,Es)
    Mcon = η*Mx
    ρmax = ρ_max(fy,ξb,fc)
    b,h,ρ = determine_size_beam(Mcon,n,k,fc,fy,Es,α1,ρmax)
    h = int(number*((h//number)+1))
    b = int(number*((b//number)+1))

    #选 H 型钢
    H = h-Hac
    df = pd.read_excel('China (GB 2023)-H.xlsx', header=1)
    df = df[df['Name'].str.match('HN')]
    slect_data = df[df['H'].ge(H)].nsmallest(1,'H')

    #型钢混凝土计算
    B = int(slect_data['B'].iloc[0])
    tw = int(slect_data['t1'].iloc[0])
    tf = int(slect_data['t2'].iloc[0])
    Aaf = B*tf
    h0 = h-as0
    δ1,δ2 = ((h-H)/2-tf)/h0,(h-((h-H)/2-tf))/h0
    Asmin,As,As1,ρ = determine_cross_section(γ,h,b,ξb,as0,α1,fc,ft,fy,Mcon)
    rebar_count = As/(pi*(rebardeq/2)**2)
    x,Maw,Naw,Mu = composite_beam(δ1,δ2,h0,α1,fc,b,fy,As,as0,fa,Aaf,aa,tw)

    results = {
        "混凝土抗压强度设计值 \t\t\t fc": f"{fc:.1f} N/mm²",
        "混凝土抗拉强度设计值 \t\t\t ft": f"{ft:.2f} N/mm²",
```

```
            "钢材抗拉强度设计值 \t\t\t fa": f"{fa} N/mm²",
            "钢筋抗拉强度设计值 \t\t\t fy": f"{fy} N/mm²",

            "型钢梁总高度 \t\t\t\t h ": f"{h} mm",
            "型钢梁宽度 \t\t\t\t\t b ": f"{b} mm",
            "型钢梁有效高度 \t\t\t\t h0": f"{h0} mm",
            "选用型钢高度 \t\t\t\t H ": f"{H} mm",
            "选用型钢宽度 \t\t\t\t B ": f"{B} mm",

            "混凝土的调整系数\t\t\t\t α₁": f"{α1:.1f} ",
            "混凝土受压区高度的调整系数\t β₁": f"{β1:.2f} ",
            "混凝土受压区相对高度限值\t\t ξb": f"{ξb:.3f} ",
            "型钢腹板上端至截面上边的距离与 h0 的比值\t δ₁": f"{δ1:.3f} ",
            "型钢腹板下端至截面上边的距离与 h0 的比值\t δ₂": f"{δ2:.3f} ",

            "混凝土受压区高度 \t\t\t\t x": f"{x:.1f} mm",
            "最小配筋面积 \t\t\t\t Asmin": f"{Asmin:.1f} mm²",
            "计算受压配筋面积 \t\t\t\t As1": f"{As1:.1f} mm²",
            "计算受拉配筋面积 \t\t\t\t As": f"{As:.1f} mm²",
            "纵向受拉钢筋配筋率    \t\t\t ρ ": f"{ρ:.3f} %",
            "实配纵向受拉钢筋根数 \t\t\t ": f"{rebar_count:.0f} φ {rebardeq:.0f}",

            "型钢腹板承受的轴力 \t\t\t Naw": f"{Naw:.1f} kN",
            "型钢腹板承受的弯矩 \t\t\t Maw": f"{Maw:.1f} kN·m",
            "型钢混凝土梁受弯承载力设计值\t Mu": f"{Mu:.1f} kN·m",
            "df": slect_data
        }

    print(format_output(results))
    print("\n 选用型钢参数：")
    print(slect_data)

if __name__ == "__main__":
    main()
```

7.1.3 输出结果

运行代码清单 7-1，可得输出结果 7-1。

输 出 结 果　　　　　　　　　　7-1

```
计算结果汇总：
混凝土抗压强度设计值        fc = 14.3 N/mm²
混凝土抗拉强度设计值        ft = 1.43 N/mm²
钢材抗拉强度设计值         fa = 310 N/mm²
钢筋抗拉强度设计值         fy = 360 N/mm²
```

型钢梁总高度   h = 750 mm
型钢梁宽度   b = 350 mm
型钢梁有效高度   h0 = 700 mm
选用型钢高度   H = 550 mm
选用型钢宽度   B = 200 mm
混凝土的调整系数   α₁ = 1.0
混凝土受压区高度的调整系数   β₁ = 0.80
混凝土受压区相对高度限值   ξb = 0.531
型钢腹板上端至截面上边的距离与 h0 的比值   δ₁ = 0.120
型钢腹板下端至截面上边的距离与 h0 的比值   δ₂ = 0.951
混凝土受压区高度   x = 182.3 mm
最小配筋面积   Asmin = 525.0 mm²
计算受压配筋面积   As1 = 1647.4 mm²
计算受拉配筋面积   As = 1647.4 mm²
纵向受拉钢筋配筋率   ρ = 0.672 %
实配纵向受拉钢筋根数   = 4 φ 22
型钢腹板承受的轴力   Naw = -912.3 kN
型钢腹板承受的弯矩   Maw = -101.1 kN·m
型钢混凝土梁受弯承载力设计值 Mu = 1385.4 kN·m
选用型钢参数：

```
RecNo  Name      H      B     t1  ...   Iy3    ix4   iy5    Wx      Wy
73  74  HN550x200 550  200.0  10.0  ..  2140.0 223.0 42.7  2120.0  214.0
[1 rows x 16 columns]
```

7.2 型钢梁受剪承载力计算

7.2.1 项目描述

型钢混凝土框架梁的受剪截面应符合下列公式的规定：

$$V_b \leqslant 0.45 f_c b h_0 \tag{7-8}$$

$$\frac{f_a t_w h_w}{\beta_c f_c b h_0} \geqslant 0.10 \tag{7-9}$$

型钢截面为充满型实腹型钢的型钢混凝土框架梁和转换梁，其斜截面受剪承载力应符合下列公式的规定：

1. 一般框架梁和转换梁

$$V_b \leqslant 0.8 f_t b h_0 + f_{yv} \frac{A_{sv}}{s} h_0 + 0.58 f_a t_w h_w \tag{7-10}$$

2. 集中荷载作用下框架梁和转换梁

$$V_b \leqslant \frac{1.75}{\lambda + 1.0} f_t b h_0 + f_{yv} \frac{A_{sv}}{s} h_0 + \frac{0.58}{\lambda} f_a t_w h_w \tag{7-11}$$

7.2.2　项目代码

本计算程序可以计算型钢梁受剪承载力，代码清单 7-2 中：

❶为定义获取材料强度设计值函数；

❷为定义混凝土的调整系数函数；

❸为定义混凝土受压区高度的调整系数函数；

❹为定义混凝土受压区相对高度限值函数；

❺为定义最大配筋率函数；

❻为定义计算混凝土受剪承载力系数函数，见式(7-8)和式(7-9)；

❼为定义受剪截面的系数取值函数；

❽为定义计算混凝土强度影响系数函数；

❾为定义计算箍筋面积函数；

❿为定义选择钢筋直径函数；

⓫为定义计算钢筋直径及肢数函数；

⓬为定义缓存型钢 xlsx 数据函数；

⓭为定义型钢梁抗剪承载力设计值函数，见式(7-10)和式(7-11)；

⓮为定义格式化输出结果函数；

⓯为给出所需计算参数的初始值，应力单位采用 N、mm 制，内力单位采用 kN、m 制，几何尺寸单位采用 mm 制；

⓰为本行及以下几行代码为利用前面定义的函数计算。

具体见代码清单 7-2。

代 码 清 单　　　　　　　　　　7-2

```python
# -*- coding: utf-8 -*-
import re
from math import sqrt, pi
import bisect
import pandas as pd
from functools import lru_cache

CONCRETE_FC = {
    'C20': 9.6, 'C25': 11.9, 'C30': 14.3, 'C35': 16.7, 'C40': 19.1,
    'C45': 21.1, 'C50': 23.1, 'C55': 25.3, 'C60': 27.5, 'C65': 29.7,
    'C70': 31.8, 'C75': 33.8, 'C80': 35.9
}

CONCRETE_FT = {
    'C20': 1.10, 'C25': 1.27, 'C30': 1.43, 'C35': 1.57, 'C40': 1.71,
    'C45': 1.80, 'C50': 1.89, 'C55': 1.96, 'C60': 2.04, 'C65': 2.09,
    'C70': 2.14, 'C75': 2.18, 'C80': 2.22
}
REBAR_FY = {'HPB300': 235, 'HRB400': 360, 'HRB500': 435}
STEEL_FA = {'Q235': 215, 'Q355': 310, 'Q390': 350, 'Q420': 380}
```

```
DIAMETERS = [6, 8, 10, 12, 14, 16, 18, 20, 22, 25, 28, 32]

def material_strength(concrete, rebar, steel):                    ❶
    return (
        CONCRETE_FC[concrete],
        CONCRETE_FT[concrete],
        REBAR_FY[rebar],
        STEEL_FA[steel]
    )

def α(fcuk):                                                       ❷
    return min(1.0-0.06*(fcuk-50)/3, 1.0)

def β(fcuk):                                                       ❸
    return min(0.8-0.06*(fcuk-50)/30, 0.8)

def ξ_b(β1,fy,fa,Es):                                             ❹
    return β1/(1+(fy+fa)/(2*0.0033*Es))

def ρ_max(fy,ξb,fc):                                              ❺
    return ξb*fc/fy

def αcv1(λ):                                                      ❻
    return 0.7 if λ == 0  else 1.75/(λ+1)

def coefficient_of_shear_section(hw,b):                           ❼
    ratio = hw / b
    if ratio <= 4:
        return 0.25
    if ratio >= 6:
        return 0.2
    return 0.25-(0.25-0.2)*(ratio-4)/2

def βc1(fcuk):                                                    ❽
    if fcuk <= 50:
        return 1.0
    if fcuk >= 80:
        return 0.8
    return 1.0-(1.0-0.8)*(fcuk-50)/30

def calculate_Asv(γ,V,λ,αcv,b,h0,ft,fyv,s):                       ❾
    V = V*1e3
    Asv_min = 0.24*ft/fyv*b*s
    if γ*V < 0.8*ft*b*h0:
        return Asv_min
    Asv = (γ*V-0.8*ft*b*h0)*s/(fyv*h0)
    return max(Asv,Asv_min)

def d_reinf(ds):                                                  ❿
```

```
    idx = bisect.bisect_right(DIAMETERS, ds)
    return DIAMETERS[idx] if idx < len(DIAMETERS) else DIAMETERS[-1]

def bar_diameter(Asv1, num_strup_legs):                                    ⓫
    d = max(sqrt(4*Asv1/(num_strup_legs*pi)),4)
    d_selected = d_reinf(d)
    if d_selected > 12:
        num_strup_legs = 4
        d = sqrt(4*Asv1/(num_strup_legs*pi))
        d_selected = d_reinf(max(d, 4))
    return d_selected, num_strup_legs


@lru_cache(maxsize=None)
def load_steel_data():                                                     ⓬
    df = pd.read_excel('China (GB 2023)-H.xlsx', header=1)
    return df[df['Name'].str.match('HN')]


def shear_bearing_capacity_beam(ft,b,h0,fyv,Asv,s,fa,tw,hw):               ⓭
    Vcs = 0.8*ft*b*h0+fyv*Asv/s*h0
    Va = 0.58*fa*tw*hw
    Vu = Vcs+Va
    return Vcs/1e3,Va/1e3,Vu/1e3


def format_output(results):                                                ⓮
    output = ["\n 计算结果汇总："]
    for key, value in results.items():
        if key == "df":
            continue
        output.append(f"{key:<8} = {value}")
    return "\n".join(output)


def main():
    Concret,rebar,steel = 'C35','HRB400','Q355'                            ⓯
    as0,Es,Hac = 50,2e5,200
    b,h,λ,s = 300,600,1.5,150
    γ,η,V = 1.0,0.38,816

    fc,ft,fy,fa = material_strength(Concret, rebar, steel)                 ⓰
    fcuk = int(re.findall(r'\d+', Concret)[0])
    fyv = fy

    α1,β1 = α(fcuk),β(fcuk)
    ξb = ξ_b(β1,fy,fa,Es)
    hw = h0 = h-as0
    βc = βc1(fcuk)
    legs = 2

    if η*V*1e3 > 0.45*βc*fc*b*h0:
        print("截面尺寸不足，请重新设计")
```

```
    return

Asv1 = calculate_Asv(γ,η*V,λ,αcv1(λ),b,h0,ft,fy,s)
d,num_strup_legs = bar_diameter(Asv1,legs)
ρsv = Asv1/(b*s)*100

df = load_steel_data()
slect_data = df[df['H'].ge(h-Hac)].nsmallest(1,'H')
H = int(slect_data['H'].iloc[0])
B = int(slect_data['B'].iloc[0])
tw = int(slect_data['t1'].iloc[0])
tf = int(slect_data['t2'].iloc[0])

hw = H-2*tf
Asv1 = d**2*pi/4*num_strup_legs
Vcs,Va,Vu = shear_bearing_capacity_beam(ft,b,h0,fyv,Asv1,s,fa,tw,hw)

results = {
    "混凝土强度等级 \t\t\t\t fcuk": f"{fcuk:.0f} N/mm²",
    "混凝土抗压强度设计值 \t\t\t fc": f"{fc:.1f} N/mm²",
    "混凝土抗压强度设计值 \t\t\t ft": f"{ft:.2f} N/mm²",
    "钢材抗拉强度设计值 \t\t\t fa": f"{fa} N/mm²",
    "钢筋抗拉强度设计值 \t\t\t fy": f"{fy} N/mm²",

    "选用型钢 \t\t\t\t\t": slect_data['Name'].values[0],
    "选用型钢高度 \t\t\t\t H ": f"{H} mm",
    "选用型钢宽度 \t\t\t\t B ": f"{B} mm",
    "型钢腹板高度 \t\t\t\t hw": f"{hw:.1f} mm",
    "型钢腹板厚度 \t\t\t\t tw": f"{tw:.1f} mm",
    "型钢翼缘厚度 \t\t\t\t tf": f"{tf:.1f} mm",

    "型钢梁总高度 \t\t\t\t h ": f"{h} mm",
    "型钢梁宽度 \t\t\t\t\t b ": f"{b} mm",
    "型钢梁有效高度 \t\t\t\t h0": f"{h0} mm",

    "混凝土的调整系数\t\t\t\t α₁": f"{α1:.1f} ",
    "混凝土受压区高度的调整系数\t β₁": f"{β1:.2f} ",
    "混凝土受压区相对高度限值\t\t ξb": f"{ξb:.3f} ",

    "矩形截面钢筋混凝土梁配箍率\t Asv1": f"{Asv1:.0f} mm²",
    "矩形截面钢筋混凝土梁配箍率\t ρsv": f"{ρsv:.3f}%",
    "实配抗剪钢筋根数 \t\t\t\t": f"{num_strup_legs:.0f} ф {d:.0f}",

    "型钢混凝土梁所受剪力设计值\t V": f"{V:.1f} kN",
    "型钢梁钢筋混凝土部分剪力承载力设计值 Vcs": f"{Vcs:.1f} kN",
    "型钢梁型钢部分剪力承载力设计值\t Va": f"{Va:.1f} kN",
    "型钢混凝土梁受剪承载力设计值\t Vu": f"{Vu:.1f} kN",
    "材料利用率 \t\t\t\t\t η": f"{V/Vu:.3f}",
    "df": slect_data
```

```
    }

    print(format_output(results))
    print("\n 选用型钢参数：")
    print(slect_data)

if __name__ == "__main__":
    main()
```

7.2.3 输出结果

运行代码清单 7-2，可得输出结果 7-2。

输 出 结 果   7-2

```
计算结果汇总：
混凝土强度等级               fcuk = 35 N/mm²
混凝土抗压强度设计值          fc = 16.7 N/mm²
混凝土抗压强度设计值          ft = 1.57 N/mm²
钢材抗拉强度设计值            fa = 310 N/mm²
钢筋抗拉强度设计值            fy = 360 N/mm²
选用型钢                     = HN400x150
选用型钢高度                 H  = 400 mm
选用型钢宽度                 B  = 150 mm
型钢腹板高度                 hw = 374.0 mm
型钢腹板厚度                 tw = 8.0 mm
型钢翼缘厚度                 tf = 13.0 mm
型钢梁总高度                 h  = 600 mm
型钢梁宽度                   b  = 300 mm
型钢梁有效高度               h0 = 550 mm
混凝土的调整系数             α₁ = 1.0
混凝土受压区高度的调整系数    β₁ = 0.80
混凝土受压区相对高度限值      ξb = 0.531
矩形截面钢筋混凝土梁配箍率    Asv1 = 101 mm²
矩形截面钢筋混凝土梁配箍率    ρsv = 0.173%
实配抗剪钢筋根数             = 2 φ 8
型钢混凝土梁所受剪力设计值    V = 816.0 kN
型钢梁钢筋混凝土部分剪力承载力设计值 Vcs = 339.9 kN
型钢梁型钢部分剪力承载力设计值      Va = 538.0 kN
型钢混凝土梁受剪承载力设计值   Vu = 877.9 kN
材料利用率                   η = 0.929
选用型钢参数：
RecNo         Name    H     B     t1  ...   Iy3    ix4   iy5    Wx    Wy
57       58  HN400x150 400  150.0  8.0 ...  734.0  163.0  32.2  929.0  97.8

[1 rows x 16 columns]
```

7.3 型钢梁构件裂缝和挠度计算

7.3.1 项目描述

型钢混凝土梁的最大裂缝宽度可按下列公式计算：

$$w_{\max} = 1.9\psi\frac{\sigma_{sa}}{E_s}\left(1.9c_s + 0.08\frac{d_e}{\rho_{te}}\right) \tag{7-12}$$

$$\psi = 1.1(1 - M_{cr}/M_q) \tag{7-13}$$

$$M_{cr} = 0.235bh^2 f_{tk} \tag{7-14}$$

$$\sigma_{sq} = \frac{M_q}{0.87(A_s h_{0s} + A_{af}h_{0f} + kA_{aw}h_{0w})} \tag{7-15}$$

$$k = \frac{0.25h - 0.5t_f - a_a}{h_w} \tag{7-16}$$

$$d_e = \frac{4(A_s + A_{af} + kA_{aw})}{u} \tag{7-17}$$

$$u = n\pi d_s + (2b_f + 2t_f + 2kh_{aw}) \times 0.7 \tag{7-18}$$

$$\rho_{te} = \frac{A_s + A_{af} + kA_{aw}}{0.5bh} \tag{7-19}$$

型钢混凝土框架梁和转换梁的纵向受拉钢筋配筋率为 0.3%～1.5%时，按荷载的准永久值计算的短期刚度和考虑长期作用影响的长期刚度，可按下列公式计算：

$$B_s = \left(0.22 + 3.75\frac{E_s}{E_c}\rho_s\right)E_c I_c + E_a I_a \tag{7-20}$$

$$B = \frac{B_s - E_a I_a}{\theta} + E_a I_a \tag{7-21}$$

$$\theta = 2.0 - 0.4\frac{\rho'_{sa}}{\rho_{sa}} \tag{7-22}$$

型钢混凝土梁最大裂缝宽度计算参数示意图见图 7-3。

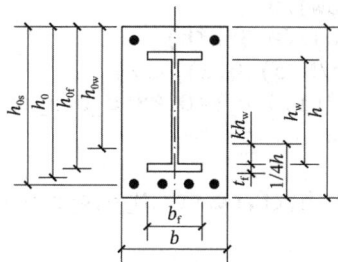

图 7-3 型钢混凝土梁最大裂缝宽度计算参数示意

7.3.2 项目代码

本计算程序可以计算型钢梁构件裂缝和挠度，代码清单 7-3 中：

❶为定义混凝土强度标准值函数；

❷为定义裂缝宽度验算函数，见式(7-12)～式(7-19)；

❸为定义挠度验算函数，见式(7-20)～式(7-22)；

❹为定义格式化输出结果函数；

❺给出所需计算参数的初始值，应力单位采用 N、mm 制，内力单位采用 kN、m 制，几何尺寸单位采用 mm 制；

❻本行及以下几行代码为利用前面定义的函数计算。

具体见代码清单 7-3。

代 码 清 单　　　　　　　　7-3

```
# -*- coding: utf-8 -*-
import math
import pandas as pd

def material_strength(Concret):                                          ❶
    conftk = {'C20':1.54,'C25':1.78,'C30':2.01,'C35':2.20,'C40':2.39,
              'C45':2.51,'C50':2.64,'C55':2.74,'C60':2.85,'C65':2.93,
              'C70':2.99,'C75':3.05,'C80':3.11}
    ftk = conftk.get(Concret)
    return ftk

def w_max(c_s,d_s,H,B,b,h,tf,tw,ftk,M_q,A_s,n,Es):                       ❷
    h0s = h-c_s-d_s/2
    h0f = h-(H/2+c_s)-tf/2
    h0w = 0.75*h+(0.25*h-H/2-tf)/2
    M_cr = 0.235*b*h**2*ftk
    A_af = B*tf
    A_aw = (H-2*tf)*tw
    k = (0.25*h-0.5*tf-(H/2+c_s))/(H-2*tf)
    σ_sa = M_q/(0.87*(A_s*h0s+A_af*h0f+k*A_aw*h0w))
    u = n*math.pi*d_s+0.7*(2*B+2*tf+2*k*(H-2*tf))
    d_e = 4*(A_s+A_af+k*A_aw)/u
    ρ_te = (A_s+A_af+k*A_aw)/(0.5*b*h)
    ψ = min(max(1.1*(1-M_cr/M_q),0.2),1.0)
    wmax = 1.9*ψ*(σ_sa/Es)*(1.9*c_s+0.08*d_e/ρ_te)
    return M_cr,ψ,σ_sa,wmax

def deflection(c_s,d_s,H,B,b,h,tf,tw,ftk,M_q,A_s,n,Es,Ec,E_ss,l0,ρsa1,ρsa):❸
    h0s = h-c_s-d_s/2
    I_c = b*h**3/12
    I_af = B*tf**3/12+B*tf*((H-tf)/2)**2
    I_aw = tw*(H-2*tf)**3/12
    I_a = 2*(I_af+I_aw)
    ρ_s = A_s/(b*h0s)
    B_short = (0.22+3.75*(Es/Ec)*ρ_s)*Ec*I_c+E_ss*I_a
```

```
    θ = 2.0-0.4*ρsa1/ρsa
    B_long = (B_short-E_ss*I_a)/θ+E_ss*I_a
    f = 5/48*M_q*l0**2/B_long
    return B_short,B_long,f


def format_output(results):                                         ❹
    #格式化输出结果
    output = ["\n 计算结果汇总: "]
    for key, value in results.items():
        if key == "df":
            continue
        output.append(f"{key:<8} = {value}")
    return "\n".join(output)


def main():                                                         ❺
    b = 350         # 截面宽度(mm)
    h = 650         # 截面高度(mm)
    h0 = 615         # 有效高度(mm)
    l0 = 7000       # 计算跨度(mm)
    c_s = 25         # 保护层厚度(mm)
    n = 4           # 钢筋数量
    d_s = 20         # 钢筋直径(mm)
    A_s = 628        # 钢筋面积(mm²)
    Es = 2.0e5       # 钢筋弹性模量(N/mm²)
    E_ss = 2.06e5    # 型钢弹性模量(N/mm²)
    Ec = 3.0e4      # 弹性模量(N/mm²)
    M_q = 223e6      # 准永久组合弯矩(N·mm)
    w_lim = 0.2      # 裂缝宽度限值(mm)
    f_lim = l0/250   # 挠度限值(mm)

    target_name = 'HN400x200'  # 所选型钢型号
    ftk = material_strength('C30')                                  ❻

    df = pd.read_excel(r'China (GB 2023)-H.xlsx', header=1)
    filtered_rows = df[df['Name'] == target_name]
    H = int(filtered_rows['H'].iloc[0])
    B = int(filtered_rows['B'].iloc[0])
    tw = int(filtered_rows['t1'].iloc[0])
    tf = int(filtered_rows['t2'].iloc[0])

    M_cr,ψ,σ_sa,wmax = w_max(c_s,d_s,H,B,b,h,tf,tw,ftk,M_q,A_s,n,Es)
    ρsa1 = ρsa = A_s/(b*h0)
    B_short,B_long,f = deflection(c_s,d_s,H,B,b,h,tf,tw,ftk,M_q,
                                  A_s,n,Es,Ec,E_ss,l0,ρsa1,ρsa)

    results = {
        "混凝土抗拉强度设计值 \t\t\t\t ftk": f"{ftk:.2f} N/mm²",
        "选用型钢高度 \t\t\t\t\t H ": f"{H} mm",
        "选用型钢宽度 \t\t\t\t\t B ": f"{B} mm",
```

```
            "选用型钢高度 \t\t\t\t\t tf ": f"{tf:.1f} mm",
            "选用型钢宽度 \t\t\t\t\t tw ": f"{tw:.1f} mm",
            "型钢梁总高度 \t\t\t\t\t h ": f"{h} mm",
            "型钢梁宽度 \t\t\t\t\t\t b ": f"{b} mm",

            "型钢梁抵抗弯矩 \t\t\t\t\t M_cr": f"{M_cr/1e6:.2f} kN·m",
            "考虑型钢翼缘作用的钢筋应变不均匀系数 ψ": f"{ψ:.2f}",
            "考虑型钢受拉翼缘和部分腹板及受拉钢筋应力值 σ_sa": f"{σ_sa:.1f} N/mm²",
            "型钢梁最大裂缝宽度 \t\t\t\t wmax": f"{wmax:.3f} mm",
            "型钢梁裂缝宽度限值 \t\t\t\t w_lim": f"{w_lim:.2f} mm",
            "型钢梁的短期刚度 \t\t\t\t\t B_short": f"{B_short:.2e} N·mm²",
            "型钢梁考虑长期作用影响的长期刚度 \t B_long": f"{B_long:.2e} N·mm²",
            "型钢梁计算挠度 \t\t\t\t\t f": f"{f:.2f} mm",
            "型钢梁挠度限值 \t\t\t\t\t f_lim": f"{f_lim:.2f} mm",
        }
    print(format_output(results))
    print(f"裂缝宽度: \t 计算值 {wmax:.3f}mm < 限值为 {w_lim}mm?
                                                {wmax < w_lim}")

    print(f"挠度: \t\t 计算值 {f:.1f}mm < 限值为 {f_lim:.1f}mm? {f < f_lim}\n")


if __name__ == "__main__":
    main()
```

7.3.3　输出结果

运行代码清单 7-3，可得输出结果 7-3。

输　出　结　果　　　　　　　　　　　　7-3

```
计算结果汇总：
混凝土抗拉强度设计值            ftk = 2.01 N/mm²
选用型钢高度                   H  = 400 mm
选用型钢宽度                   B  = 200 mm
选用型钢高度                   tf = 13.0 mm
选用型钢宽度                   tw = 8.0 mm
型钢梁总高度                   h  = 650 mm
型钢梁宽度                     b  = 350 mm
型钢梁抵抗弯矩                 M_cr = 69.85 kN·m
考虑型钢翼缘作用的钢筋应变不均匀系数 ψ = 0.76
考虑型钢受拉翼缘和部分腹板及受拉钢筋应力值 σ_sa = 210.2 N/mm²
型钢梁最大裂缝宽度             wmax = 0.193 mm
型钢梁裂缝宽度限值             w_lim = 0.20 mm
型钢梁的短期刚度               B_short = 1.25e+14 N·mm²
型钢梁考虑长期作用影响的长期刚度  B_long = 9.85e+13 N·mm²
型钢梁计算挠度                 f = 11.56 mm
型钢梁挠度限值                 f_lim = 28.00 mm
```

裂缝宽度： 计算值 0.193mm < 限值为 0.2mm? True
挠度： 计算值 11.6mm < 限值为 28.0mm? True

7.4 轴心受压柱承载力计算

7.4.1 项目描述

型钢混凝土轴心受压柱的正截面受压承载力应符合下列公式的规定：

$$N \leqslant 0.9\varphi\left(f_c A + f_y' A_s' + f_a' A_a'\right) \tag{7-23}$$

型钢混凝土柱轴心受压稳定系数见表 7-1，型钢混凝土柱中型钢保护层最小厚度见图 7-4。型钢混凝土柱中型钢钢板宽厚比限值见表 7-2，型钢混凝土柱中型钢钢板宽厚比参数示意见图 7-5。

型钢混凝土柱轴心受压稳定系数　　　　　　　　表 7-1

l_0/i	$\leqslant 28$	35	42	48	55	62	69	76	83	90	97	104
φ	1.00	0.98	0.95	0.92	0.87	0.81	0.75	0.70	0.65	0.60	0.56	0.52

注：1. l_0 为构件的计算长度；

2. i 为截面的最小回转半径，$i = \sqrt{\dfrac{E_c I_c + E_a I_a}{E_c A_c + E_a A_a}}$。

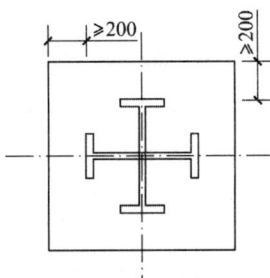

图 7-4 型钢混凝土柱中型钢保护层最小厚度

型钢混凝土柱中型钢钢板宽厚比限值　　　　　　　　表 7-2

钢号	柱		
	b_{f1}/t_f	h_w/t_w	B/t
Q235	$\leqslant 23$	$\leqslant 96$	$\leqslant 72$
Q355、Q355GJ	$\leqslant 19$	$\leqslant 81$	$\leqslant 61$
Q390	$\leqslant 18$	$\leqslant 75$	$\leqslant 56$
Q420	$\leqslant 17$	$\leqslant 71$	$\leqslant 54$

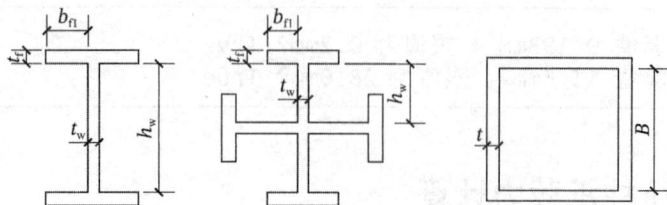

图 7-5 型钢混凝土柱中型钢钢板宽厚比

7.4.2 项目代码

本计算程序可以计算轴心受压柱承载力，代码清单 7-4 中：

❶为定义混凝土、钢筋、钢材的强度设计值函数；

❷为定义计算截面面积函数；

❸为定义计算混凝土惯性矩函数；

❹为定义计算回转半径函数（表 7-1 注 2）；

❺为定义计算稳定系数函数（表 7-1）；

❻为定义计算轴心受压承载力函数，见式(7-23)；

❼为定义格式化输出结果函数函数；

❽为给出所需计算参数的初始值，应力单位采用 N、mm 制，内力单位采用 kN、m 制，几何尺寸单位采用 mm 制；

❾为本行及以下几行代码为利用前面定义的函数计算。

具体见代码清单 7-4。

代 码 清 单　　　　　　　　　　7-4

```python
# -*- coding: utf-8 -*-
import bisect
import pandas as pd


def material_strength(Concret,rebar,steel):                              ❶
    confc = {'C20':9.6,'C25':11.9,'C30':14.3,'C35':16.7,'C40':19.1,
            'C45':21.1,'C50':23.1,'C55':25.3,'C60':27.5,'C65':29.7,
            'C70':31.8,'C75':33.8,'C80':35.9}
    fc = confc.get(Concret)
    conft = {'C20':1.10,'C25':1.27,'C30':1.43,'C35':1.57,'C40':1.71,
            'C45':1.80,'C50':1.89,'C55':1.96,'C60':2.04,'C65':2.09,
            'C70':2.14,'C75':2.18,'C80':2.22}
    ft = conft.get(Concret)
    reinf = {'HPB300':235,'HRB400':360,'HRB500':435}
    fy = reinf.get(rebar)
    Steel = {'Q235':215,'Q355':310,'Q390':350,'Q420':380}
    fa = Steel.get(steel)
    return fc,ft,fy,fa
```

```
def Calc_cross_sectional_area(Aa,b,h,num_bars,As_per_bar):          ❷
    Ac = b*h-Aa
    As = num_bars*As_per_bar
    return Ac, As

def Calc_Ic(b,h,Iax,Iay):                                          ❸
    Icx = (1/12)*b*h**3-Iax
    Icy = (1/12)*b**3*h-Iay
    return Icx, Icy

def Calc_i(Ec,Icx,Icy,Ea,Iax,Iay,Ac,Aa,l0):                       ❹
    denominator = Ec*Ac+Ea*Aa
    i = []
    for Ia in (Iax,Iax):
        numerator = Ec*Icx+Ea*Ia
        i.append((numerator/denominator)**0.5)
    lambda_ratio = l0/min(i)
    return i,lambda_ratio

def get_φ(target_lo_i):                                            ❺
    lo_i_values = [28, 35, 42, 48, 55, 62, 69, 76, 83, 90, 97, 104]
    φ_values = [1.00, 0.98, 0.95, 0.92, 0.87, 0.81, 0.75, 0.70, 0.65,
                0.60, 0.56, 0.52]
    if target_lo_i <= 28:
        return φ_values[0]
    idx = bisect.bisect_left(lo_i_values, target_lo_i)
    if idx < len(lo_i_values) and lo_i_values[idx] == target_lo_i:
        return φ_values[idx]
    if idx == 0:
        return φ_values[0]
    elif idx >= len(lo_i_values):
        return φ_values[-1]
    else:
        left_idx, right_idx = idx-1, idx

    x0, x1 = lo_i_values[left_idx], lo_i_values[right_idx]
    y0, y1 = φ_values[left_idx], φ_values[right_idx]

    interpolated_φ = y0+(y1-y0)*(target_lo_i-x0)/(x1-x0)
    return interpolated_φ

def Calc_axial_compressive_capacity(φ,fc,Ac,fy_prime,As,fa_prime,Aa):  ❻
    N = 0.9*φ*(fc*Ac+fy_prime*As+fa_prime*Aa)/1e3
    return N

def format_output(results):                                        ❼
    output = ["\n 计算结果汇总："]
    for key, value in results.items():
        if key == "df":
            continue
```

```
        output.append(f"{key:<8} = {value}")
    return "\n".join(output)

def main():
    l0 = 5400  # 计算长度 (mm)                                              ❽
    b = 600  # 柱截面宽度 (mm)
    h = 400  # 柱截面高度 (mm)
    As_per_bar = 314  # 单根钢筋面积 (mm²)
    num_bars = 6  # 钢筋数量
    Ea = 2.06e5
    Ec = 3.0e4
    target_name = 'HM294x200'  # 所选型钢型号

    df = pd.read_excel(r'China (GB 2023)-H.xlsx', header=1)
    filtered_rows = df[df['Name'] == target_name]
    H = int(filtered_rows['H'].iloc[0])
    bf = int(filtered_rows['B'].iloc[0])
    tw = int(filtered_rows['t1'].iloc[0])
    tf = int(filtered_rows['t2'].iloc[0])
    Aa = (int(filtered_rows['A'].iloc[0]))*100
    Iax = (int(filtered_rows['Ix2'].iloc[0]))*1e4
    Iay = (int(filtered_rows['Iy3'].iloc[0]))*1e4

    Concret,rebar,steel = 'C30','HRB400','Q235'                            ❾
    fc,ft,fy,fa  = material_strength(Concret,rebar,steel)
    Ac, As = Calc_cross_sectional_area(Aa,b,h,num_bars,As_per_bar)
    Icx,Icy = Calc_Ic(b,h,Iax,Iay)
    i,lambda_ratio = Calc_i(Ec,Icx,Icy,Ea,Iax,Iay,Ac,Aa,l0)
    i = 109.6
    φ_result = get_φ(lambda_ratio)
    N = Calc_axial_compressive_capacity(φ_result,fc,Ac,fy,As,fa,Aa)
    results = {
        "混凝土抗压强度设计值 \t\t\t fc": f"{fc:.1f} N/mm²",
        "混凝土抗拉强度设计值 \t\t\t ft": f"{ft:.2f} N/mm²",
        "钢材抗拉强度设计值 \t\t\t fa": f"{fa} N/mm²",
        "钢筋抗拉强度设计值 \t\t\t fy": f"{fy} N/mm²",

        "型钢柱总高度 \t\t\t\t h ": f"{h} mm",
        "型钢柱宽度 \t\t\t\t\t b ": f"{b} mm",
        "选用型钢高度 \t\t\t\t H ": f"{H} mm",
        "选用型钢宽度 \t\t\t\t B ": f"{bf} mm",
        "选用型钢翼缘厚度 \t\t\t tf ": f"{tf:.1f} mm",
        "选用型钢腹板厚度 \t\t\t tw ": f"{tw:.1f} mm",
        "型钢面积 \t\t\t\t\t Aa": f"{Aa:.1f} mm²",
        "混凝土面积 \t\t\t\t\t Ac": f"{Ac:.1f} mm²",
        "钢筋面积 \t\t\t\t\t As": f"{As:.1f} mm²",
        "型钢绕强轴惯性矩 \t\t\t\t Iax": f"{Iax:.2e} mm⁴",
        "型钢绕弱轴惯性矩 \t\t\t\t Iay": f"{Iay:.2e} mm⁴",
        "混凝土绕强轴惯性矩 \t\t\t Icx": f"{Icx:.2e} mm⁴",
        "混凝土绕弱轴惯性矩 \t\t\t Icy": f"{Icy:.2e} mm⁴",
```

```
        "型钢柱回转半径 \t\t\t\t i": f"{i:.1f} mm",
        "型钢柱长细比 \t\t\t\t λ": f"{lambda_ratio:.1f}",
        "型钢柱稳定系数 \t\t\t\t φ": f"{φ_result:.3f}",
        "型钢柱轴心受压承载力 \t\t\t N": f"{N:.1f} kN",
    }
    print(format_output(results))

if __name__ == "__main__":
    main()
```

7.4.3　输出结果

运行代码清单 7-4，可得输出结果 7-4。

输　出　结　果　　　　　　　　　　　　　　　　7-4

```
计算结果汇总：
混凝土抗压强度设计值          fc = 14.3 N/mm²
混凝土抗拉强度设计值          ft = 1.43 N/mm²
钢材抗拉强度设计值           fa = 215 N/mm²
钢筋抗拉强度设计值           fy = 360 N/mm²
型钢柱总高度              h  = 400 mm
型钢柱宽度               b  = 600 mm
选用型钢高度              H  = 294 mm
选用型钢宽度              B  = 200 mm
选用型钢翼缘厚度            tf = 12.0 mm
选用型钢腹板厚度            tw = 8.0 mm
型钢面积                Aa = 7100.0 mm²
混凝土面积               Ac = 232900.0 mm²
钢筋面积                As = 1884.0 mm²
型钢绕强轴惯性矩            Iax = 1.11e+08 mm⁴
型钢绕弱轴惯性矩            Iay = 1.60e+07 mm⁴
混凝土绕强轴惯性矩           Icx = 3.09e+09 mm⁴
混凝土绕弱轴惯性矩           Icy = 7.18e+09 mm⁴
型钢柱回转半径             i = 109.6 mm
型钢柱长细比              λ = 46.2
型钢柱稳定系数             φ = 0.929
型钢柱轴心受压承载力          N = 4628.5 kN
```

7.5　压弯型钢柱型钢和配筋计算

7.5.1　项目描述

型钢截面为充满型实腹型钢的型钢混凝土偏心受压框架柱和转换柱（图 7-6），其正截面受压承载力应符合下列规定：

$$N \leqslant \alpha_1 f_c bx + f_y' A_s' + f_a' A_{af}' - \sigma_s A_s - \sigma_a A_{af} + N_{aw} \tag{7-24}$$

$$Ne \leqslant \alpha_1 f_c bx\left(h_0 - \frac{x}{2}\right) + f_y' A_s'(h_0 - a_s') + f_a' A_{af}'(h_0 - a_s') + M_{aw} \tag{7-25}$$

$$h_0 = h - a \tag{7-26}$$

$$e = e_i + \frac{h}{2} - a \tag{7-27}$$

$$e_i = e_0 + e_a \tag{7-28}$$

$$e_0 = \frac{M}{N} \tag{7-29}$$

M_{aw}、N_{aw} 应按下列公式计算：

当 $\delta_1 h_0 < \dfrac{x}{\beta_1}$，$\delta_2 h_0 > \dfrac{x}{\beta_1}$ 时，

$$N_{aw} = \left[\frac{2x}{\beta_1 h_0} - (\delta_1 + \delta_2)\right] t_w h_0 f_a \tag{7-30}$$

$$M_{aw} = \left[0.5(\delta_1^2 + \delta_2^2) - (\delta_1 + \delta_2) + \frac{2x}{\beta_1 h_0} - \left(\frac{x}{\beta_1 h_0}\right)^2\right] t_w h_0^2 f_a \tag{7-31}$$

当 $\delta_1 h_0 < \dfrac{x}{\beta_1}$，$\delta_2 h_0 < \dfrac{x}{\beta_1}$ 时，

$$N_{aw} = (\delta_1 + \delta_2) t_w h_0 f_a \tag{7-32}$$

$$M_{aw} = \left[0.5(\delta_1^2 + \delta_2^2) - (\delta_1 + \delta_2)\right] t_w h_0^2 f_a \tag{7-33}$$

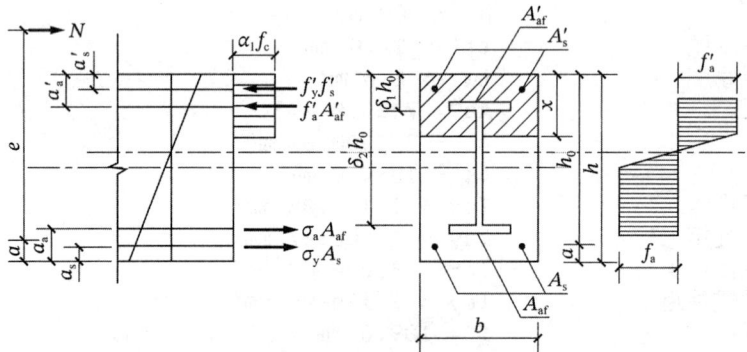

图 7-6　偏心受压框架柱和转换柱的承载力计算参数示意

受拉或受压较小边的钢筋应力 σ_s 和型钢翼缘应力 σ_a 可按下列规定计算：

当 $x \leqslant \xi_b h_0$ 时，$\sigma_s = f_y$，$\sigma_a = f_a$；

当 $x > \xi_b h_0$ 时，

$$\sigma_s = \frac{f_y}{\xi_b - \beta_1}\left(\frac{x}{h_0} - \beta_1\right) \tag{7-34}$$

$$\sigma_a = \frac{f_a}{\xi_b - \beta_1}\left(\frac{x}{h_0} - \beta_1\right) \tag{7-35}$$

ξ_b可按下式计算：

$$\xi_b = \frac{\beta_1}{1 + \dfrac{f_y + f_a}{2 \times 0.003 E_s}}$$

(7-36)

7.5.2　项目代码

本计算程序可以计算压弯型钢柱型钢和配筋，代码清单 7-5 中：

❶为定义混凝土、钢筋、钢材的强度设计值函数；

❷为定义混凝土受压区高度的调整系数函数；

❸为定义混凝土受压区相对高度限值函数，见式(7-36)；

❹为定义型钢参数函数；

❺为定义计算有效高度函数；

❻为定义计算参数δ_1和δ_2函数；

❼为定义钢筋和型钢应力系数函数；

❽为定义N_{aw}系数计算函数；

❾为定义平衡方程系数计算函数；

❿为定义求解ξ、计算实际应力和验证函数；

⓫为定义弯矩承载力计算函数，见式(7-24)～式(7-35)；

⓬为定义格式化输出结果函数；

⓭为给出所需计算参数的初始值，应力单位采用 N、mm 制，内力单位采用 kN、m 制，几何尺寸单位采用 mm 制；

⓮本行及以下几行代码为利用前面定义的函数计算。

具体见代码清单 7-5。

代 码 清 单　　　　　　　　　　　7-5

```
# -*- coding: utf-8 -*-
import re
import pandas as pd

def material_strength(Concret,rebar,steel):                      ❶
    confc = {'C20':9.6,'C25':11.9,'C30':14.3,'C35':16.7,'C40':19.1,
            'C45':21.1,'C50':23.1,'C55':25.3,'C60':27.5,'C65':29.7,
            'C70':31.8,'C75':33.8,'C80':35.9}
    fc = confc.get(Concret)
    reinf = {'HPB300':235,'HRB335':300,'HRB400':360,'HRB500':435}
    fy = reinf.get(rebar)
    Steel = {'Q235':215,'Q355':310,'Q390':350,'Q420':380}
    fa = Steel.get(steel)
    return fc,fy,fa
```

```python
def β(fcuk):                                                              ❷
    return min(0.8-0.06*(fcuk-50)/30, 0.8)


def ξ_b(β1,fy,fa,Es):                                                    ❸
    return 0.8/(1+(fy+fa)/(2*0.003*Es))


def steel_parameters(t_f,b_af):                                          ❹
    A_af_c = b_af*t_f
    A_af_t = A_af_c    # 假设对称
    return A_af_c, A_af_t


def Cal_effective_height(As1,h,fy,t_f,As2,A_af_c,fa):                    ❺
    numerator = (As1*fy*40)+(As2*fy*110)+(A_af_c*fa*(180+t_f/2))
    denominator = (As1*fy)+(As2*fy)+(A_af_c*fa)
    a = numerator/denominator
    h0 = h-a
    return h0


def Cal_δ1_δ2(h0,h,aaf):                                                 ❻
    δ1 = aaf / h0
    δ2 = (h-aaf) / h0
    return δ1,δ2


def stress_coeff_Reinf_structural_steel(fy,fa,ξb):                       ❼
    σ_s_coeff = fy/(ξb-0.8)
    σ_s_const = -0.8*σ_s_coeff
    σ_a_coeff = fa/(ξb-0.8)
    σ_a_const = -0.8*σ_a_coeff
    return σ_s_coeff,σ_s_const,σ_a_coeff, σ_a_const


def Cal_N_aw_coeff(β1,t_w,h0,fa,δ1,δ2):                                  ❽
    #
    N_aw_coeff = (2.5*t_w*h0*fa)-(t_w*h0*fa*(δ1+δ2))
    N_aw_const = -(δ1+δ2)*t_w*h0*fa
    return N_aw_coeff, N_aw_const


def Cal_equilibrium_equation_coeff(fc,b,h0,fy,As_c,σ_s_coeff,
                    σ_a_coeff,A_af_t,As_t,fa,A_af_c,
                    σ_s_const,σ_a_const,N_aw_coeff,N_aw_const):          ❾
    term1_coeff = 1.0*fc*b*h0
    term2 = fy*As_c+fa*A_af_c
    term3_coeff = σ_s_coeff*As_t+σ_a_coeff*A_af_t
    term3_const = σ_s_const*As_t+σ_a_const*A_af_t
    total_coeff = term1_coeff+term3_coeff+N_aw_coeff
    total_const = term2+term3_const+N_aw_const
    return total_coeff, total_const


def Cal_ξ_actual_stress(N_design,total_const,total_coeff,h0,σ_s_coeff,σ_a_coeff):  ❿
    ξ = (N_design-total_const)/total_coeff
```

```
    x = ξ*h0
    σ_s = σ_s_coeff*(ξ-0.8)
    σ_a = σ_a_coeff*(ξ-0.8)
    return ξ,x,σ_s, σ_a

def Cal_bending_moment(δ1,δ2,t_w,fc,ξ,b,x,fy,h0,As_c,fa,A_af_c,a_s1,a_a1):    ⑪
    M_sw_coeff = (0.5*(δ1**2+δ2**2)-(δ1+δ2)+
                  2.5*ξ-(1.25*ξ)**2)*t_w*h0**2*fa
    M_concrete = 1.0*fc*b*x*(h0-x/2)
    M_steel = fy*As_c*(h0-a_s1)
    M_af = fa*A_af_c*(h0-a_a1)
    M_total = M_concrete+M_steel+M_af+M_sw_coeff
    return  M_total

def format_output(results):                                                  ⑫
    output = ["\n 计算结果汇总： "]
    for key, value in results.items():
        if key == "df":
            continue
        output.append(f"{key:<8} = {value}")
    return "\n".join(output)

def main():
    N_design = 8000e3  # N, 轴向力设计值                                      ⑬
    M_design = 1450e6  # N·mm, 弯矩设计值
    b = 800  # mm
    h = 800  # mm
    a_s1 = 63
    a_a1 = 189
    As1 = 1520   # mm², 4Φ22, 距受压边缘 40mm
    As2 = 760    # mm², 2Φ22, 距受压边缘 110mm
    As_c = 2280  # mm², 6Φ22, 受压钢筋
    As_t = As_c  # 假设对称配筋
    Es = 2.0e5   # 钢筋弹性模量 (MPa)
    target_name = 'HN500x200'  # 所选型钢型号

    Concret,rebar,steel = 'C30','HRB400','Q355'
    fc,fy,fa = material_strength(Concret,rebar,steel)
    numbers = re.findall(r'\d+', Concret)
    fcuk = [int(num) for num in numbers][0]
    β1 = β(fcuk)
    ξb = ξ_b(β1,fy,fa,Es)
    df = pd.read_excel(r'China (GB 2023)-H.xlsx', header=1)
    filtered_rows = df[df['Name'] == target_name]
    b_af = int(filtered_rows['B'].iloc[0])
    Ha = int(filtered_rows['H'].iloc[0])
    t_w = int(filtered_rows['t1'].iloc[0])
    t_f = int(filtered_rows['t2'].iloc[0])
```

```
    aaf = (h-Ha)/2-(t_f/2)

    A_af_c, A_af_t = steel_parameters(t_f,b_af)                        ⑭
    h0 = Cal_effective_height(As1,h,fy,t_f,As2,A_af_c,fa)
    δ1,δ2 = Cal_δ1_δ2(h0,h,aaf)
    results = stress_coeff_Reinf_structural_steel(fy,fa,ξb)
    σ_s_coeff,σ_s_const,σ_a_coeff, σ_a_const = results
    N_aw_coeff, N_aw_const = Cal_N_aw_coeff(β1,t_w,h0,fa,δ1,δ2)
    total_coeff, total_const = Cal_equilibrium_equation_coeff(fc,b,h0,
                                fy,As_c,σ_s_coeff, σ_a_coeff,A_af_t,
                                As_t,fa,A_af_c, σ_s_const,σ_a_const,
                                N_aw_coeff,N_aw_const)
    ξ,x,σ_s, σ_a = Cal_ξ_actual_stress(N_design,total_const,
                                total_coeff,h0,σ_s_coeff,σ_a_coeff)
    if ξ > ξb:
        M_total = Cal_bending_moment(δ1,δ2,t_w,fc,ξ,b,x,fy,h0,
                                As_c,fa,A_af_c,a_s1,a_a1)
    else:
        print("大偏心受压")
    M_total = Cal_bending_moment(δ1,δ2,t_w,fc,ξ,b,x,fy,h0,
                                As_c,fa,A_af_c,a_s1,a_a1)
    results = {
        "混凝土抗压强度设计值 \t\t\t fc": f"{fc:.1f} N/mm²",
        "钢材抗拉强度设计值 \t\t\t fa": f"{fa} N/mm²",
        "钢筋抗拉强度设计值 \t\t\t fy": f"{fy} N/mm²",

        "型钢柱总高度 \t\t\t\t h ": f"{h} mm",
        "型钢柱宽度 \t\t\t\t b ": f"{b} mm",
        "型钢柱有效高度 \t\t\t\t h0": f"{h0} mm",
        "选用型钢高度 \t\t\t\t H ": f"{Ha} mm",
        "选用型钢宽度 \t\t\t\t B ": f"{b_af} mm",

        "混凝土受压区高度的调整系数\t β₁": f"{β1:.2f} ",
        "混凝土受压区相对高度限值\t\t ξb": f"{ξb:.3f} ",
        "型钢腹板上端至截面上边的距离与 h0 的比值\t δ₁": f"{δ1:.3f} ",
        "型钢腹板下端至截面上边的距离与 h0 的比值\t δ₂": f"{δ2:.3f} ",

        "混凝土受压区高度 \t\t\t\t x": f"{x:.1f} mm",
            "计算受压配筋面积 \t\t\t\t As1": f"{As1:.1f} mm²",
        "型钢混凝土梁受弯承载力设计值\t M_total": f"{M_total/1e6:.2f} kN·m",

    }
    print(format_output(results))
    # 判断偏压类型
    if ξ > ξb:
        print("小偏心受压")
    else:
        print("大偏心受压")
    # 验证应力
```

```
    if σ_s < fy and σ_a < fa:
        print("钢筋和型钢应力满足要求")
    else:
        print("应力超限，需调整截面")
    # 输出结果
    if M_total >= M_design:
        print("截面抗弯承载力满足要求")
    else:
        print("受弯承载力不足，需重新设计")

if __name__ == "__main__":
    main()
```

7.5.3　输出结果

运行代码清单 7-5，可得输出结果 7-5。

输 出 结 果　　　　　　　　　　　　　　　　7-5

```
计算结果汇总:
混凝土抗压强度设计值          fc = 14.3 N/mm²
钢材抗拉强度设计值            fa = 310 N/mm²
钢筋抗拉强度设计值            fy = 360 N/mm²
型钢柱总高度                  h = 800 mm
型钢柱宽度                    b = 800 mm
型钢柱有效高度                h0 = 668.4466019417475 mm
选用型钢高度                  H = 500 mm
选用型钢宽度                  B = 200 mm
混凝土受压区高度的调整系数      β₁ = 0.80
混凝土受压区相对高度限值        ξb = 0.513
型钢腹板上端至截面上边的距离与 h0 的比值    δ₁ = 0.212
型钢腹板下端至截面上边的距离与 h0 的比值    δ₂ = 0.984
混凝土受压区高度              x = 599.4 mm
计算受压配筋面积              As1 = 1520.0 mm²
型钢混凝土梁受弯承载力设计值    M_total = 3910.62 kN·m
小偏心受压
钢筋和型钢应力满足要求
截面受弯承载力满足要求
```

7.6　压弯型钢柱绕弱轴承载力计算

7.6.1　项目描述

项目描述与 7.4.1 节相同，不再赘述。

7.6.2 项目代码

本计算程序可以计算压弯型钢柱绕弱轴承载力，代码清单 7-6 中：

❶为定义混凝土、钢筋、钢材的强度设计值函数；

❷为定义混凝土的调整系数函数；

❸为定义混凝土受压区高度的调整系数函数；

❹为定义混凝土受压区相对高度限值函数；

❺为定义计算混凝土受压区高度系数函数；

❻为定义钢筋和型钢应力计算函数；

❼为定义计算有效高度函数；

❽为定义计算截面受弯承载力函数；

❾为定义格式化输出结果函数；

❿为给出所需计算参数的初始值，应力单位采用 N、mm 制，内力单位采用 kN、m 制，几何尺寸单位采用 mm 制；

⓫本行及以下几行代码为利用前面定义的函数计算。

具体见代码清单 7-6。

代 码 清 单   7-6

```python
# -*- coding: utf-8 -*-
import re
import pandas as pd

def material_strength(Concret,rebar,steel):                                ❶
    confc = {'C20':9.6,'C25':11.9,'C30':14.3,'C35':16.7,'C40':19.1,
            'C45':21.1,'C50':23.1,'C55':25.3,'C60':27.5,'C65':29.7,
            'C70':31.8,'C75':33.8,'C80':35.9}
    fc = confc.get(Concret)
    reinf = {'HPB300':235,'HRB400':360,'HRB500':435}
    fy = reinf.get(rebar)
    Steel = {'Q235':215,'Q355':310,'Q390':350,'Q420':380}
    fa = Steel.get(steel)
    return fc,fy,fa

def α(fcuk):                                                               ❷
    return min(1.0-0.06*(fcuk-50)/3, 1.0)

def β(fcuk):                                                               ❸
    return min(0.8-0.06*(fcuk-50)/30, 0.8)

def ξ_b(β1,fy,fa,Es):                                                      ❹
    return 0.8/(1+(fy+fa)/(2*0.003*Es))

def calculate_ξ(N,α1,fc,b,h0,δ1,δ2,t_w,fa):                               ❺
    numerator = N-(δ2-δ1)*t_w*h0*fa
    denominator = α1*fc*b*h0
```

```
        ξ = numerator/denominator
        x = ξ*h0
        return ξ, x

    def stress_calculation_of_steel_bars_sections(x,ξb,h0,fy,fa,β1):      ❻
        if x <= ξb*h0:
            σ_s = fy
            σ_a = fa
        else:
            σ_s = fy/(ξb-β1)*(x/h0-β1)
            σ_a = fa/(ξb-β1)*(x/h0-β1)
        return σ_s, σ_a

    def Calc_effective_height(fy,fa,Es,h,As,a_s,bf,tf,aaf):      ❼
        numerator = As*fy*a_s + bf*tf*fa*aaf
        denominator = As*fy + bf*tf*fa
        a = numerator / denominator
        h0 = h-a
        δ1 = aaf / h0
        δ2 = (h-aaf) / h0
        return a, h0, δ1, δ2

    def moment_capacity(ξ,ξb,σ_s,δ,δ2,tw,h0,fa,α1,fc,b):      ❽
        M_aw_coeff = (0.5*(δ**2-δ2**2)+(δ2-δ))
        M_aw = M_aw_coeff*tw*(h0**2)*fa
        x = ξ*h0
        concrete_term = α1*fc*b*x*(h0-x/2)
        M_total = (concrete_term+M_aw)/1e6  # 转换为 kN·m
        return x, M_aw, M_total

    def format_output(results):      ❾
        output = ["\n 计算结果汇总: "]
        for key, value in results.items():
            if key == "df":
                continue
            output.append(f"{key:<8} = {value}")
        return "\n".join(output)

    def main():
        b = 800          # 截面宽度(mm)      ❿
        h = 800          # 截面高度(mm)
        a_s = 40         # 钢筋保护层厚度（mm）
        As = 1520        # 受拉钢筋横截面积（mm²）
        N = 8000e3       # 轴向压力设计值(N)
        Es = 2.0e5       # 钢筋弹性模量（MPa）
        target_name = 'HM440x300'  # 所选型钢型号

        Concret,rebar,steel = 'C35','HRB400','Q355'
        fc,fy,fa = material_strength(Concret,rebar,steel)
```

```
    numbers = re.findall(r'\d+', Concret)
    fcuk = [int(num) for num in numbers][0]
    α1,β1 = α(fcuk),β(fcuk)
    ξb = ξ_b(β1,fy,fa,Es)
    df = pd.read_excel(r'China (GB 2023)-H.xlsx', header=1)
    filtered_rows = df[df['Name'] == target_name]

    bf = int(filtered_rows['B'].iloc[0])
    Ha = int(filtered_rows['H'].iloc[0])
    tw = int(filtered_rows['t1'].iloc[0])
    tf = int(filtered_rows['t2'].iloc[0])
    aaf = (h-Ha)/2-(tf/2)

    a,h0,δ1,δ2 = Calc_effective_height(fy,fa,Es,h,As,a_s,bf,tf,aaf)      ⓫
    δ1_h0 = δ1*h0
    δ2_h0 = δ2*h0
    ξ,x = calculate_ξ(N,α1,fc,b,h0,δ1,δ2,tw,fa)
    σ_s,σ_a = stress_calculation_of_steel_bars_sections(x,ξb,h0,fy,fa,β1)
    x,M_aw,M_total = moment_capacity(ξ,ξb,σ_s,δ1,δ2,tw,h0,fa,α1,fc,b)

    results = {
        "混凝土抗压强度设计值 \t\t\t fc": f"{fc:.1f} N/mm²",
        "钢材抗拉强度设计值 \t\t\t fa": f"{fa} N/mm²",
        "钢筋抗拉强度设计值 \t\t\t fy": f"{fy} N/mm²",
        "混凝土的调整系数\t\t\t\t α₁": f"{α1:.1f} ",
        "混凝土受压区高度的调整系数\t β₁": f"{β1:.2f} ",

        "型钢受拉翼缘与受拉钢筋合力点至截面受拉边缘的距离 a ": f"{a:.1f} mm",
        "型钢柱有效高度 \t\t\t\t h0": f"{h0:.1f} mm",
        "型钢腹板上端至截面上边的距离与 h0 的比值\t δ₁": f"{δ1:.3f} ",
        "型钢腹板下端至截面上边的距离与 h0 的比值\t δ₂": f"{δ2:.3f} ",
        "型钢腹板上端至截面上边的距离 \t δ1*h0": f"{ δ1_h0:.1f} mm",
        "型钢腹板下端至截面上边的距离 \t δ2*h0": f"{ δ2_h0:.1f} mm",

        "混凝土受压区相对高度\t\t ξb": f"{ξb:.3f} ",
        "混凝土受压区相对高度限值\t\t ξ": f"{ξ:.3f} ",
        "混凝土受压区高度 \t\t\t\t x": f"{x:.1f} mm",
        "钢筋应力\t\t\t\t\t\t σ_s": f"{σ_s:.1f} N/mm²",
        "型钢应力\t\t\t\t\t\t σ_a": f"{σ_a:.1f} N/mm²",
        "型钢腹板承受的弯矩 \t\t\t Maw": f"{M_aw/1e6:.1f} kN·m",
        "型钢混凝土柱绕弱轴受弯承载力设计值\t M_total": f"{M_total:.2f} kN·m",
    }
    print(format_output(results))
    # 判断偏压类型
    if ξ > ξb:
        print("型钢柱为小偏心受压")
    else:
        print("型钢柱为大偏心受压")
if __name__ == "__main__":
    main()
```

7.6.3　输出结果

运行代码清单 7-6，可得输出结果 7-6。

输 出 结 果　　　　　　　　7-6

```
计算结果汇总：
混凝土抗压强度设计值          fc = 16.7 N/mm²
钢材抗拉强度设计值            fa = 310 N/mm²
钢筋抗拉强度设计值            fy = 360 N/mm²
混凝土的调整系数             α₁ = 1.0
混凝土受压区高度的调整系数      β₁ = 0.80
型钢受拉翼缘与受拉钢筋合力点至截面受拉边缘的距离 a = 138.7 mm
型钢柱有效高度              h0 = 661.3 mm
型钢腹板上端至截面上边的距离与h0的比值    δ₁ = 0.259
型钢腹板下端至截面上边的距离与h0的比值    δ₂ = 0.951
型钢腹板上端至截面上边的距离    δ1*h0 = 171.0 mm
型钢腹板下端至截面上边的距离    δ2*h0 = 629.0 mm
混凝土受压区相对高度         ξb = 0.513
混凝土受压区相对高度限值       ξ = 0.729
混凝土受压区高度            x = 481.9 mm
钢筋应力                 σ_s = 89.5 N/mm²
型钢应力                 σ_a = 77.1 N/mm²
型钢腹板承受的弯矩          Maw = 408.0 kN·m
型钢混凝土柱绕弱轴受弯承载力设计值   M_total = 3114.17 kN·m
型钢柱为小偏心受压
```

7.7　十字型钢压弯柱型钢和配筋计算

7.7.1　项目描述

配置十字型钢（图 7-7）的型钢混凝土偏心受压框架柱和转换柱，其正截面受压承载力计算可折算计入腹板两侧的侧腹板面积，其等效腹板厚度可按下式计算：

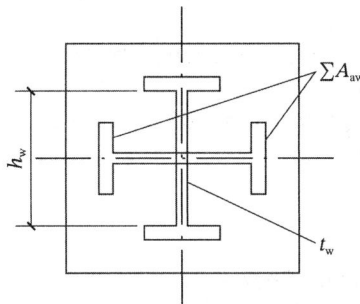

图 7-7　配置十字型钢的型钢混凝土柱

$$t'_{\text{w}} = t_{\text{w}} + \frac{0.5 \sum A_{\text{aw}}}{h_{\text{w}}}$$

(7-37)

项目其他描述与 7.5.1 节相同，不再赘述。

7.7.2　项目代码

本计算程序可以计算十字型钢压弯柱型钢和配筋，代码清单 7-7 中：

❶为定义混凝土、钢筋、钢材的强度设计值函数；

❷为定义混凝土的调整系数函数；

❸为定义混凝土受压区高度的调整系数函数；

❹为定义混凝土受压区相对高度限值函数；

❺为定义十字型钢的等效腹板厚度函数，见式(7-37)；

❻为定义计算混凝土受压区高度系数函数；

❼为定义计算有效高度函数；

❽为定义钢筋和型钢应力计算函数；

❾为定义分情况求取 N_{aw}，M_{aw} 函数；

❿为定义承载力验算函数；

⓫为定义格式化输出结果函数；

⓬给出所需计算参数的初始值，应力单位采用 N、mm 制，内力单位采用 kN、m 制，几何尺寸单位采用 mm 制；

⓭本行及以下几行代码为利用前面定义的函数计算。

具体见代码清单 7-7。

代 码 清 单   7-7

```
# -*- coding: utf-8 -*-
import re
import pandas as pd

def material_strength(Concret,rebar,steel):                      ❶
    confc = {'C20':9.6,'C25':11.9,'C30':14.3,'C35':16.7,'C40':19.1,
            'C45':21.1,'C50':23.1,'C55':25.3,'C60':27.5,'C65':29.7,
            'C70':31.8,'C75':33.8,'C80':35.9}
    fc = confc.get(Concret)
    reinf = {'HPB300':235,'HRB400':360,'HRB500':435}
    fy = reinf.get(rebar)
    Steel = {'Q235':215,'Q355':310,'Q390':350,'Q420':380}
    fa = Steel.get(steel)
    return fc,fy,fa

def α(fcuk):                                                     ❷
    return min(1.0-0.06*(fcuk-50)/3, 1.0)

def β(fcuk):                                                     ❸
```

```
    return min(0.8-0.06*(fcuk-50)/30, 0.8)

def ξ_b(β1,fy,fa,Es):                                               ❹
    return 0.8/(1+(fy+fa)/(2*0.003*Es))

def Calc_of_equivalent_web_thickness(tw,sum_A_aw,h_w_single):       ❺
    tw_prime = tw+(0.5*sum_A_aw)/h_w_single
    return tw_prime

def calculate_ξ(N,α1,fc,b,h0,δ1,δ2,t_w,fa):                        ❻
    numerator = N-(δ2-δ1)*t_w*h0*fa
    denominator = α1*fc*b*h0
    ξ = numerator/denominator
    x = ξ*h0
    return ξ,x

def Calc_effective_height(fy,fa,Es,h,As,a_s,bf,tf,aaf):            ❼
    numerator = As*fy*a_s + bf*tf*fa*aaf
    denominator = As*fy + bf*tf*fa
    a = numerator / denominator
    h0 = h-a
    δ1 = aaf / h0
    δ2 = (h-aaf) / h0
    return a, h0, δ1, δ2

def stress_calculation_of_steel_bars_sections(x,ξb,h0,fy,fa,β1):   ❽
    if x <= ξb*h0:
        σ_s = fy
        σ_a = fa
    else:
        σ_s = fy/(ξb-β1)*(x/h0-β1)
        σ_a = fa/(ξb-β1)*(x/h0-β1)
    return σ_s,σ_a

def discriminate_size_bias_voltage(ξ,ξb,h0,x,δ1,δ2,β1,tw,fa):     ❾
    if δ1*h0 < x/β1 and δ2*h0 > x/β1:
        N_aw_coeff = (2*x/(β1*h0)-(δ1+δ2))
        N_aw = N_aw_coeff *tw*h0*fa
        M_aw_coeff = 0.5*(δ1**2+δ2**2)-(δ1+δ2)+2*x/(β1*h0)-(x/(β1*h0))**2
        M_aw = M_aw_coeff*tw*(h0**2)*fa
    else:
        N_aw = (δ2-δ1)*tw*h0*fa
        M_aw_coeff = 0.5*(δ1**2-δ2**2)+(δ2-δ1)
        M_aw = M_aw_coeff*tw*(h0**2)*fa
    return N_aw, M_aw

def bearing_capacity_verification(x,δ1,δ2,tw,h0,fy,As,
                                  a_s,fa,bf,tf,aas,α1,fc,b):        ❿
    M_aw_coeff = (0.5*(δ1**2-δ2**2)+(δ2-δ1))
```

```
    M_aw = M_aw_coeff*tw*(h0**2)*fa
    M_concrete = α1*fc*b*x*(h0-x/2)
    M_steel = fy*As*(h0-a_s)+fa*bf*tf*(h0-aas)
    total_M = (M_concrete+M_steel+M_aw)/1e6  # 转换为 kN·m
    return total_M

def format_output(results):                                               ⑪
    output = ["\n 计算结果汇总: "]
    for key, value in results.items():
        if key == "df":
            continue
        output.append(f"{key:<8} = {value}")
    return "\n".join(output)

def main():
    N = 3000e3  # 轴向压力设计值, 单位: N                                    ⑫
    b = 800  # 截面宽度, 单位: mm
    h = 800  # 截面高度, 单位: mm
    h_w_single = 450-2*14  # 单根型钢腹板高度, 单位: mm
    sum_A_aw = 2*14*200  # 型钢翼缘总面积, 单位: mm²
    Es = 2.0e5      # 钢筋弹性模量 (MPa)
    As = 1520       # 受拉钢筋横截面积 (mm²)
    a_s = 40        # 钢筋保护层厚度 (mm)
    a_as = 40       # 钢筋保护层厚度 (mm)
    target_name = 'HM440x300'  # 所选型钢型号

    Concret,rebar,steel = 'C35','HRB400','Q355'
    fc,fy,fa = material_strength(Concret,rebar,steel)
    numbers = re.findall(r'\d+', Concret)
    fcuk = [int(num) for num in numbers][0]
    α1,β1 = α(fcuk),β(fcuk)
    ξb = ξ_b(β1,fy,fa,Es)

    df = pd.read_excel(r'China (GB 2023)-H.xlsx', header=1)
    filtered_rows = df[df['Name'] == target_name]
    bf = int(filtered_rows['B'].iloc[0])
    Ha = int(filtered_rows['H'].iloc[0])
    tw = int(filtered_rows['t1'].iloc[0])
    tf = int(filtered_rows['t2'].iloc[0])
    aaf = (h-Ha)/2-(tf/2)

    tw_prime = Calc_of_equivalent_web_thickness(tw,sum_A_aw,h_w_single) ⑬
    a,h0,δ1,δ2 = Calc_effective_height(fy,fa,Es,h,As,a_s,bf,tf,aaf)
    ξ,x = calculate_ξ(N,α1,fc,b,h0,δ1,δ2,tw,fa)
    σ_s,σ_a = stress_calculation_of_steel_bars_sections(x,ξb,h0,fy,fa,β1)

    N_aw, M_aw = discriminate_size_bias_voltage(ξ,ξb,h0,x,δ1,δ2,β1,tw,fa)
    M_total = bearing_capacity_verification(x,δ1,δ2,tw,h0,fy,As,
                                    a_s,fa,bf,tf,a_as,α1,fc,b)
```

```
    results = {
        "混凝土抗压强度设计值 \t\t\t fc": f"{fc:.1f} N/mm²",
        "钢材抗拉强度设计值 \t\t\t fa": f"{fa} N/mm²",
        "钢筋抗拉强度设计值 \t\t\t fy": f"{fy} N/mm²",
        "混凝土的调整系数\t\t\t\t α₁": f"{α1:.1f} ",
        "混凝土受压区高度的调整系数\t β₁": f"{β1:.2f} ",

        "型钢受拉翼缘与受拉钢筋合力点至截面受拉边缘的距离 a ": f"{a:.1f} mm",
        "型钢柱有效高度 \t\t\t\t h0": f"{h0:.1f} mm",
        "型钢腹板上端至截面上边的距离与 h0 的比值\t δ₁": f"{δ1:.3f} ",
        "型钢腹板下端至截面上边的距离与 h0 的比值\t δ₂": f"{δ2:.3f} ",

        "混凝土受压区相对高度\t\t ξb": f"{ξb:.3f} ",
        "混凝土受压区相对高度限值\t\t ξ": f"{ξ:.3f} ",
        "混凝土受压区高度 \t\t\t\t x": f"{x:.1f} mm",
        "钢筋应力\t\t\t\t\t\t σ_s": f"{σ_s:.1f} N/mm²",
        "型钢应力\t\t\t\t\t\t σ_a": f"{σ_a:.1f} N/mm²",
        "型钢腹板承受的弯矩 \t\t\t Maw": f"{M_aw/1e6:.1f} kN·m",
        "型钢混凝土柱受弯承载力设计值\t M_total": f"{M_total:.2f} kN·m",
    }
    print(format_output(results))

if __name__ == "__main__":
    main()
```

7.7.3 输出结果

运行代码清单 7-7，可得输出结果 7-7。

输 出 结 果

7-7

```
计算结果汇总：
混凝土抗压强度设计值              fc = 16.7 N/mm²
钢材抗拉强度设计值                fa = 310 N/mm²
钢筋抗拉强度设计值                fy = 360 N/mm²
混凝土的调整系数                  α₁ = 1.0
混凝土受压区高度的调整系数        β₁ = 0.80
型钢受拉翼缘与受拉钢筋合力点至截面受拉边缘的距离 a = 138.7 mm
型钢柱有效高度                    h0 = 661.3 mm
型钢腹板上端至截面上边的距离与 h0 的比值      δ₁ = 0.259
型钢腹板下端至截面上边的距离与 h0 的比值      δ₂ = 0.951
混凝土受压区相对高度              ξb = 0.513
混凝土受压区相对高度限值          ξ = 0.163
混凝土受压区高度                  x = 107.7 mm
钢筋应力                          σ_s = 360.0 N/mm²
```

型钢应力	σ_a = 310.0 N/mm²
型钢腹板承受的弯矩	Maw = 408.0 kN·m
型钢混凝土柱受弯承载力设计值	M_total = 2661.66 kN·m

7.8 型钢柱受剪承载力验算

7.8.1 项目描述

型钢混凝土框架柱的受剪截面应符合下列公式的规定：

$$V_c \leqslant 0.45\beta_c f_c bh_0 \tag{7-38}$$

$$\frac{f_a t_w h_w}{\beta_c f_c bh_0} \geqslant 0.10 \tag{7-39}$$

型钢混凝土转换柱的受剪截面应符合下列公式的规定：

$$V_c \leqslant 0.40\beta_c f_c bh_0 \tag{7-40}$$

$$\frac{f_a t_w h_w}{\beta_c f_c bh_0} \geqslant 0.10 \tag{7-41}$$

型钢混凝土偏心受压框架柱和转换柱，其斜截面受剪承载力应符合下列公式的规定：

$$V_b \leqslant \frac{1.75}{\lambda+1} f_t bh_0 + f_{yv}\frac{A_{sv}}{s}h_0 + \frac{0.58}{\lambda}f_a t_w h_w + 0.07N \tag{7-42}$$

7.8.2 项目代码

本计算程序可以计算型钢柱受剪承载力，代码清单 7-8 中：

❶为定义混凝土、钢筋、钢材的强度设计值函数；

❷为定义验算截面限制条件、计算剪跨比、等效腹板厚度、调整轴力函数，见式(7-38)～式(7-41)；

❸为定义求取箍筋函数，见式(7-42)；

❹为定义格式化输出结果函数；

❺为给出所需计算参数的初始值，应力单位采用 N、mm 制，内力单位采用 kN、m 制，几何尺寸单位采用 mm 制；

❻本行及以下几行代码为利用前面定义的函数计算。

具体见代码清单 7-8。

代 码 清 单　　　　　　　　　　　　　　7-8

```
# -*- coding: utf-8 -*-
from math import pi
import re
import pandas as pd

def material_strength(Concret,rebar,steel):
```
❶

```
    confc = {'C20':9.6,'C25':11.9,'C30':14.3,'C35':16.7,'C40':19.1,
             'C45':21.1,'C50':23.1,'C55':25.3,'C60':27.5,'C65':29.7,
             'C70':31.8,'C75':33.8,'C80':35.9}
    fc = confc.get(Concret)
    conft = {'C20':1.10,'C25':1.27,'C30':1.43,'C35':1.57,'C40':1.71,
             'C45':1.80,'C50':1.89,'C55':1.96,'C60':2.04,'C65':2.09,
             'C70':2.14,'C75':2.18,'C80':2.22}
    ft = conft.get(Concret)
    reinf = {'HPB300':235,'HRB400':360,'HRB500':435}
    fy = reinf.get(rebar)
    Steel = {'Q235':215,'Q355':310,'Q390':350,'Q420':380}
    fa = Steel.get(steel)
    return fc,ft,fy,fa


def Calc_shear(fc,b,h0,Vu,fa,tw,hw,β_c,L,Nu,h):              ❷
    V_limit = 0.45*fc*b*h0
    condition1 = Vu <= V_limit
    steel_ratio = (fa*tw*hw)/(β_c*fc*b*h0)
    condition2 = steel_ratio > 0.1
    λ = min(L/(2*h0), 3)
    Nu_adj = min(Nu, 0.3*fc*b*h)
    return condition1,condition2,λ,V_limit,λ,Nu_adj


def Calc_the_hoop_reinforcement(λ,ft,b,h0,fa,tw_prime,hw,Nu_adj,Vu,fyv,Asv):  ❸
    term1 = (1.75/(λ +1))*ft*b*h0
    term2 = (0.58/λ)*fa*tw_prime*hw
    term3 = 0.07*Nu_adj
    V_steel = term1+term2+term3
    req_Vsv = Vu-V_steel
    Asv_s = req_Vsv/(fyv*h0)
    s = Asv/Asv_s
    return V_steel,req_Vsv,Asv_s,s


def format_output(results):                                 ❹
    output = ["\n 计算结果汇总："]
    for key, value in results.items():
        if key == "df":
            continue
        output.append(f"{key:<8} = {value}")
    return "\n".join(output)


def main():                                                 ❺
    h = 800       # 柱截面高度，mm
    b = 800       # 柱截面宽度，mm
    L = 3150      # 柱净高，mm
    h0 = 670.3    # 有效高度，mm
    β _c = 1.0     # 混凝土强度影响系数
    Vu = 1600e3   # 剪力设计值，N
    Nu = 3100e3   # 轴力设计值，N（受拉时为负）
```

```
Asv = 226      # 2×113mm²
target_name = 'HN500x200'  # 所选型钢型号

Concret,rebar,steel = 'C30','HRB400','Q235'
fc,ft,fy,fa  = material_strength(Concret,rebar,steel)
fyv = fy


df = pd.read_excel(r'China (GB 2023)-H.xlsx', header=1)
filtered_rows = df[df['Name'] == target_name]
b_f = int(filtered_rows['B'].iloc[0])
Ha = int(filtered_rows['H'].iloc[0])
tw = int(filtered_rows['t1'].iloc[0])


t_f = int(filtered_rows['t2'].iloc[0])
hw = Ha-2*t_f
sum_Aaw = b_f*t_f*2
tw_prime = tw+0.5*sum_Aaw/hw
condition1,condition2,λ,V_limit,λ,Nu_adj = Calc_shear(fc,b,h0,
                                   Vu,fa,tw,hw,β_c,L,Nu,h)   ❻
V_steel,req_Vsv,Asv_s,s = Calc_the_hoop_reinforcement(λ,ft,b,h0,
                                   fa,tw_prime,hw,Nu_adj,Vu,fyv,Asv)
results = {
    "混凝土抗压强度设计值 \t\t\t fc": f"{fc:.1f} N/mm²",
    "混凝土抗压强度设计值 \t\t\t ft": f"{ft:.2f} N/mm²",
    "钢材抗拉强度设计值 \t\t\t fa": f"{fa} N/mm²",
    "钢筋抗拉强度设计值 \t\t\t fy": f"{fy} N/mm²",

    "型钢梁总高度 \t\t\t\t h ": f"{h} mm",
    "型钢梁宽度 \t\t\t\t\t b ": f"{b} mm",
    "型钢梁有效高度 \t\t\t\t h0": f"{h0} mm",

    "截面受剪上限 \t\t\t\t ": f"{V_limit/1e3:.2f} kN",
    "截面受剪 \t\t\t\t ": f"{V_steel/1e3:.2f} kN",
    "剪跨比 \t\t\t\t λ ": f": { λ:.2f}",
    "计算受拉配筋面积 \t\t\t\t As": f"{tw:.1f} mm",
    "等效腹板厚度 \t\t\t ": f" {tw_prime:.1f} mm",
    "调整后轴力 \t\t\t ": f"{Nu_adj/1e3:.1f} kN",

    "需箍筋承担剪力 \t\t\t Naw": f"{req_Vsv/1e3:.1f} kN",
    "箍筋 Asv/s 需求 \t\t\t Maw": f"{Asv_s:.2f} mm²/mm",
    "理论间距 \t Mu": f"{s:.1f} mm",
}
print(format_output(results))

if condition1:
    print("受剪截面符合 Vu <= 0.45*fc*b*h0")
else:
    print("受剪截面不符合 Vu <= 0.45*fc*b*h0")

if condition2:
```

```
        print("受剪截面符合 (fa*tw*hw)/(βc*fc*b*h0) > 0.1")
    else:
        print("受剪截面不符合 (fa*tw*hw)/(βc*fc*b*h0) > 0.1")

if __name__ == "__main__":
    main()
```

7.8.3　出结果

运行代码清单 7-8，可得输出结果 7-8。

输 出 结 果　　　　　　　　　　　　7-8

```
计算结果汇总:
混凝土抗压强度设计值        fc = 14.3 N/mm²
混凝土抗压强度设计值        ft = 1.43 N/mm²
钢材抗拉强度设计值          fa = 215 N/mm²
钢筋抗拉强度设计值          fy = 360 N/mm²
型钢梁总高度              h  = 800 mm
型钢梁宽度                b  = 800 mm
型钢梁有效高度             h0 = 670.3 mm
截面受剪上限              = 3450.70 kN
截面受剪                = 1011.01 kN
剪跨比                  λ = 2.35
计算受拉配筋面积           As = 10.0 mm
等效腹板厚度              = 16.8 mm
调整后轴力                = 2745.6 kN
需箍筋承担剪力            Naw = 589.0 kN
箍筋 Asv/s 需求          Maw = 2.44 mm²/mm
理论间距      Mu = 92.6 mm
受剪截面符合 Vu <= 0.45*fc*b*h0
受剪截面符合 (fa*tw*hw)/(βc*fc*b*h0) > 0.1
```

7.9　中柱梁柱节点截面受剪验算

7.9.1　项目描述

型钢混凝土框架梁柱节点的受剪承载力应符合下列公式的规定，除了一级抗震等级的框架结构和 9 度设防烈度一级抗震等级的各类框架。

考虑地震作用组合的梁柱节点，其核心区的受剪水平截面应符合下列规定：

$$V_j \leqslant \frac{1}{\gamma_{RE}}\left(0.36\eta_j f_c b_j h_j\right) \tag{7-43}$$

型钢混凝土柱与型钢混凝土梁或钢筋混凝土梁连接的梁柱节点（以框架结构的二级抗

震等级的其他层的中间节点和端节点为例）

$$V_j = 1.35 \frac{M_b^l + M_b^r}{Z}\left(1 - \frac{Z}{H_c - h_b}\right) \tag{7-44}$$

型钢混凝土柱与钢梁连接的梁柱节点：

$$V_j \leqslant \frac{1}{\gamma_{RE}}\left[1.8\phi_j f_t b_j h_j + f_{yv}\frac{A_{sv}}{s}(h_0 - a_s') + 0.58 f_a t_w h_w\right] \tag{7-45}$$

型钢混凝土柱与型钢混凝土梁连接的梁柱节点：

$$V_j \leqslant \frac{1}{\gamma_{RE}}\left[2.3\phi_j f_t b_j h_j + f_{yv}\frac{A_{sv}}{s}(h_0 - a_s') + 0.58 f_a t_w h_w\right] \tag{7-46}$$

型钢混凝土柱与钢筋混凝土梁连接的梁柱节点：

$$V_j \leqslant \frac{1}{\gamma_{RE}}\left[1.2\phi_j f_t b_j h_j + f_{yv}\frac{A_{sv}}{s}(h_0 - a_s') + 0.3 f_a t_w h_w\right] \tag{7-47}$$

7.9.2 项目代码

本计算程序可以计算中柱梁柱节点截面受剪，代码清单 7-9 中：

❶为定义混凝土、钢筋、钢材的强度设计值函数；

❷为定义计算 a_s 和 Z、计算节点剪力 V_j 函数，见式(7-43)～式(7-44)；

❸为定义计算节点几何参数、受剪承载力函数，见式(7-45)～式(7-47)；

❹为定义格式化输出结果函数；

❺为给出所需计算参数的初始值，应力单位采用 N、mm 制，内力单位采用 kN、m 制，几何尺寸单位采用 mm 制；

❻本行及以下几行代码为利用前面定义的函数计算。

具体见代码清单 7-9。

代 码 清 单　　　　　　7-9

```
# -*- coding: utf-8 -*-
from math import pi
import re
import pandas as pd

def material_strength(Concret,rebar,steel):                          ❶
    conft = {'C20':1.10,'C25':1.27,'C30':1.43,'C35':1.57,'C40':1.71,
             'C45':1.80,'C50':1.89,'C55':1.96,'C60':2.04,'C65':2.09,
             'C70':2.14,'C75':2.18,'C80':2.22}
    ft = conft.get(Concret)
    reinf = {'HPB300':235,'HRB400':360,'HRB500':435}
    fy = reinf.get(rebar)
    Steel = {'Q235':215,'Q355':310,'Q390':350,'Q420':380}
    fa = Steel.get(steel)
    return ft,fy,fa

def calculate_Vj(n1,A_rebar,fy,d1,n2,d2,b_steel_flange,t_steel_flange,
```

```
                        f_ssy,d_steel,h_c,H_n,h_b,M_b_left,M_b_right):    ❷
    numerator = n1*A_rebar*fy*d1+n2*A_rebar*fy*d2+\
                b_steel_flange*t_steel_flange*f_ssy*d_steel
    denominator = (n1+n2)*A_rebar*fy+b_steel_flange*t_steel_flange*f_ssy
    a_s = numerator/denominator
    Z = h_c-2*a_s
    Vj = 1.35*(M_b_left+M_b_right)/Z*(1-Z/(H_n-h_b))/1e3
    return a_s,Z,Vj


def shear_bearing_capacity_verification(φ_j,η_j,b_b,b_c,h_c,ft,fyv,
                                        A_hoop,s,Z,f_ssy,t_wc,γ_RE):    ❸
    b_j = (b_b+b_c)/2
    h_j = h_c
    term1 = 2.3*φ_j*η_j*ft*b_j*h_j
    term2 = fyv*(4*A_hoop/s)*Z   # 4 肢箍筋
    term3 = 0.58*f_ssy*t_wc*(500-2*16)   # 腹板高度 468mm
    V_capacity = (term1+term2+term3)/γ_RE/1e3
    return V_capacity


def format_output(results):    ❹
    output = ["\n 计算结果汇总："]
    for key, value in results.items():
        if key == "df":
            continue
        output.append(f"{key:<8} = {value}")
    return "\n".join(output)


def main():    ❺
    γ_RE = 0.85
    H_n = 4000              # 柱净高度 (mm)
    b_c, h_c = 800, 800     # 柱截面尺寸 (mm)
    b_b, h_b = 550, 850     # 梁截面尺寸 (mm)
    M_b_left = 1200e6       # 左弯矩 (N·mm)
    M_b_right = 800e6       # 右弯矩 (N·mm)
    diameter_rebar = 20     # 纵筋直径 (mm)
    A_rebar = pi*(diameter_rebar/2)**2 # 单根纵筋面积 (mm²)
    n1, d1 = 4, 40          # 第一层纵筋数量和位置
    n2, d2 = 2, 110         # 第二层纵筋数量和位置
    d_steel = 160.5         # 型钢形心位置 (mm)
    diameter_hoops = 14     # 箍筋直径 (mm)
    A_hoop = pi*(diameter_hoops/2)**2 # 单肢箍筋面积 (mm²)
    s = 125
    φ_j, η_j = 1,1.3
    target_name = 'HN600x200' # 所选型钢型号

    Concret,rebar,steel = 'C40','HRB400','Q355'
    ft,fy,f_ssy = material_strength(Concret,rebar,steel)
    fyv = fy
```

```
df = pd.read_excel(r'China (GB 2023)-H.xlsx', header=1)
filtered_rows = df[df['Name'] == target_name]
b_steel_flange = int(filtered_rows['B'].iloc[0])
Ha = int(filtered_rows['H'].iloc[0])
t_wc = int(filtered_rows['t1'].iloc[0])
t_steel_flange = int(filtered_rows['t2'].iloc[0])

a_s,Z,Vj = calculate_Vj(n1,A_rebar,fy,d1,n2,d2,b_steel_flange,
                t_steel_flange,f_ssy,d_steel,h_c,H_n,h_b,
                M_b_left,M_b_right)                                    ❻
V_capacity = shear_bearing_capacity_verification(φ_j,η_j,b_b,b_c,h_c,
                ft,fyv,A_hoop,s,Z,f_ssy,t_wc,γ_RE)
results = {
    "混凝土抗拉强度设计值 \t\t\t ft": f"{ft:.2f} N/mm²",
    "钢材抗拉强度设计值 \t\t\t fa": f"{f_ssy} N/mm²",
    "钢筋抗拉强度设计值  \t\t\t fy": f"{fy} N/mm²",

    "型钢上部合力点到下部合力点的距离 Z": f"{Z:.1f} mm",
    "型钢梁合力点到梁表面的距离 \t as": f"{a_s:.1f} mm",
    "选用型钢高度 \t\t\t\t H": f"{Ha} mm",
    "选用型钢宽度 \t\t\t\t B": f"{b_steel_flange} mm",

    "型钢框架梁柱节点的受剪承载力 \t Vu": f"{V_capacity:.1f} kN",
    "型钢框架梁柱节点的剪力设计值 \t Vj": f"{Vj:.1f} kN",
    "验算结果: \t\t\t\t\t Vj <= Vu": f"{Vj <= V_capacity}",
}
print(format_output(results))

if __name__ == "__main__":
    main()
```

7.9.3 输出结果

运行代码清单 7-9，可得输出结果 7-9。

输 出 结 果 7-9

```
计算结果汇总:
混凝土抗拉强度设计值          ft = 1.71 N/mm²
钢材抗拉强度设计值           fa = 310 N/mm²
钢筋抗拉强度设计值           fy = 360 N/mm²
型钢上部合力点到下部合力点的距离 Z = 555.1 mm
型钢梁合力点到梁表面的距离      as = 122.4 mm
选用型钢高度              H = 600 mm
选用型钢宽度              B = 200 mm
```

型钢框架梁柱节点的受剪承载力　　Vu = 5495.3 kN
型钢框架梁柱节点的剪力设计值　　Vj = 4006.7 kN
验算结果：　　　　　　　　　　　Vj <= Vu = True

8 钢结构节点

8.1 销轴连接计算

8.1.1 项目描述

销轴连接的构造应符合下列规定（图8-1）：

$$a \geqslant \frac{4}{3}b_e \tag{8-1}$$

$$b_e = 2t + 16 \leqslant b \tag{8-2}$$

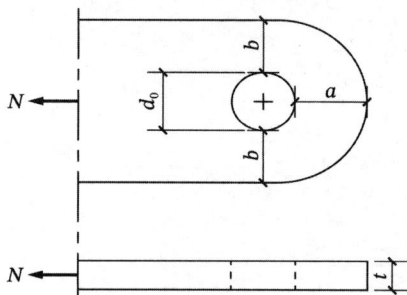

图 8-1 销轴连接耳板

连接耳板应按下列公式进行抗拉、抗剪强度的计算：

1. 耳板孔净截面处的抗拉强度

$$\sigma = \frac{N}{2tb_1} \leqslant f \tag{8-3}$$

$$b_1 = \min\left(2t + 16, b - \frac{d_0}{3}\right) \tag{8-4}$$

2. 耳板端部截面的抗拉（劈开）强度

$$\sigma = \frac{N}{2t\left(a - \frac{2d_0}{3}\right)} \leqslant f \tag{8-5}$$

3. 耳板的抗剪强度

$$\tau = \frac{N}{2tZ} \leqslant f_v \tag{8-6}$$

$$Z = \sqrt{(a + d_0/2)^2 - (d_0/2)^2} \tag{8-7}$$

销轴应按下列公式进行承压、抗剪与抗弯强度的计算（图 8-2）:

1. 销轴的承压强度

$$\sigma_{\mathrm{c}} = \frac{N}{dt} \leqslant f_{\mathrm{c}}^{\mathrm{b}} \tag{8-8}$$

2. 销轴的抗剪强度

$$\tau_{\mathrm{b}} = \frac{N}{n_{\mathrm{v}}\pi\dfrac{d^2}{4}} \leqslant f_{\mathrm{v}}^{\mathrm{b}} \tag{8-9}$$

3. 销轴的抗弯强度

$$\sigma_{\mathrm{b}} = \frac{M}{15\dfrac{\pi d^3}{32}} \leqslant f^{\mathrm{b}} \tag{8-10}$$

$$M = \frac{N}{8}(2t_{\mathrm{e}} + t_{\mathrm{m}} + 4s) \tag{8-11}$$

4. 计算截面同时受弯、受剪时的组合强度

应按下式验算:

$$\sqrt{\left(\frac{\sigma_{\mathrm{b}}}{f^{\mathrm{b}}}\right)^2 + \left(\frac{\tau_{\mathrm{b}}}{f_{\mathrm{v}}^{\mathrm{b}}}\right)^2} \leqslant 1.0 \tag{8-12}$$

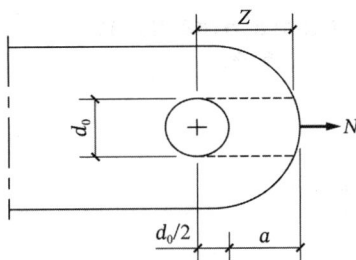

图 8-2　销轴连接耳板受剪面示意图

8.1.2　项目代码

本计算程序可以计算销轴连接，代码清单 8-1 中:
❶为定义销轴孔边距检查函数，见式(8-4);
❷为定义销轴净截面抗拉强度函数，见式(8-3);
❸为定义销轴端部截面抗拉强度函数，见式(8-5);
❹为定义销轴抗剪强度计算函数，见式(8-5)～式(8-7);
❺为定义销轴承压强度函数，见式(8-8);
❻为定义销轴抗剪强度函数，见式(8-9);
❼为定义销轴抗弯强度函数，见式(8-10)和式(8-11);

❽为定义销轴截面同时受弯受剪时组合强度函数，见式(8-12)；

❾给出所需计算参数的初始值，应力单位采用 N、mm 制，内力单位采用 N、mm 制，几何尺寸单位采用 mm 制；

❿为本行及以下几行代码为利用前面定义的函数计算。

具体见代码清单 8-1。

代 码 清 单   8-1

```python
# -*- coding: utf-8 -*-
from math import pi, sqrt

def Hole_margin_inspection(t,b,d0):                          ❶
    b1 = min(2*t+16, b-d0/3)
    return b1

def Net_sectional_tensile_strength(N,t,b1):                  ❷
    σ1 = N/(2*t*b1)
    return σ1

def End_section_tensile_strength(a,d0,N,t):                  ❸
    a0 = a-2*d0/3
    σ2 = N/(2*t*a0)
    return σ2

def Shear_strength_calculation(a,b,d0,N,t):                  ❹
    Z = ((a+d0/2)**2-(d0/2)**2)**0.5
    τ = N/(2*t*Z)
    return Z, τ

def Bearing_strength(N,d,t):                                 ❺
    σ_c = N/(d*t)
    return σ_c

def shearing_strength(n_v,d,N):                              ❻
    A_v = n_v*pi*(d**2)/4
    τ_b = N/A_v
    return A_v, τ_b

def bending_strength_of_pin(t,s,d,N):                        ❼
    tm = te = t
    M = N*(2*te+tm+4*s)/8
    σ_b = M/(15*pi*(d**3)/32)
    return M, σ_b

def Combined_strength_of_bending_shear(σ_b,τ_b,fb,fvb):      ❽
    para = sqrt((σ_b/fb)**2+(τ_b/fvb)**2)
```

```
    return para

def main():
    # 材料属性
    f, f_v, f_cb, f_b, f_vb = 305.0, 175.0, 590.0, 400.0, 250.0      ❾
    # 几何参数
    t, d, n_v, d0, b, a, s = 20.0, 42.0, 4, 46.0, 56.0, 77.0, 2
    N = 240e3       # 设计荷载 (N)

    b1 = Hole_margin_inspection(t,b,d0)                              ❿
    check = "可行" if b1 <= a else "不可行"
    print(f"孔边距检查 {b1:.2f}mm ≤ {a}mm: {check}")

    σ1 =  Net_sectional_tensile_strength(N,t,b1)
    check = "可行" if σ1 <= f else "不可行"
    print(f"净截面抗拉强度 {σ1:.1f}MPa ≤ {f}MPa: {check}")

    σ2 = End_section_tensile_strength(a,d0,N,t)
    check = "可行" if σ2 <= f else "不可行"
    print(f"端部抗拉强度 {σ2:.1f}MPa ≤ {f}MPa: {check}")

    Z, τ = Shear_strength_calculation(a,b,d0,N,t)
    check = "可行" if τ <= f_v else "不可行"
    print(f"抗剪强度 {τ:.1f}MPa ≤ {f_v}MPa: {check}")

    σ_c = Bearing_strength(N,d,t)
    check = "可行" if σ_c <= f_cb else "不可行"
    print(f"承压强度 {σ_c:.1f}MPa ≤ {f_cb}MPa: {check}")

    A_v, τ_b = shearing_strength(n_v,d,N)
    check = "可行" if τ_b <= f_vb else "不可行"
    print(f"抗剪强度 {τ_b:.1f}MPa ≤ {f_vb}MPa: {check}")

    M, σ_b = bending_strength_of_pin(t,s,d,N)
    check = "可行" if σ_b <= f_b else "不可行"
    print(f"销轴的抗弯强度 {σ_b:.1f}MPa ≤ {f_cb}MPa: {check}")

    para = Combined_strength_of_bending_shear(σ_b,τ_b,f_cb,f_vb)
    check = "可行" if para <= 1.0 else "不可行"
    print(f"截面同时受弯受剪时组合强度比值 {para:.3f} ≤ {1.0}: {check}")

if __name__ == "__main__":
    main()
```

8.1.3 输出结果

运行代码清单 8-1，可得输出结果 8-1。

孔边距检查 40.67mm ≤ 77.0mm：可行
净截面抗拉强度 147.5MPa ≤ 305.0MPa：可行
端部抗拉强度 129.5MPa ≤ 305.0MPa：可行
抗剪强度 61.7MPa ≤ 175.0MPa：可行
承压强度 285.7MPa ≤ 590.0MPa：可行
抗剪强度 43.3MPa ≤ 250.0MPa：可行
销轴的抗弯强度 18.7MPa ≤ 590.0MPa：可行
截面同时受弯受剪时组合强度比值 0.176 ≤ 1.0：可行

8.2 刚性柱脚底板尺寸及锚栓尺寸计算

8.2.1 项目描述

刚性柱脚底板尺寸计算（图 8-3）：

$$\frac{N}{bd} + \frac{6M}{bd^2} \leqslant f_c \tag{8-13}$$

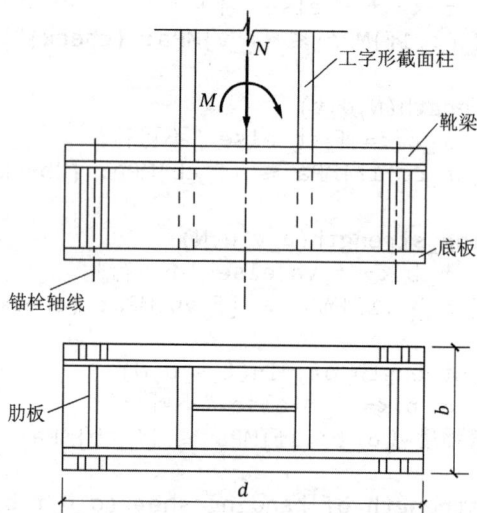

图 8-3　刚性柱脚示意图

假定柱脚为刚性，底板与混凝土基础顶面间的应力分布为线性变化（图 8-4），求得刚性柱脚锚栓尺寸：

$$\sigma_{\max} = \frac{N}{bd} + \frac{6M}{bd^2} \tag{8-14}$$

$$\sigma_{\min} = \frac{N}{bd} - \frac{6M}{bd^2} \tag{8-15}$$

$$x = \frac{\sigma_{\max}}{\sigma_{\max} - \sigma_{\min}} d \tag{8-16}$$

$$T = \frac{M - N\left(\frac{d}{2} - \frac{x}{3}\right)}{d_0 - \frac{x}{3}} \tag{8-17}$$

$$A_{\mathrm{e}} = \frac{T}{2f_{\mathrm{t}}^{\mathrm{a}}} \tag{8-18}$$

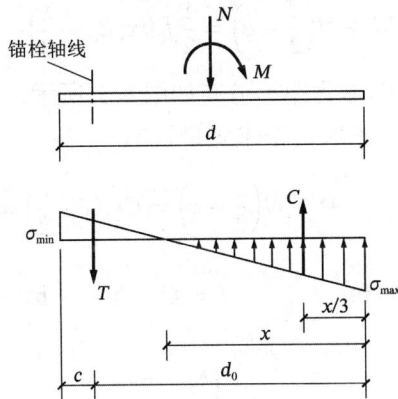

图 8-4 刚性柱脚计算简图（1）

假定底板下的最大压应力 $\sigma_{\max} = f_{\mathrm{c}}$，受压区长度和锚栓拉力为两个未知量（图 8-5），由平面平行力系的两个平衡条件求解。

$$\sum Y = 0: \qquad C = \frac{1}{2}f_{\mathrm{c}}bx = N + T \tag{8-19}$$

$$\sum M_{\mathrm{T}} = 0: \qquad \frac{1}{2}f_{\mathrm{c}}bx\left(d_0 - \frac{x}{3}\right) = M + N\left(\frac{d}{2} - c\right) \tag{8-20}$$

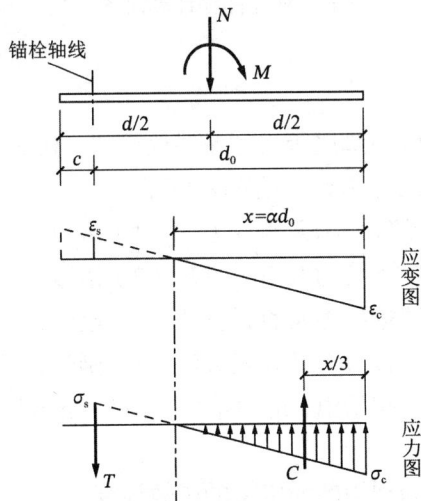

图 8-5 刚性柱脚计算简图（2）

假定 σ_{max}、x 和 T（或 A_e）共三个未知量，除两个静力平衡方程外（图 8-5），求解时需另引进平面应变的假定。

1. 由平面应变关系

$$\frac{\sigma_s}{\sigma_c} = \frac{E_s}{E_c} \cdot \frac{d_0 - x}{x} \tag{8-21}$$

2. 由 $\sum M_T = 0$ 得

$$M + N\left(\frac{d}{2} - c\right) = \frac{1}{2} f_c bx\left(d_0 - \frac{x}{3}\right) \tag{8-22}$$

假定底板下的受压区应力图形为矩形分布如图 8-6 所示，取受压区应力的最大压应力 $\sigma_{max} = f_c$，由两个静力平衡条件求取两个未知量 x 和 T。

$$\sum M_T = 0: \qquad M + N\left(\frac{d}{2} - c\right) = C\left(d_0 - \frac{x}{2}\right) = f_c bx\left(d_0 - \frac{x}{2}\right) \tag{8-23}$$

$$\sum Y = 0: \qquad T = C - N = f_c bx - N \tag{8-24}$$

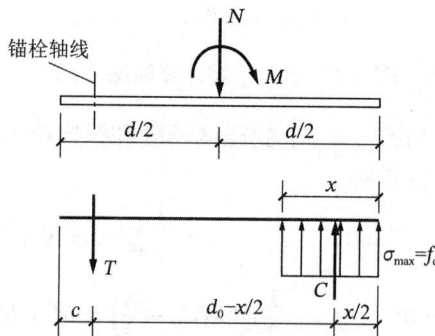

图 8-6　刚性柱脚计算简图（3）

8.2.2　项目代码

本计算程序可以计算刚性柱脚底板尺寸及锚栓尺寸，代码清单 8-2 中：

❶为定义刚性柱脚底板尺寸函数，见式(8-13)；

❷为定义刚性柱脚底板锚栓拉力及直径方法（1）函数，见式(8-14)~式(8-18)；

❸为定义刚性柱脚底板锚栓拉力及直径方法（2）函数，见式(8-19)和式(8-20)；

❹为定义刚性柱脚底板锚栓拉力及直径方法（3）函数，见式(8-21)和式(8-22)；

❺为定义刚性柱脚底板锚栓拉力及直径方法（4）函数，见式(8-23)和式(8-24)；

❻为给出所需计算参数的初始值，应力单位采用 N、mm 制，内力单位采用 kN、m 制，几何尺寸单位采用 mm 制；

❼本行及以下几行代码为利用前面定义的函数计算。

具体见代码清单 8-2。

代 码 清 单   8-2

```python
# -*- coding: utf-8 -*-
import sympy as sp
from scipy.optimize import fsolve
from math import ceil

def base_plate_length(N1,M1,b,fc):                          ❶
    N1, M1 = N1*e3, M1*e6
    l = sp.symbols('l', real=True)
    Eq = N1/(b*l)+6*M1/(b*l**2)-fc
    l = min(max(sp.solve(Eq, l)), 2*b)
    l = ceil(l/50)*50
    return l

def anchor_bolt_area_1(N2,M2,b,l,fc,fta,n,d0):              ❷
    N2, M2 = N2*1e3, M2*1e6
    σmax = N2/(b*l)+6*M2/(b*l**2)
    σmin = N2/(b*l)-6*M2/(b*l**2)
    x = σmax/(σmax-σmin)*l
    T = (M2-N2*(l/2-x/3))/(d0-x/3)
    Ae = T/(n*fta)
    T = T/1e3
    return T, Ae

def anchor_bolt_area_2(N2,M2,b,l,fc,fta,n,c,d0):            ❸
    N2, M2 = N2*1e3, M2*1e6
    x = sp.symbols('x', real=True)
    Eq = fc*b*x*(d0-x/3)/2-M2-N2*(l/2-c)
    x = min(sp.solve(Eq, x))
    T = fc*b*x/2-N2
    Ae = T/(n*fta)
    T = T/1e3
    return T, Ae

def anchor_bolt_area_3(N2,M2,b,l,fc,fta,E,Ec,n,c,d0):      ❹
    N2, M2 = N2*1e3, M2*1e6
    m = E/Ec
    β = 6*m*(M2+N2*(l/2-c))/(b*d0**2*fta)

    def func(v):
        x, = v.tolist()
        return [x**3-3*(x**2)-β*x+β]
    α = fsolve(func, [1])[0]
    x = α*d0
    T = (M2-N2*(l/2-x/3))/(d0-x/3)
    Ae = T/(n*fta)
    T = T/1e3
    return T, Ae
```

```
def anchor_bolt_area_7(N2,M2,b,l,fc,fta,E,Ec,n,c,d0):        ❺
    N2, M2 = N2*1e3, M2*1e6
    x = sp.symbols('x', real=True)
    Eq = fc*b*x*(d0-x/2)-M2-N2*(l/2-c)
    x = min(sp.solve(Eq, x))
    T = fc*b*x-N2
    Ae = T/(n*fta)
    T = T/1e3
    return T, Ae

def main():
    N1, M1 = 1100, 490        #确定柱脚底板尺寸，以 kN、m 为单位    ❻
    N2, M2 = 750, 470         #确定锚栓尺寸，以 kN、m 为单位
    fc, Ec, fta, E = 9.6, 2.55e4, 140, 2.06e5

    b, c = 510, 100
    l = base_plate_length(N1,M1,b,fc)        ❼
    d0 = l-c
    n = 2                      #一侧锚栓根数

    T1, Ae1 = anchor_bolt_area_1(N2,M2,b,l,fc,fta,n,d0)
    T2, Ae2 = anchor_bolt_area_2(N2,M2,b,l,fc,fta,n,c,d0)
    T3, Ae3 = anchor_bolt_area_3(N2,M2,b,l,fc,fta,E,Ec,n,c,d0)
    T7, Ae7 = anchor_bolt_area_7(N2,M2,b,l,fc,fta,E,Ec,n,c,d0)

    print('计算结果：')
    print(f'柱脚底板宽度                {b = :.1f} mm')
    print(f'柱脚底板长度                {l = :.1f} mm')
    print('常规解法结果：')
    print(f'锚栓拉力设计值              {T1 = :.2f} kN')
    print(f'每个锚栓的有效面积          {Ae1 = :.2f} mm²')
    print('力学基本原理解法结果：')
    print(f'锚栓拉力设计值              {T2 = :.2f} kN')
    print(f'每个锚栓的有效面积          {Ae2 = :.2f} mm²')
    print('力学基本原理解法结果：')
    print(f'锚栓拉力设计值              {T3 = :.2f} kN')
    print(f'每个锚栓的有效面积          {Ae3 = :.2f} mm²')
    print('力学基本原理解法结果：')
    print(f'锚栓拉力设计值              {T7 = :.2f} kN')
    print(f'每个锚栓的有效面积          {Ae7 = :.2f} mm²')

if __name__ == "__main__":
    main()
```

8.2.3 输出结果

运行代码清单 8-2，可得输出结果 8-2。

计算结果：
柳脚底板宽度　　　　　　　　　　b = 510.0 mm
柳脚底板长度　　　　　　　　　　l = 900.0 mm
常规解法结果：
锚栓拉力设计值　　　　　　　　　T1 = 442.81 kN
每个锚栓的有效面积　　　　　　　Ae1 = 1581.47 mm²
力学基本原理解法结果：
锚栓拉力设计值　　　　　　　　　T2 = 384.82 kN
每个锚栓的有效面积　　　　　　　Ae2 = 1374.36 mm²
力学基本原理解法结果：
锚栓拉力设计值　　　　　　　　　T3 = 314.01 kN
每个锚栓的有效面积　　　　　　　Ae3 = 1121.48 mm²
力学基本原理解法结果：
锚栓拉力设计值　　　　　　　　　T7 = 308.71 kN
每个锚栓的有效面积　　　　　　　Ae7 = 1102.53 mm²

8.3 刚性柱脚混凝土受压应力、受拉侧锚栓的总拉力计算

8.3.1 项目描述

刚性固定外露式柱脚底板（图 8-7）的混凝土受压应力、受拉侧锚栓的总拉力和有效面积计算公式：

当偏心距 $e \leqslant L/6$ 时，受拉侧锚栓的总拉力 $T_a = 0$，底板下的混凝土最大压应力

$$\sigma_c = \frac{N}{BL}(1 + 6e/L) \leqslant \beta_c f_c \tag{8-25}$$

当偏心距 $L/6 < e \leqslant (L/6 + l_t/3)$ 时，受拉侧锚栓的总拉力 $T_a = 0$，底板下的混凝土最大压应力

$$\sigma_c = \frac{2N}{3B(L/2 - e)} \leqslant \beta_c f_c \tag{8-26}$$

当偏心距 $(L/6 + l_t/3) < e$ 时，底板下的混凝土最大压应力

$$\sigma_c = \frac{2N(e + L/2 - l_t)}{Bx_n(L - l_t - x_n/3)} \leqslant \beta_c f_c \tag{8-27}$$

受拉侧锚栓的总拉力

$$T_a = \frac{N(e - L/2 + x_n/3)}{L - l_t - x_n/3} \tag{8-28}$$

受拉侧锚栓的总有效面积

$$A_e^a = T_a / f_t^a \tag{8-29}$$

底板受压区的长度，可按下式试算

$$x_n^3 + 3(e - L/2)x_n^2 - \frac{6nA_e^a}{B}(e + L/2 - l_t)(L - l_t - x_n) = 0 \tag{8-30}$$

式中：n——钢材的弹性模量与混凝土弹性模量之比。

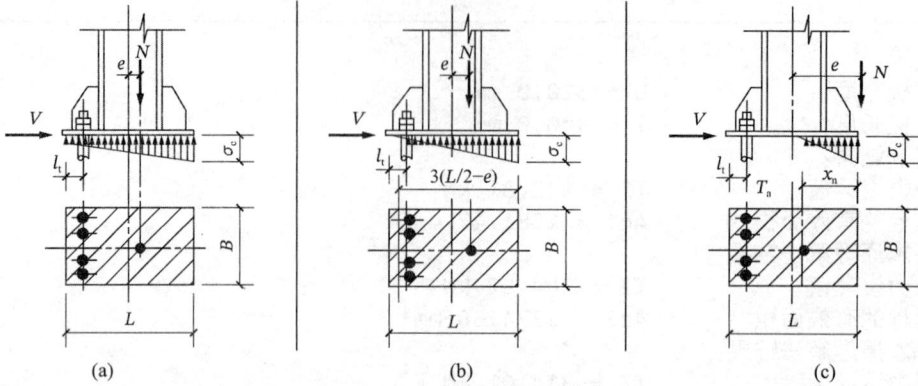

图 8-7　刚性柱脚计算简图

8.3.2　项目代码

本计算程序可以计算刚性柱脚的混凝土受压应力、受拉侧锚栓的总拉力有效面积，代码清单 8-3 中：

❶为定义初始化参数函数；

❷为定义计算三次方程函数，见式(8-30)；

❸为定义计算刚性柱脚的混凝土受压应力、受拉侧锚栓的总拉力货有效面积函数，见式(8-25)～式(8-29)；

❹为给出所需计算参数的初始值，应力单位采用 N、mm 制，内力单位采用 kN、m 制，几何尺寸单位采用 mm 制；

❺本行及以下几行代码为利用前面定义的函数计算。

具体见代码清单 8-3。

代 码 清 单　　　　　　　8-3

```python
# -*- coding: utf-8 -*-
import numpy as np
from math import pi, sqrt

class BearingCapacityCalculator:
    def __init__(self, L, B, Aea, Lt, A_b, fc, M, N, n):        ❶
        self.L = L              # 截面长度 (mm)
        self.B = B              # 截面宽度 (mm)
        self.Aea = Aea          # 受拉侧锚栓总有效面积 (mm²)
        self.Lt = Lt            # 锚栓到边缘距离 (mm)
        self.A_b = A_b          # 潜在局压混凝土面积 (mm²)
        self.fc = fc            # 混凝土抗压强度 (N/mm²)
        self.M = M * 1e6        # 弯矩转换为 N·mm
        self.N = N * 1e3        # 轴力转换为 N
        self.n = n              # 弹性模量比（Es/Ec）
```

```
        self.e = self.M / self.N if self.N != 0 else 0  # 偏心距 (mm)
        self.x_n = None              # 受压区长度
        self.beta_l = None           # 局部承压系数
        self.concrete_stress = None  # 混凝土承压应力

    def solve_cubic_equation(self):                                              ❷
        e,L,n,Aea,B,Lt = self.e, self.L,self.n, self.Aea,self.B,self.Lt
        a = 3 * (e - L/2)
        b = 6 * n * Aea / B * (e + L/2 - Lt)
        c = -6 * n * Aea / B * (e + L/2 - Lt) * (L - Lt)
        coefficients = [1, a, b, c]
        roots = np.roots(coefficients)
        real_roots = [root.real for root in roots if abs(root.imag) < 1e-5]
        valid_roots = [r for r in real_roots if 0 < r < L]
        if not valid_roots:
            raise ValueError("No valid roots found for cubic equation.")
        self.x_n = max(valid_roots)
        return self.x_n

    def check_bearing_capacity(self):                                           ❸
        e, L, B, N = self.e, self.L, self.B, self.N
        # 分情况计算受压区长度 x_n
        if e < L/6:
            self.x_n = L  # 全截面受压
            sigma_c = N / (L*B) * (1 + 6*e/L)
            Ta = 0
        elif e <= (L/6 + self.Lt/3):
            self.x_n = 3 * (L/2 - e)  # 部分截面受压
            sigma_c = 2 * N / (3 * B * (L/2 - e))
            Ta = 0
        else:
            self.solve_cubic_equation()  # 大偏心，解三次方程
            term_1 = 2 * N * (e + L/2 - self.Lt)
            term_2 = (B * self.x_n * (L - self.Lt - self.x_n/3))
            sigma_c = term_1 / term_2
            Ta = N * (e - L/2 + self.x_n/3) / (L - self.Lt - self.x_n/3)

        A_l = self.x_n * B
        self.beta_l = sqrt(self.A_b / A_l) if A_l > 0 else 0
        self.concrete_stress = self.beta_l * self.fc
        return self.e, self.beta_l, L/6, sigma_c, Ta

if __name__ == "__main__":
    L, B, Lt, A_b, fc = 750, 750, 75, 978000, 14.3                              ❹
    M, N = 673, 1650  # 弯矩(kN·m)，轴力(kN)
    de, numberbar = 42, 3  # 锚栓参数
    fta = 180  # 锚栓抗拉强度(N/mm²)

    Es, Ec = 2.0e5, 3.0e4
```

```
n = Es / Ec
Ae = (de**2 * pi/4)*numberbar  # 潜在受拉锚栓总有效面积

calculator = BearingCapacityCalculator(L, B, Ae, Lt, A_b, fc, M, N, n) ❺
e, beta_l, L_6, sigma_c, Ta = calculator.check_bearing_capacity()
concrete_stress = calculator.concrete_stress
print(f'偏心距 e = {e:.1f} mm')
print(f'临界值 L/6 = {L_6:.1f} mm')
print(f'混凝土承压应力 σ_c = {sigma_c:.1f} N/mm²')
print(f'混凝土局压轴心抗压强度设计值提高系数 β_l = {beta_l:.2f}')
print(f'混凝土允许应力 β_l*f_c = {concrete_stress:.1f} N/mm²')
if sigma_c <= calculator.concrete_stress:
    print("混凝土承压验算通过。")
else:
    print("混凝土承压验算不通过！")

if e < L/6:
    print('小偏心: e < L/6')
    print(f'混凝土压应力 σ_c = {sigma_c:.1f} N/mm²')
elif L/6 <= e <= (L/6 + Lt/3):
    print('中等偏心: L/6 ≤ e ≤ L/6 + Lt/3')
    print(f'混凝土压应力 σ_c = {sigma_c:.1f} N/mm²')
else:
    print('大偏心: e > L/6 + Lt/3')
    print(f"底板受压区长度 x_n = {calculator.x_n:.1f} mm")
    print(f'混凝土压应力 σ_c = {sigma_c:.1f} N/mm²')
    print(f'锚栓拉力 Ta = {Ta/1e3:.1f} kN')
# 验算混凝土压应力
print(f'\n混凝土抗压强度设计值 β_c*f_c = {concrete_stress:.1f} N/mm²')
if sigma_c <= concrete_stress:
    print(f'验算结果: σ_c = {sigma_c:.1f} ≤ {concrete_stress:.1f} 可行')
else:
    print(f'验算结果:σ_c ={sigma_c:.1f}>{concrete_stress:.1f} 不可行')

# 锚栓验算
if Ta > 0:
    A_required = Ta / fta
    print(f'锚栓拉力 Ta = {Ta/1e3:.1f} kN')
    print(f'所需锚栓面积: {A_required:.1f} mm²，当前面积: {Ae:.1f} mm²')
    if Ae >= A_required:
        print("锚栓强度验算通过。")
    else:
        print("锚栓强度验算不通过！")
```

8.3.3 输出结果

运行代码清单 8-3，可得输出结果 8-3。

偏心距 e = 407.9 mm
临界值 L/6 = 125.0 mm
混凝土承压应力 σ_c = 16.2 N/mm²
混凝土局压轴心抗压强度设计值提高系数 β_l = 1.95
混凝土允许应力 β_l*f_c = 27.9 N/mm²
混凝土承压验算通过。
大偏心: e > L/6 + Lt/3
底板受压区长度 x_n = 343.2 mm
混凝土压应力 σ_c = 16.2 N/mm²
锚栓拉力 Ta = 433.5 kN

混凝土抗压强度设计值 β_c*f_c = 27.9 N/mm²
验算结果: σ_c = 16.2 ≤ 27.9 可行
锚栓拉力 Ta = 433.5 kN
所需锚栓面积: 2408.5 mm²，当前面积: 4156.3 mm²
锚栓强度验算通过。

8.4 直角角焊缝计算

8.4.1 项目描述

角钢端部正面角焊缝所承受的力（图 8-8）:

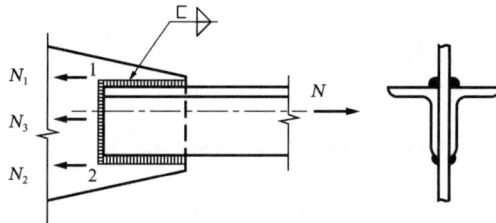

图 8-8　双角钢三面围焊计算示意

$$N_3 = 0.7h_{\text{f}}\sum l_{\text{w3}}\beta_{\text{f}}f_{\text{f}}^{\text{w}} \tag{8-31}$$

角钢背部侧面角焊缝长度，对点 2 求力矩，有

$$\sum M_2 = 0: \qquad N_1 = N\frac{e_2}{b} - \frac{N_3}{2} \tag{8-32}$$

所需角钢背部侧面角焊缝的计算长度

$$l_{\text{wl}} = \frac{N_1}{\sum 0.7\beta_{\text{f}}f_{\text{f}}^{\text{w}}} \tag{8-33}$$

角钢趾部侧面角焊缝长度，对点 1 求力矩，有

$$\sum M_1 = 0: \qquad N_2 = N\frac{e_1}{b} - \frac{N_3}{2} \tag{8-34}$$

所需角钢趾部侧面角焊缝的计算长度

$$l_{w2} = \frac{N_2}{\sum 0.7\beta_f f_f^w}$$

(8-35)

8.4.2 项目代码

本计算程序可以计算直角角焊缝，代码清单 8-4 中：

❶为定义侧面角焊缝内力及计算长度函数，见式(8-31)~式(8-35)；

❷为给出所需计算参数的初始值，应力单位采用 N、mm 制，内力单位采用 kN、m 制，几何尺寸单位采用 mm 制；

❸本行及以下几行代码为利用前面定义的函数计算。

具体见代码清单 8-4。

代 码 清 单　　　　　　　　　　　8-4

```python
# -*- coding: utf-8 -*-
def length_of_fillet_weld(N,hf,ffw,b,βf,e1,e2):          ❶
    lw3 = b
    N = N*1e3
    N3 = 0.7*hf*(2*lw3)*βf*ffw
    N1 = N*e2/b-N3/2
    lw1 = max(N1/(2*0.7*hf*ffw), 8*hf)
    l1 = lw1+hf
    N2 = N*e1/b-N3/2
    lw2 = max(N2/(2*0.7*hf*ffw), 8*hf)
    l2 = lw2+hf
    return lw1, lw2, l1, l2

def main():
    N,hf,ffw,βf,b,e1 = 1100,8,160,1.22,140,38.2          ❷
    e2 = b-e1
    lw1, lw2, l1, l2 = length_of_fillet_weld(N,hf,ffw,b,βf,e1,e2)    ❸

    print('计算结果：')
    print(f'角钢肢背所需焊缝计算长度   {lw1 = :.1f} mm')
    print(f'角钢肢背所需焊缝实际长度   {l1 = :.1f} mm')
    print(f'角钢肢尖所需焊缝计算长度   {lw2 = :.1f} mm')
    print(f'角钢肢尖所需焊缝实际长度   {l2 = :.1f} mm')

if __name__ == "__main__":
    main()
```

8.4.3 输出结果

运行代码清单 8-4，可得输出结果 8-4。

计算结果：
角钢肢背所需焊缝计算长度　lw1 = 360.9 mm
角钢肢背所需焊缝实际长度　 l1 = 368.9 mm
角钢肢尖所需焊缝计算长度　lw2 = 82.1 mm
角钢肢尖所需焊缝实际长度　 l2 = 90.1 mm

9 钢管结构节点

9.1 Y形圆管节点计算

9.1.1 项目描述

T形（或Y形）受拉节点见图9-1，T形（或Y形）受压节点见图9-2。

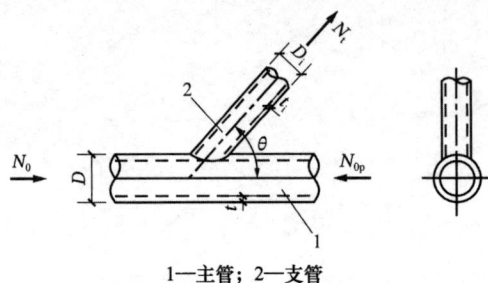

1—主管；2—支管

图9-1 T形（或Y形）受拉节点

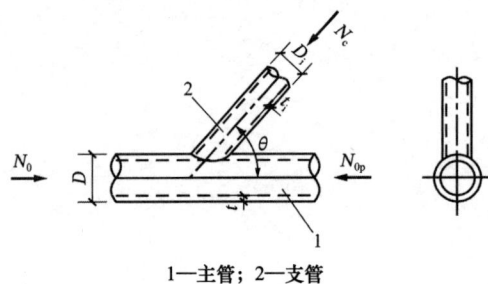

1—主管；2—支管

图9-2 T形（或Y形）受压节点

根据《钢结构设计标准》GB 50017—2017，受压支管在管节点处的N_{cX}设计值应按下列公式计算：

$$N_{cT} = \frac{11.51}{\sin\theta}\left(\frac{D}{t}\right)^{0.2}\psi_n\psi_d t^2 f \tag{9-1}$$

当$\beta \leqslant 0.7$时：

$$\psi_d = 0.069 + 0.93\beta \tag{9-2}$$

当$\beta > 0.7$时：

$$\psi_d = 2\beta - 0.68 \tag{9-3}$$

受拉支管在管节点处的承载力设计值N_{tX}应按下式计算：

当$\beta \leqslant 0.6$时：

$$N_{tT} = 1.4N_{cT} \tag{9-4}$$

当 $\beta > 0.6$ 时：

$$N_{tT} = (2 - \beta)N_{cT} \tag{9-5}$$

$$\psi_n = 1 - 0.3\frac{\sigma}{f_y} - 0.3\left(\frac{\sigma}{f_y}\right)^2 \tag{9-6}$$

9.1.2　项目代码

本计算程序可以计算 Y 形圆管节点构件，代码清单 9-1 中：

❶为定义钢号修正系数函数；

❷为定义节点几何参数验算函数；

❸为定义主管轴力影响系数函数；

❹为定义参数 ψ_a 函数；

❺为定义计算支管承载力函数；

❻为定义焊缝计算长度函数；

❼为定义计算角焊缝焊脚尺寸函数；

❽为给出主管、支管的截面尺寸，单位采用 mm 制；

❾为给出所需计算参数的初始值，应力单位采用 N、mm 制，内力单位采用 kN、m 制，几何尺寸单位采用 mm 制，轴力以拉为正，压为负；

❿本行及以下几行代码为利用前面定义的函数计算 Y 形圆管节点构件。

具体见代码清单 9-1。

代　码　清　单　　　　　　　9-1

```
# -*- coding: utf-8 -*-
from numpy import pi,sqrt,sin,radians,ceil

def steel_grade_correction_factor(fy):          ❶
    εk = sqrt(235/fy)
    return εk

def check_of_node_geometry(D,D1,t,t1):          ❷
    Dt = D/t
    D1t1 = D1/t1
    β = D1/D
    tt1 = t1/t
    return Dt, D1t1, β, tt1

def parameter_ψn(N1,N2,A,fy):                    ❸
    if N1 > 0 or N2 > 0:
        ψn = 1.0
    else:
        σ = min(abs(N1),abs(N2))/A
        ψn = 1-0.3*σ/fy-0.3*(σ/fy)**2
```

```
        return ψn

def parameter_ψd(β):                                           ❹
    if β <= 0.7:
        ψd = 0.069+0.93*β
    else:
        ψd = 2*β-0.68
    return ψd

def web_member_bearing_capacity(D,t,β,f,θ1,ψd,ψn):             ❺
    NcT = 11.51*(D/t)**0.2/sin(θ1)*ψn*ψd*t**2*f
    NtT = (2-β)*NcT
    return NcT, NtT

def weld_length_calculation(D,D1,θ1):                          ❻
    lw = ceil((3.25*D1-0.025*D)*(0.534/sin(θ1)+0.466))
    return lw

def fillet_weld_leg_size(Nt,lw,ffw,t1):                        ❼
    hf = ceil(min(Nt/(0.7*lw*ffw), 2*t1))
    return hf

def main():
    D,D1,t,t1 = 168,102,6,3.5                                  ❽
    A = (D**2-D1**2)*pi/4
    Dt,D1t1,β,tt1 = check_of_node_geometry(D,D1,t,t1)
    f,θ1 = 305,radians(45)
    N1,N2,fy = -316.2*1000,500*1000,355                        ❾
    εk = steel_grade_correction_factor(fy)                     ❿
    ψd = parameter_ψd(β)
    ψn = parameter_ψn(N1,N2,A,fy)
    NcT, NtT = web_member_bearing_capacity(D,t,β,f,θ1,ψd,ψn)
    lw = weld_length_calculation(D,D1,θ1)
    Nt,ffw = 210*1000,160
    hf = fillet_weld_leg_size(Nt,lw,ffw,t1)

    print('计算结果：')
    print(f'钢号修正系数              εk = {εk:.3f}')
    print(f'主管外径与壁厚之比        D/t = {Dt:.1f}')
    if Dt < 100:
        print('主管外径与壁厚之比 D/t，符合《钢标》第 13.1.2 条。')
    else:
        print('主管外径与壁厚之比 D/t，不符合《钢标》第 13.1.2 条。')

    print(f'支管外径与壁厚之比        D1/t1 = {D1/t1:.1f}')
    if D1/t1 < 100:
        print('支管外径与壁厚之比 D1/t1，符合《钢标》第 13.1.2 条。')
    else:
        print('支管外径与壁厚之比 D1/t1，不符合《钢标》第 13.1.2 条。')
```

```
    print(f'主管外径与支管外径之比        D1/D = {β:.3f}')
    if β > 0.2 and β < 1.0:
        print('主管外径与支管外径之比 D1/D，符合《钢标》第 13.1.2 条。')
    else:
        print('主管外径与支管外径之比 D1/D，不符合《钢标》第 13.1.2 条。')

    print(f'主管壁厚与支管壁厚之比        t/t1 = {tt1:.3f}')
    if tt1 > 0.2 and tt1 < 1.0:
        print('主管壁厚与支管壁厚之比 t/t1，符合《钢标》第 13.1.2 条。')
    else:
        print('主管壁厚与支管壁厚之比 t/t1，不符合《钢标》第 13.1.2 条。')

    print(f'系数                       ψd = {ψd:.3f}')
    print(f'主管轴力影响系数             ψn = {ψn:.3f}')
    print(f'受压支管在节点处承载力设计值   NcT = {NcT/1000:.1f} kN')
    print(f'受拉支管在节点处承载力设计值   NtT = {NtT/1000:.1f} kN')
    print(f'受拉支管在节点处荷载效应设计值  Nt = {Nt/1000:.1f} kN')
    if NtT > Nt:
        print('受拉支管在节点处承载力设计值 NtT >= Nt。')
    else:
        print('受拉支管在节点处承载力设计值 NtT < Nt。')

    print(f'焊缝计算长度                lw = {lw:.1f} mm')
    print(f'角焊缝焊脚尺寸              hf = {hf:.1f} mm')

if __name__ == "__main__":
    main()
```

9.1.3 输出结果

运行代码清单 9-1，可得输出结果 9-1。

输 出 结 果　　　　　　　　　9-1

```
计算结果：
钢号修正系数                εk = 0.814
主管外径与壁厚之比            D/t = 28.0
主管外径与壁厚之比 D/t，符合《钢标》第 13.1.2 条。
支管外径与壁厚之比            D1/t1 = 29.1
支管外径与壁厚之比 D1/t1，符合《钢标》第 13.1.2 条。
主管外径与支管外径之比        D1/D = 0.607
主管外径与支管外径之比 D1/D，符合《钢标》第 13.1.2 条。
主管壁厚与支管壁厚之比        t/t1 = 0.583
主管壁厚与支管壁厚之比 t/t1，符合《钢标》第 13.1.2 条。
系数                       ψd = 0.634
```

主管轴力影响系数	ψn = 1.000
受压支管在节点处承载力设计值	NcT = 220.5 kN
受拉支管在节点处承载力设计值	NtT = 307.2 kN
受拉支管在节点处荷载效应设计值	Nt = 210.0 kN
受拉支管在节点处承载力设计值	NtT >= Nt。
焊缝计算长度	lw = 400.0 mm
角焊缝焊脚尺寸	hf = 5.0 mm

9.2　K 形圆管节点计算

9.2.1　项目描述

根据《钢结构设计标准》GB 50017—2017，受压支管在管节点（图 9-3）处的 N_{cK} 设计值应按下列公式计算：

$$N_{cK} = \frac{11.51}{\sin\theta}\left(\frac{D}{t}\right)^{0.2}\psi_n\psi_d\psi_a t^2 f \tag{9-7}$$

$$\psi_a = 1 + \left(\frac{2.19}{1+7.5a/D}\right)\left(1 - \frac{20.1}{6.6+D/t}\right)(1-0.77\beta) \tag{9-8}$$

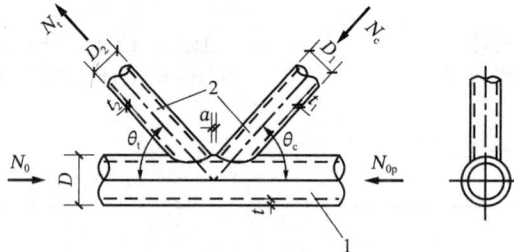

1—主管；2—支管

图 9-3　平面 K 形节点

受拉支管在管节点处的承载力设计值 N_{tK} 应按下式计算：

$$N_{tK} = \frac{\sin\theta_c}{\sin\theta_t}N_{cK} \tag{9-9}$$

9.2.2　项目代码

本计算程序可以计算 K 形圆管节点构件，代码清单 9-2 中：
❶为定义钢号修正系数函数；
❷为定义节点几何参数验算函数；
❸为定义主管轴力影响系数 ψ_n 函数；
❹为定义参数 ψ_a 函数；
❺为定义参数 ψ_d 函数；
❻为定义计算支管承载力函数；

9 钢管结构节点

⑦为定义焊缝计算长度函数；

⑧为定义计算角焊缝焊脚尺寸函数；

⑨为给出主管、支管的截面尺寸，单位采用 mm 制；给出所需计算参数的初始值，应力单位采用 N、mm 制，内力单位采用 kN、m 制，几何尺寸单位采用 mm 制，轴力以拉为正，压为负；

⑩本行及以下几行代码为利用前面定义的函数计算 K 形圆管节点构件。

具体见代码清单 9-2。

代 码 清 单　　　　　　9-2

```python
# -*- coding: utf-8 -*-
from numpy import tan,pi,sqrt,sin,radians,ceil

def steel_grade_correction_factor(fy):          ❶
    εk = sqrt(235/fy)
    return εk

def check_of_node_geometry(D,D1,t,t1):          ❷
    Dt = D/t
    D1t1 = D1/t1
    β = D1/D
    tt1 = t1/t
    return Dt, D1t1, β, tt1

def parameter_ψn(N1,N2,A,fy):                   ❸
    if N1 > 0 or N2 > 0:
        ψn = 1.0
    else:
        σ = min(abs(N1),abs(N2))/A
        ψn = 1-0.3*σ/fy-0.3*(σ/fy)**2
    return ψn

def parameter_ψa(D,D1,t,β,f,θc,θt):             ❹
    a = (D/(2*tan(θc))+D/(2*tan(θt)))-(D1/(2*sin(θc)+D1/(2*sin(θt)))
    aD = a/D
    Dt = D/t
    ψa = 1+2.19/(1+7.5*aD)*(1-20.1/(6.6+Dt))*(1-0.77*β)
    return a, ψa

def parameter_ψd(β):                            ❺
    if β <= 0.7:
        ψd = 0.069+0.93*β
    else:
        ψd = 2*β-0.68
    return ψd
```

229

```
def web_member_bearing_capacity(D,t,θc,θt,f,ψn,ψd,ψa):          ❻
    NcK = 11.51*(D/t)**0.2/sin(θc)*ψn*ψd*ψa*t**2*f
    NtK = sin(θc)*NcK/sin(θt)
    return NcK, NtK

def weld_length_calculation(D,D1,θ1):                          ❼
    lw = ceil((3.25*D1-0.025*D)*(0.534/sin(θ1)+0.466))
    return lw

def fillet_weld_leg_size(Nt,lw,ffw,t1):                        ❽
    hf = ceil(min(Nt/(0.7*lw*ffw), 2*t1))
    return hf

def main():                                                    ❾
    D,D1,t,t1 = 168,102,6,3.5
    A = (D**2-D1**2)*pi/4
    Dt, D1t1, β, tt1 = check_of_node_geometry(D,D1,t,t1)
    f,θc,θt = 305, radians(45), radians(45)
    N1,N2,fy = -316.2*1000,-500*1000,355

    εk = steel_grade_correction_factor(fy)                     ❿
    a,ψa = parameter_ψa(D,D1,t,β,f,θc,θt)
    ψd = parameter_ψd(β)
    ψn = parameter_ψn(N1,N2,A,fy)
    NcK, NtK = web_member_bearing_capacity(D,t,θc,θt,f,ψn,ψd,ψa)
    lw = weld_length_calculation(D,D1,θc)

    Nt,ffw = 130*1000, 160
    hf = fillet_weld_leg_size(Nt,lw,ffw,t1)

    print('计算结果: ')
    print(f'钢号修正系数                    εk = {εk:.3f}')
    print(f'主管外径与壁厚之比              D/t = {Dt:.1f}')
    if  Dt < 100:
        print('主管外径与壁厚之比 D/t, 符合《钢标》第 13.1.2 条。')
    else:
        print('主管外径与壁厚之比 D/t, 不符合《钢标》第 13.1.2 条。')

    print(f'支管外径与壁厚之比            D1/t1 = {D1/t1:.1f}')
    if  D1/t1 < 100:
        print('支管外径与壁厚之比 D1/t1, 符合《钢标》第 13.1.2 条。')
    else:
        print('支管外径与壁厚之比 D1/t1, 不符合《钢标》第 13.1.2 条。')

    print(f'主管外径与支管外径之比        D1/D = {β:.3f}')
    if β > 0.2 and β < 1.0:
        print('主管外径与支管外径之比 D1/D, 符合《钢标》第 13.1.2 条。')
    else:
        print('主管外径与支管外径之比 D1/D, 不符合《钢标》第 13.1.2 条。')
```

```
    print(f'主管壁厚与支管壁厚之比        t/t1 = {tt1:.3f}')
    if tt1 > 0.2 and tt1 < 1.0:
        print('主管壁厚与支管壁厚之比 t/t1，符合《钢标》第 13.1.2 条。')
    else:
        print('主管壁厚与支管壁厚之比 t/t1，不符合《钢标》第 13.1.2 条。')

    print(f'两支管之间的间隙              a = {a:.2f} mm')
    print(f'系数                         ψa = {ψa:.3f}')
    print(f'系数                         ψd = {ψd:.3f}')
    print(f'主管轴力影响系数             ψn = {ψn:.3f}')
    print(f'受压支管在节点处承载力设计值  NcK = {NcK/1000:.1f} kN')
    print(f'受拉支管在节点处承载力设计值  NtK = {NtK/1000:.1f} kN')
    print(f'受拉支管在节点处荷载效应设计值 Nt = {Nt/1000:.1f} kN')
    if NtK > Nt:
        print('受拉支管在节点处承载力设计值 NtK >= Nt。')
    else:
        print('受拉支管在节点处承载力设计值 NtK < Nt。')

    print(f'焊缝计算长度                  lw = {lw:.1f} mm')
    print(f'角焊缝焊脚尺寸                hf = {hf:.1f} mm')

if __name__ == "__main__":
    main()
```

9.2.3　输出结果

运行代码清单 9-2，可得输出结果 9-2。

输　出　结　果　　　　　　　　　　　　　　9-2

```
计算结果：
钢号修正系数                    εk = 0.814
主管外径与壁厚之比              D/t = 28.0
主管外径与壁厚之比 D/t，符合《钢标》第 13.1.2 条。
支管外径与壁厚之比            D1/t1 = 29.1
支管外径与壁厚之比 D1/t1，符合《钢标》第 13.1.2 条。
主管外径与支管外径之比         D1/D = 0.607
主管外径与支管外径之比 D1/D，符合《钢标》第 13.1.2 条。
主管壁厚与支管壁厚之比         t/t1 = 0.583
主管壁厚与支管壁厚之比 t/t1，符合《钢标》第 13.1.2 条。
两支管之间的间隙                a = 23.75 mm
系数                           ψa = 1.237
系数                           ψd = 0.634
主管轴力影响系数               ψn = 0.980
受压支管在节点处承载力设计值   NcK = 267.3 kN
```

受拉支管在节点处承载力设计值　NtK ＝ 267.3 kN
受拉支管在节点处荷载效应设计值 Nt ＝ 130.0 kN
受拉支管在节点处承载力设计值 NtK ＞= Nt。
焊缝计算长度　　　　　　　　　lw ＝ 400.0 mm
角焊缝焊脚尺寸　　　　　　　　hf ＝ 3.0 mm

9.3　Y 形方管节点计算

9.3.1　项目描述

矩形管直接焊接平面节点见图 9-4。根据《钢结构设计标准》GB 50017—2017，支管为矩形管的平面 T 形、Y 形和 X 形节点：

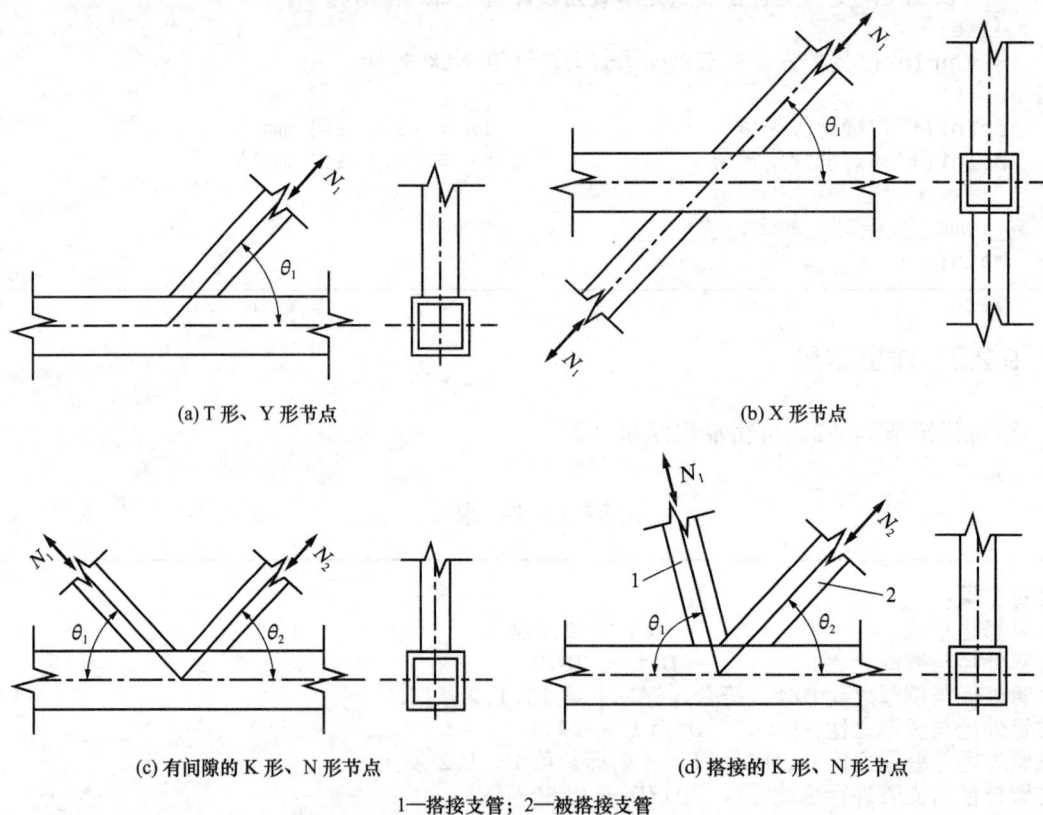

(a) T 形、Y 形节点　　　　　　　　　　　　(b) X 形节点

(c) 有间隙的 K 形、N 形节点　　　　　　　(d) 搭接的 K 形、N 形节点

1—搭接支管；2—被搭接支管

图 9-4　矩形管直接焊接平面节点

（1）当 $\beta \leqslant 0.85$ 时，支管在节点处的承载力设计值 N_{ui} 应按下列公式计算：
受压支管：

$$N_{ui} = 1.8\left(\frac{h_i}{bC\sin\theta_i} + 2\right)\frac{t^2 f}{C\sin\theta_i}\psi_n \tag{9-10}$$

$$C = (1 - \beta)^{0.5} \tag{9-11}$$

主管受压时：

$$\psi_n = 1.0 - \frac{0.25\sigma}{\beta f} \tag{9-12}$$

主管受拉时：

$$\psi_n = 1.0 \tag{9-13}$$

（2）当 $\beta = 1.0$ 时，支管在节点处的承载力设计值 N_{ui} 应按下列公式计算：
受压支管：

$$N_{ui} = \left(\frac{2h_i}{\sin\theta_i} + 10t\right)\frac{tf_k}{\sin\theta_i}\psi_n \tag{9-14}$$

对于 X 形节点，当 $\theta_i < 90°$ 且 $h \geqslant h_i / \cos\theta_i$ 时，尚应按下式计算：

$$N_{ui} = \frac{2htf_v}{\sin\theta_i} \tag{9-15}$$

支管受拉时：

$$f_k = f \tag{9-16}$$

主管受压时：
对 T 形、Y 形节点：

$$f_k = 0.8\varphi f \tag{9-17}$$

对 X 形节点：

$$f_k = (0.65\sin\theta_i)\varphi f \tag{9-18}$$

$$\lambda = 1.73\left(\frac{h}{t} - 2\right)\sqrt{\frac{1}{\sin\theta_i}} \tag{9-19}$$

（3）当 $0.85 < \beta < 1.0$ 时，支管在节点处的承载力设计值 N_{ui} 应按式(9-10)、式(9-14)或式(9-15)所计算的值，根据进行线性内插。此外，尚应不超过式(9-20)的计算值：

$$N_{ui} = \left(\frac{2h_i}{\sin\theta_i} + 10t\right)\frac{tf_k}{\sin\theta_i}\psi_n \tag{9-20}$$

$$b_{ei} = \frac{10}{b/t}g\frac{tf_y}{t_i f_{yi}}gb_i \leqslant b_i \tag{9-21}$$

（4）当 $0.85 < \beta < 1 - 2t/b$ 时，N_{ui} 尚应不超过下列公式的计算值：

$$N_{ui} = 2.0\left(\frac{h_i}{\sin\theta_i} + b'_{ei}\right)\frac{tf_v}{\sin\theta_i} \tag{9-22}$$

$$b'_{ei} = \frac{10}{b/t}gb_i \leqslant b_i \tag{9-23}$$

9.3.2　项目代码

本计算程序可以计算 Y 形方管节点构件，代码清单 9-3 中：
❶为定义钢号修正系数函数；
❷为定义节点几何参数验算函数；
❸为定义主管轴力影响系数函数；

❹为定义参数ψ_d函数；

❺为定义计算支管承载力函数；

❻为定义焊缝计算长度函数；

❼为定义计算角焊缝焊脚尺寸函数；

❽为给出主管、支管的截面尺寸，单位采用 mm 制；

❾给出所需计算参数的初始值，应力单位采用 N、mm 制，内力单位采用 kN、m 制，几何尺寸单位采用 mm 制，轴力以拉为正，压为负；

❿本行及以下几行代码为利用前面定义的函数计算 Y 形方管节点构件。

具体见代码清单 9-3。

代 码 清 单　　　　　　　　　　9-3

```python
# -*- coding: utf-8 -*-
from numpy import sqrt, sin, radians, ceil

def steel_grade_correction_factor(fy):          ❶
    εk = sqrt(235/fy)
    return εk

def check_of_node_geometry(h,b,t,h1,b1,t1):     ❷
    β = b1/b
    h1b = h1/b
    b1t1 = b1/t1
    bt = b/t
    return β, h1b, b1t1, bt

def parameter_ψn(N1,N2,A,β,f):                   ❸
    if N1 > 0 or N2 > 0:
        ψn = 1.0
    else:
        σ = max(abs(N1),abs(N2))/A
        ψn = 1-(0.25/β)*(σ/f)
    return ψn

def parameter_ψd(β):                             ❹
    if β <= 0.7:
        ψd = 0.069+0.93*β
    else:
        ψd = 2*β-0.68
    return ψd

def web_member_bearing_capacity(h1,b,t,β,f,θ1,ψn):   ❺
    C = (1-β)**0.5
    Nu1 = 1.8*(h1/(b*C*sin(θ1))+2)*ψn*t**2*f/(C*sin(θ1))
    return Nu1
```

```
def weld_length_calculation(h1,θ1):                                   ❻
    lw = ceil(2*h1/sin(θ1))
    return lw

def fillet_weld_leg_size(Nt,lw,ffw,t1):                               ❼
    hf = ceil(min(Nt/(0.7*lw*ffw), 2*t1))
    return hf

def main():
    h,b,t,h1,b1,t1 = 100,100,6,75,75,5                               ❽
    A = 2130
    f,fy,θ1 = 305,355,radians(45)                                    ❾
    N1,N2 = -272.9*1000,-135*1000

    β,h1b,b1t1,bt = check_of_node_geometry(h,b,t,h1,b1,t1)           ❿
    εk = steel_grade_correction_factor(fy)
    ψn = parameter_ψn(N1,N2,A,β,f)
    Nu1 = web_member_bearing_capacity(h1,b,t,β,f,θ1,ψn)
    lw = weld_length_calculation(h1,θ1)
    Nt,ffw = 195*1000,200
    hf = fillet_weld_leg_size(Nt,lw,ffw,t1)

    print('计算结果: ')
    print(f'钢号修正系数                  εk = {εk:.3f}')
    print(f'主管外径与壁厚之比             β = {β:.3f}')
    print(f'主管外径与壁厚之比          h1/b = {h1b:.2f}')
    if  h1b > 0.25:
        print('主管外径与壁厚之比 h1/b, 符合《钢标》第 13.1.2 条。')
    else:
        print('主管外径与壁厚之比 h1/b, 不符合《钢标》第 13.1.2 条。')

    print(f'支管外径与壁厚之比          b1/t1 = {b1t1:.1f}')
    if  b1t1 < 100:
        print('支管外径与壁厚之比 b1/t1, 符合《钢标》第 13.1.2 条。')
    else:
        print('支管外径与壁厚之比 b1/t1, 不符合《钢标》第 13.1.2 条。')

    print(f'主管外径与支管外径之比       D1/D = {β:.3f}')
    if  β > 0.2 and β < 1.0:
        print('主管外径与支管外径之比 D1/D, 符合《钢标》第 13.1.2 条。')
    else:
        print('主管外径与支管外径之比 D1/D, 不符合《钢标》第 13.1.2 条。')

    print(f'主管壁厚与支管壁厚之比        b/t = {bt:.3f}')
    if  bt < 35:
        print('主管壁厚与支管壁厚之比 t/t1, 符合《钢标》第 13.1.2 条。')
    else:
        print('主管壁厚与支管壁厚之比 t/t1, 不符合《钢标》第 13.1.2 条。')
```

```
    print(f'主管轴力影响系数              ψn = {ψn:.3f}')
    print(f'受压支管在节点处承载力设计值   Nu1 = {Nu1/1000:.1f} kN')
    print(f'受拉支管在节点处荷载效应设计值  Nt = {Nt/1000:.1f} kN')

    print(f'焊缝计算长度                  lw = {lw:.1f} mm')
    print(f'角焊缝焊脚尺寸                 hf = {hf:.1f} mm')

if __name__ == "__main__":
    main()
```

9.3.3　输出结果

运行代码清单 9-3，可得输出结果 9-3。

输 出 结 果　　　　　　　　　9-3

```
计算结果：
钢号修正系数              ε k = 0.814
主管外径与壁厚之比          β = 0.750
主管外径与壁厚之比        h1/b = 0.75
主管外径与壁厚之比 h1/b，符合《钢标》第 13.1.2 条。
支管外径与壁厚之比        b1/t1 = 15.0
支管外径与壁厚之比 b1/t1，符合《钢标》第 13.1.2 条。
主管外径与支管外径之比     D1/D = 0.750
主管外径与支管外径之比 D1/D，符合《钢标》第 13.1.2 条。
主管壁厚与支管壁厚之比      b/t = 16.667
主管壁厚与支管壁厚之比 t/t1，符合《钢标》第 13.1.2 条。
主管轴力影响系数            ψn = 0.860
受压支管在节点处承载力设计值  Nu1 = 198.1 kN
受拉支管在节点处荷载效应设计值 Nt = 195.0 kN
焊缝计算长度               lw = 213.0 mm
角焊缝焊脚尺寸              hf = 7.0 mm
```

9.4　X 形方管节点计算

9.4.1　项目描述

项目描述与 9.3.1 节相同，不再赘述。

9.4.2　项目代码

本计算程序可以计算 X 形方管节点构件，代码清单 9-4 中：

❶为定义钢号修正系数函数；

❷为定义节点几何参数验算函数；

❸为定义参数ψ_n函数；

❹为定义计算承载力函数；

❺为定义计算焊缝计算长度函数；

❻为定义计算角焊缝焊脚尺寸函数；

❼为给出主管、支管的截面尺寸，单位采用 mm 制；

❽为给出所需计算参数的初始值，应力单位采用 N、mm 制，内力单位采用 kN、m 制，几何尺寸单位采用 mm 制，轴力以拉为正，压为负；

❾本行及以下几行代码为利用前面定义的函数计算 X 形方管节点构件。

具体见代码清单 9-4。

代 码 清 单　　　　　　　　　　9-4

```
# -*- coding: utf-8 -*-
from numpy import sqrt,sin,radians,ceil

def steel_grade_correction_factor(fy):                                        ❶
    εk = sqrt(235/fy)
    return εk

def check_of_node_geometry(h,b,t,h1,b1,t1):                                   ❷
    β = b1/b
    h1b = h1/b
    b1t1 = b1/t1
    bt = b/t
    return β,h1b,b1t1,bt

def parameter_ψn(N1,N2,A,β,f):                                                ❸
    if N1 > 0 or N2 > 0:
        ψn = 1.0
    else:
        σ = max(abs(N1),abs(N2))/A
        ψn = 1-(0.25/β)*(σ/f)
    return ψn

def web_member_bearing_capacity(h,h1,b,b1,t,t1,β,fy,fy1,f1,fv,θ1,ψn):        ❹
    f = f1
    C = (1-0.85)**0.5
    Nu1085 = 1.8*(h1/(b*C*sin(θ1))+2)*ψn*t**2*f/(C*sin(θ1))

    Nu110_1 = (2.0*h1/sin(θ1)+10*t1)*t1*f1*ψn/sin(θ1)
    Nu110_2 = 2.0*h*t*fv/sin(θ1)
    Nu110 = min(Nu110_1,Nu110_2)

    if  β <= 0.85:
```

```
            Nu1  =   Nu1085
        elif  β == 1.0:
            Nu1 = Nu110
        else:
            Nu1β = Nu1085+(Nu110-Nu1085)*(β-0.85)/(1-0.85)
            Nu1 = Nu1β

            be1 = min(10/(b/t)*t*fy/(t1*fy1)*b1,b)
            Nu11 = 2.0*(h1-2*t1+be1)*t1*f1
            be12 = min(10/(b/t)*b1,b)
            Nu12 = 2.0*(h1/sin(θ1)+be12)*t*fv/sin(θ1)
    Nu1 = min(Nu11,Nu12,Nu1)
    return Nu1


def weld_length_calculation(h1,θ1):                              ❺
    lw = ceil(2*h1/sin(θ1))
    return lw


def fillet_weld_leg_size(Nt,lw,ffw,t1):                          ❻
    hf = ceil(min(Nt/(0.7*lw*ffw), 2*t1))
    return hf


def main():
    h,b,t,h1,b1,t1 = 150,100,5,89,89,3.5                        ❼
    A = 2130
    β, h1b, b1t1, bt = check_of_node_geometry(h,b,t,h1,b1,t1)
    f,fv,fy,fy1,f1,θ1 = 305,175,355,355,305,radians(45)
    N1,N2 = 200*1000, -200*1000

    εk = steel_grade_correction_factor(fy)                      ❽
    ψn = parameter_ψn(N1,N2,A,β,f)
    Nu1 = web_member_bearing_capacity(h,h1,b,b1,t,t1,β,fy,fy1,f1,fv,θ1,ψn)  ❾
    lw = weld_length_calculation(h1,θ1)

    Nt,ffw = 195*1000,200
    hf = fillet_weld_leg_size(Nt,lw,ffw,t1)

    print('计算结果：')
    print(f'钢号修正系数                          εk = {εk:.3f}')
    print(f'支管与主管的截面宽度之比              β = {β:.3f}')
    print(f'主管截面高度与主管的截面宽度之比 h1/b = {h1b:.3f}')
    if  h1b > 0.25:
        print('主管截面高度与主管的截面宽度之比 h1/b，符合《钢标》第 13.1.2 条')
    else:
        print('主管截面高度与主管的截面宽度之比 h1/b，不符合《钢标》第 13.1.2 条')

    print(f'支管截面宽（高）厚比                  b1/t1 = {b1t1:.1f}')
```

```
    if  b1t1 < 100:
        print('支管截面宽（高）厚比 b1/t1，符合《钢标》第13.1.2条。')
    else:
        print('支管截面宽（高）厚比 b1/t1，不符合《钢标》第13.1.2条。')

    print(f'主管轴力影响系数                ψn = {ψn:.3f}')
    print(f'受压支管在节点处承载力设计值      Nu1 = {Nu1/1000:.1f} kN')
    print(f'焊缝计算长度                    lw = {lw:.1f} mm')
    print(f'角焊缝焊脚尺寸                  hf = {hf:.1f} mm')

if __name__ == "__main__":
    main()
```

9.4.3 输出结果

运行代码清单9-4，可得输出结果9-4。

输 出 结 果　　　　　　　　　　9-4

```
计算结果：
钢号修正系数                      εk = 0.814
支管与主管的截面宽度之比            β = 0.890
主管截面高度与主管的截面宽度之比 h1/b = 0.890
主管截面高度与主管的截面宽度之比 h1/b，符合《钢标》第13.1.2条。
支管截面宽（高）厚比            b1/t1 = 25.4
支管截面宽（高）厚比 b1/t1，符合《钢标》第13.1.2条。
主管轴力影响系数                  ψn = 1.000
受压支管在节点处承载力设计值       Nu1 = 291.9 kN
焊缝计算长度                      lw = 252.0 mm
角焊缝焊脚尺寸                     hf = 6.0 mm
```

9.5 K形方管节点计算

9.5.1 项目描述

支管为矩形管的有间隙的平面K形和N形节点：

（1）节点处任一支管的承载力设计值应取下列各式的较小值：

$$N_{ui} = \frac{8}{\sin\theta_i}\beta\left(\frac{b}{2t}\right)^{0.5}t^2 f\psi_n \tag{9-24}$$

$$N_{ui} = \frac{A_v f_v}{\sin\theta_i} \tag{9-25}$$

$$N_{ui} = 2.0\left(h_i - 2t_i + \frac{b_i + b_{ei}}{2}\right)t_i f_i \tag{9-26}$$

当 $\beta < 1 - 2t/b$ 时，尚应不超过式(9-27)的计算值：

$$N_{ui} = 2.0\left(\frac{h_i}{\sin\theta_i} + \frac{b_i + b'_{ei}}{2}\right)\frac{tf_v}{\sin\theta_i} \tag{9-27}$$

$$A_v = (2h + \alpha b)t \tag{9-28}$$

$$\alpha = \sqrt{\frac{3t^2}{3t^2 + 4a^2}} \tag{9-29}$$

（2）节点间隙处的主管轴心受力承载力设计值为：

$$N = (A - \alpha_v A_v)f \tag{9-30}$$

$$\alpha_v = 1 - \sqrt{1 - \left(\frac{V}{V_p}\right)^2} \tag{9-31}$$

$$V_p = A_v f_v \tag{9-32}$$

9.5.2 项目代码

本计算程序可以计算 K 形方管节点构件，代码清单 9-5 中：

❶为定义钢号修正系数函数；
❷为定义节点几何参数验算函数；
❸为定义主管轴力影响系数 ψ_n 函数；
❹为定义支管承载力函数；
❺为定义主管承载力函数；
❻为定义焊缝计算长度函数；
❼为定义角焊缝焊脚尺寸函数；
❽为给出主管、支管的截面尺寸，单位采用 mm 制；
❾为给出所需计算参数的初始值，应力单位采用 N、mm 制，内力单位采用 kN、m 制，几何尺寸单位采用 mm 制，轴力以拉为正，压为负；
❿本行及以下几行代码为利用前面定义的函数计算 K 形方管节点构件。
具体见代码清单 9-5。

代 码 清 单　　　　　　9-5

```python
# -*- coding: utf-8 -*-
from numpy import sqrt,sin,radians,ceil

def steel_grade_correction_factor(fy):          ❶
    εk = sqrt(235/fy)
    return εk

def check_of_node_geometry(h,b,t,h1,h2,b1,b2,t1):   ❷
    β = (b1+b2+h1+h2)/(4*b)
    h1b = h1/b
    b1t1 = b1/t1
```

```
        bt = b/t
        return β,h1b,b1t1,bt

def parameter_ψn(N1,N2,A,β,f):                                    ❸
    if N1 > 0 or N2 > 0:
        ψn = 1.0
    else:
        σ = max(abs(N1),abs(N2))/A
        ψn = 1-(0.25/β)*(σ/f)
    return ψn

def web_bearing_capacity(a,h,h1,b,b1,t,t1,ti,β,fy,f,f1,fv,θ1,ψn):    ❹
    α = sqrt(2*t*t/(3*t*t+4*a*a))
    Av = (2*h+α*b)*t
    Nu11 = 8/(sin(θ1))*β*(b/(2*t))**0.5*(t**2)*f*ψn
    Nu12 = Av*fv/(sin(θ1))

    bei = 10/(b/t)*(t*fy/(ti*fy))*b1
    Nu13 = 2.0*(h1-2*t1+(b1+bei)/2)*t1*f

    bei1 = 10/(b/t)*b1
    Nu14 = 2.0*(h1/sin(θ1)+(b1+bei1)/2)*t*fv/(sin(θ1))

    Nu1 = min(Nu11,Nu12,Nu13,Nu14)
    return Nu1

def chord_member_bearing_capacity(N1,A,a,h,b,t,f,fv,θ1):            ❺
    V = N1*sin(θ1)
    α = sqrt(2*t*t/(3*t*t+4*a*a))
    Av = (2*h+α*b)*t
    Vp = Av*fv
    αv = 1-sqrt(1-(V/Vp)**2)
    N = (A-αv*Av)*f
    return N

def weld_length_calculation(h1,θ1,b1):                             ❻
    lw = ceil(2*h1/sin(θ1)+2*b1)
    return lw

def fillet_weld_leg_size(Nt,lw,ffw,t1):                            ❼
    hf = ceil(min(Nt/(0.7*lw*ffw), 2*t1))
    return hf

def main():
    a,h,h1,h2,b,b1,b2,t,t1,ti = 20,150,75,75,100,75,75,6,5, 5      ❽
    A = 2770
    β,h1b,b1t1,bt = check_of_node_geometry(h,b,t,h1,h2,b1,b2,t1)    ❾
    f,fv,fy,f1,θ1 = 305,175,355,305,radians(40)
    N1,N2 = -625*1000,-225*1000
```

```
        εk = steel_grade_correction_factor(fy)                    ❿
        ψn = parameter_ψn(N1,N2,A,β,f)

        Nu1 = web_bearing_capacity(a,h,h1,b,b1,t,t1,ti,β,fy,f,f1,fv,θ1,ψn)
        lw = weld_length_calculation(h1,θ1,b1)

        N1 = 220*1000
        N = chord_member_bearing_capacity(N1,A,a,h,b,t,f,fv,θ1)

        Nt,ffw = 195*1000, 200
        hf = fillet_weld_leg_size(Nt,lw,ffw,t1)

        print('计算结果：')
        print(f'钢号修正系数                        εk = {εk:.3f}')
        print(f'支管与主管的截面宽度之比              β = {β:.3f}')
        print(f'主管截面高度与主管的截面宽度之比 h1/b = {h1b:.3f}')
        print(f'支管与主管的截面宽度之比              N = {N/1000:.3f} kN')
        if  h1b > 0.25:
            print('主管截面高度与主管的截面宽度之比 h1/b，符合《钢标》第13.1.2条')
        else:
            print('主管截面高度与主管的截面宽度之比 h1/b，不符合《钢标》第13.1.2条')

        print(f'支管截面宽（高）厚比                b1/t1 = {b1t1:.1f}')
        if  b1t1 < 100:
            print('支管截面宽（高）厚比 b1/t1，符合《钢标》第13.1.2条。')
        else:
            print('支管截面宽（高）厚比 b1/t1，不符合《钢标》第13.1.2条。')

        print(f'主管轴力影响系数                    ψn = {ψn:.3f}')
        print(f'受压支管在节点处承载力设计值          Nu1 = {Nu1/1000:.1f} kN')
        print(f'焊缝计算长度                        lw = {lw:.1f} mm')
        print(f'角焊缝焊脚尺寸                       hf = {hf:.1f} mm')

if __name__ == "__main__":
    main()
```

9.5.3 输出结果

运行代码清单 9-5，可得输出结果 9-5。

输 出 结 果　　　　　　　　　　　9-5

```
计算结果：
钢号修正系数                        εk = 0.814
支管与主管的截面宽度之比              β = 0.750
```

主管截面高度与主管的截面宽度之比　h1/b = 0.750
支管与主管的截面宽度之比　　　　　N = 790.559 kN
主管截面高度与主管的截面宽度之比 h1/b，符合《钢标》第 13.1.2 条。
支管截面宽（高）厚比　　　　　b1/t1 = 15.0
支管截面宽（高）厚比 b1/t1，符合《钢标》第 13.1.2 条。
主管轴力影响系数　　　　　　　ψn = 0.753
受压支管在节点处承载力设计值　Nu1 = 222.9 kN
焊缝计算长度　　　　　　　　　lw = 384.0 mm
角焊缝焊脚尺寸　　　　　　　　hf = 4.0 mm

9.6　K 形方管搭接节点计算

9.6.1　项目描述

支管为矩形管的搭接的平面 K 形和 N 形节点，搭接支管的承载力设计值应根据不同的搭接率η_{ov}，按下列公式计算（下标j表示被搭接支管）：

当$25\% \leqslant \eta_{ov} < 50\%$时；

$$N_{ui} = 2.0\left[(h_i - 2t_i)\frac{\eta_{ov}}{0.5} + \frac{b_{ei} + b_{ej}}{2}\right]t_i f_i \tag{9-33}$$

$$b_{ej} = \frac{10}{b_j/t_j}g\frac{tf_{yj}}{t_i f_{yi}}gb_i \leqslant b_i \tag{9-34}$$

当$50\% \leqslant \eta_{ov} < 80\%$时；

$$N_{ui} = 2.0\left(h_i - 2t_i + \frac{b_{ei} + b_{ej}}{2}\right)t_i f_i \tag{9-35}$$

当$80\% \leqslant \eta_{ov} < 100\%$时；

$$N_{ui} = 2.0\left(h_i - 2t_i + \frac{b_i + b_{ej}}{2}\right)t_i f_i \tag{9-36}$$

被搭接支管的承载力应满足下式要求：

$$\frac{N_{uj}}{A_j f_{yj}} \leqslant \frac{N_{ui}}{A_i f_{yi}} \tag{9-37}$$

9.6.2　项目代码

本计算程序可以计算 K 形方管搭接节点构件，代码清单 9-6 中：
❶为定义钢号修正系数函数；
❷为定义节点几何参数验算函数；
❸为定义搭接支管承载力函数；
❹为定义被搭接支管承载力函数；
❺为定义焊缝计算长度函数；
❻为定义角焊缝焊脚尺寸函数；

❼为给出管截面尺寸，单位采用 mm 制；

❽为给出所需计算参数的初始值，应力单位采用 N、mm 制，内力单位采用 kN、m 制，几何尺寸单位采用 mm 制，轴力以拉为正，压为负；

❾本行及以下几行代码为利用前面定义的函数计算 K 形方管搭接节点构件。

具体见代码清单 9-6。

代 码 清 单   9-6

```python
# -*- coding: utf-8 -*-
from numpy import sqrt,tan,sin,radians,ceil

def steel_grade_correction_factor(fy):                                    ❶
    εk = sqrt(235/fy)
    return εk

def check_of_node_geometry(h,b,t,h1,h2,b1,b2,t1,θ1,q):                    ❷
    β = (b1+b2+h1+h2)/(4*b)
    h1b = h1/b
    b1t1 = b1/t1
    bt = b/t
    e = -0.5*(h-tan(θ1)*((h1+h2)/(2*sin(θ1))-q))
    e_h = e/h
    p = h1/sin(θ1)
    ηov = q/p
    return β, h1b, b1t1, bt, e_h, ηov

def web_member_bearing_capacity(h1,b,bj,bi,t,ti,tj,fy,f):                 ❸
    bei = 10/(b/t)*(t*fy/(ti*fy))*bi
    bej = 10/(bj/tj)*(tj*fy/(ti*fy))*bi
    Nui = 2.0*(h1-2*ti+(bei+bej)/2)*ti*f
    return Nui

def lapped_web_member_bearing_capacity(Nui,Aj,Ai,fy):                    ❹
    Nuj = Nui*Aj*fy/(Ai*fy)
    return Nuj

def weld_length_calculation(h1,θ1,θ2,b1,q):                              ❺
    lw = ceil(2*((h1/sin(θ1)-q)+q*sin(θ1)/sin(θ1+θ2)))
    return lw

def fillet_weld_leg_size(Nt,lw,ffw,t1):                                  ❻
    hf = ceil(min(Nt/(0.7*lw*ffw), 2*t1))
    return hf

def main():
    h,h1,h2,b,bj,bi,t,ti,tj = 125,75,100,125,100,75,5,4,5                ❼
    f,fv,fy,f1,θ1,θ2 = 305,175,355,305,radians(40),radians(40)
```

```
    b1,b2,q = 75,100,70
    Aj,Ai = 1810,1080                                                    ❽
    paras = check_of_node_geometry(h,b,t,h1,h2,b1,b2,ti,θ1,q)
    β,h1b,b1t1,bt,e_h, ηov = paras

    εk = steel_grade_correction_factor(fy)                               ❾
    Nui = web_member_bearing_capacity(h1,b,bj,bi,t,ti,tj,fy,f)
    Nuj = lapped_web_member_bearing_capacity(Nui,Aj,Ai,fy)
    lw = weld_length_calculation(h1,θ1,θ2,b1,q)
    Nt,ffw = 200*1000,200
    hf = fillet_weld_leg_size(Nt,lw,ffw,ti)

    print('计算结果：')
    print(f'钢号修正系数                    εk = {εk:.3f}')
    print(f'支管与主管的截面宽度之比          β = {β:.3f}')
    print(f'主管截面高度与主管的截面宽度之比 h1/b = {h1b:.3f}')
    print(f'主管截面高度与主管的截面宽度之比 e/h = {e_h:.3f}')
    print(f'主管截面高度与主管的截面宽度之比  ηov = {ηov*100:.1f} %')
    if  h1b > 0.25:
        print('主管截面高度与主管截面宽度之比 h1/b，符合《钢标》13.1.2条')
    else:
        print('主管截面高度与主管截面宽度之比 h1/b，不符合《钢标》13.1.2条')

    print(f'支管截面宽（高）厚比              b1/t1 = {b1t1:.1f}')
    if  b1t1 < 100:
        print('支管截面宽（高）厚比 b1/t1，符合《钢标》第13.1.2条。')
    else:
        print('支管截面宽（高）厚比 b1/t1，不符合《钢标》第13.1.2条。')

    print(f'受压支管在节点处承载力设计值       Nui = {Nui/1000:.1f} kN')
    print(f'受压支管在节点处承载力设计值       Nuj = {Nuj/1000:.1f} kN')
    print(f'焊缝计算长度                       lw = {lw:.1f} mm')
    print(f'角焊缝焊脚尺寸                      hf = {hf:.1f} mm')

if __name__ == "__main__":
    main()
```

9.6.3　输出结果

运行代码清单 9-6，可得输出结果 9-6。

输 出 结 果 9-6

```
计算结果：
钢号修正系数                    εk = 0.814
支管与主管的截面宽度之比          β = 0.700
```

主管截面高度与主管的截面宽度之比　h1/b = 0.600
主管截面高度与主管的截面宽度之比　e/h = -0.278
主管截面高度与主管的截面宽度之比　η ov = 60.0 %
主管截面高度与主管的截面宽度之比 h1/b，符合《钢标》第 13.1.2 条。
支管截面宽（高）厚比　　　　　　　b1/t1 = 18.8
支管截面宽（高）厚比 b1/t1，符合《钢标》第 13.1.2 条。
受压支管在节点处承载力设计值　　　Nui = 266.4 kN
受压支管在节点处承载力设计值　　　Nuj = 446.5 kN
焊缝计算长度　　　　　　　　　　　lw = 185.0 mm
角焊缝焊脚尺寸　　　　　　　　　　hf = 8.0 mm

附 录 希 腊 字 母

1. 项目描述

代码可以实现直接采用希腊字母输入建筑钢结构的公式，这样程序阅读的公式与原始公式更为相似。

2. 项目代码

本段代码可以得到希腊字母。具体见代码清单附录-1。

代 码 清 单   附录-1

```
# -*- coding: utf-8 -*-
char = [chr(code) for code in range(945,970)]
codelist= [code for code in range(945,970)]
print(char)
```

3. 输出结果

运行代码清单附录-1，可以得到输出结果附录-1。

输 出 结 果   附录-1

```
['α', 'β', 'γ', 'δ', 'ε', 'ζ', 'η', 'θ', 'ι', 'κ', 'λ', 'μ', 'ν',
'ξ', 'ο', 'π', 'ρ', 'ς', 'σ', 'τ', 'υ', 'φ', 'χ', 'ψ', 'ω']
```

参 考 文 献

［1］ 马瑞强, 胡田亚, 郭猛, 等. Python 钢筋混凝土结构计算[M]. 北京: 中国建筑工业出版社, 2023.

［2］ 马瑞强, 赵振国, 钱爱云, 等. Python 土力学与基础工程计算[M]. 北京: 人民交通出版社, 2022.

［3］ 马瑞强. 注册结构工程师专业考试考题精选[M]. 北京: 清华大学出版社, 2020.

［4］ 马瑞强. 注册结构工程师专业考试考题钢木结构精解[M]. 北京: 清华大学出版社, 2020.

［5］ 马瑞强. 注册结构工程师专业考试易考点与流程图[M]. 北京: 中国电力出版社, 2018.

［6］ 蔡绍怀. 现代钢管混凝土结构[M]. 北京: 人民交通出版社, 2007.

［7］ 夏志斌, 姚谏. 钢结构设计: 方法与例题[M]. 2 版. 北京: 中国建筑工业出版社, 2019.